Making Men Moral: Civil Liberties and
Public Morality

使人成为有德之人

——公民自由与公共道德

〔美〕罗伯特·乔治 著

孙海波 彭宁 译

Robert P. George
MAKING MEN MORAL
Civil Liberties and Public Morality
Published in the United States by Oxford University Press Inc., NewYork
© Robert P. George 1993
中译本根据牛津大学出版社 1993 年版译出

自然法名著译丛

Making Men Moral: Civil Liberties and Public Morality

使人成为有德之人

——公民自由与公共道德

〔美〕罗伯特·乔治 著

孙海波 彭宁 译

商务印书馆
创于1897 The Commercial Press

Robert P. George
MAKING MEN MORAL
Civil Liberties and Public Morality
Published in the United States by Oxford University Press Inc., NewYork
ⓒ Robert P. George 1993
中译本根据牛津大学出版社 1993 年版译出

Making Men Moral: Civil Liberties and
Public Morality

使人成为有德之人

——公民自由与公共道德

〔美〕罗伯特·乔治 著

孙海波 彭宁 译

Robert P. George
MAKING MEN MORAL
Civil Liberties and Public Morality
Published in the United States by Oxford University Press Inc., NewYork
© Robert P. George 1993
中译本根据牛津大学出版社 1993 年版译出

《自然法名著译丛》编委会

主　编 吴　彦

编委会成员（按姓氏笔画为序）

王　涛　王凌皞　田　夫　朱学平　朱　振
孙国东　李学尧　杨天江　陈　庆　吴　彦
周林刚　姚　远　黄　涛　雷　磊　雷　勇

《自然法名著译丛》总序

一部西方法学史就是一部自然法史。虽然随着19世纪历史主义、实证主义、浪漫主义等现代学说的兴起，自然法经历了持续的衰退过程。但在每一次发生社会动荡或历史巨变的时候，总会伴随着"自然法的复兴"运动。自然法所构想的不仅是人自身活动的基本原则，同时也是国家活动的基本原则，它既影响着西方人的日常道德行为和政治活动，也影响着他们对于整个世界秩序的构想。这些东西经历千多年之久的思考、辩驳和传承而积淀成为西方社会潜在的合法性意识。因此，在自然法名下我们将看到一个囊括整个人类实践活动领域的宏大图景。

经历法律虚无主义的中国人已从多个角度试图去理解法律。然而，法的道德根基，亦即一种对于法律的非技术性的、实践性的思考却尚未引起人们充分的关注。本译丛的主要目的是为汉语学界提供最基本的自然法文献，并在此基础上还原一个更为完整的自然法形象，从而促使汉语学界"重新认识自然法"。希望通过理解这些构成西方法学之地基的东西并将其作为反思和辩驳的对象，进而为建构我们自身良好的生存秩序提供前提性的准备。谨为序。

吴　彦

2012年夏

献给我挚爱的双亲!

目　录

序言 …………………………………………… 1

导论 …………………………………………… 14

第一章　核心传统：价值与限度 ……………… 43

 一、"至善主义"的核心传统 ………………… 43

 二、亚里士多德论城邦在使人成为有德之人

  方面的作用 ……………………………… 46

 三、阿奎那论法律与政府的道德目标 ……… 60

 四、对亚里士多德和阿奎那的批判 ………… 72

 五、至善主义之法与政策的价值和限度 …… 83

第二章　社会凝聚力及道德的法律强制：重思哈特与

  德弗林之争 ………………………………… 91

 一、哈特与德弗林之争 ……………………… 91

二、德弗林的法律道德主义 …………………… 96
三、哈特对德弗林的批评 ………………………… 112
四、对崩溃命题的一种社群主义的再解释 …… 120
五、核心传统与德弗林主义的对决 …………… 130

第三章 个人权利与集体利益：德沃金论"平等的关怀与尊重" ………………… 150
一、导论 ………………………………………… 150
二、对德沃金关于个人权利和集体利益的批判 … 153
三、德沃金的自由主义和美国政治辩论中的"隐私权" ……………………………………… 166
四、从平等原则看德沃金的修正性论证 ……… 172
五、德沃金近期对道德家长主义的批判 ……… 181
六、结论 ………………………………………… 190

第四章 认真对待权利：沃尔德伦论"做错事的权利" …………………………………… 192
一、对与错 ……………………………………… 192
二、"权利"与不干涉做道德错事之义务的基础 … 201
三、认真对待权利：道德权利与人类重要的选择 … 212

第五章 反至善论与自治性：罗尔斯和理查兹论中立性与伤害原则 …………………… 222
一、两种类型的自由主义 ……………………… 222

二、罗尔斯式的反至善论 ……………………… 225

　　三、反至善论与自治性 ………………………… 238

第六章　多元至善论与自治性：拉兹论"实施道德的正当方式" ……………………… 272

　　一、至善论的自由主义 ………………………… 272

　　二、约瑟夫·拉兹的至善论 …………………… 274

　　三、自治性的价值 ……………………………… 291

　　四、至善论的自治性和伤害原则 ……………… 306

第七章　迈向一种公民权利的多元至善论 …… 317

　　一、前言 ………………………………………… 317

　　二、言论自由 …………………………………… 322

　　三、出版自由 …………………………………… 345

　　四、隐私 ………………………………………… 348

　　五、集会自由 …………………………………… 359

　　六、信仰自由 …………………………………… 361

　　七、结论 ………………………………………… 374

参考文献 …………………………………………… 376

索引 ………………………………………………… 385

序言

　　任何渴望拥有一点公正之心的自由主义的道德和政治思想的批评者，从一开始就必须坦率地承认自由主义传统对辨别和保护宝贵的人类自由具有的真正贡献。对于一位从自然法学家的角度从事写作和研究的批评者而言，这一义务显得尤为重要而紧迫。这项研究的中心思想在于挑战各式各样的自由主义主张，它们想要说明政治共同体为了维护公共道德而对自由所做的限制是不合理的。即便我对自由主义的主张所做的批评是成立的，然而依然无可争议的一点是，在遇到诸如宗教自由、言论自由、出版自由、集会自由以及隐私权等基本的民事自由时，自然法传统很晚才真正开始重视这种自由主义的洞见。此外，由于许多自然法学家和其他的一些自由主义的批评者现在已经广泛采纳了这些洞见，那么宣称自由主义的成就已完全成为一种过去，便是有失公允的。尽管我在这本书中想对引领当代自由主义的哲学家进行批评，但是我同样也相信他们中的许多思想家所完成的作品中也包含了很多对于个人自由及中其法律限制而言正确且重要的内容。

既已交代我自己所支持的立场是自然法传统，那么很明显在我的读者当中可能很少会有人赞同我的基本道德和政治立场。尽管如此，我仍然希望那些与我立场不同的读者能够在这部作品中找到一些有价值的东西。尽管对于自由主义思想的批判正处于蓬勃发展之中，但是那些对于个人的和政治的道德持自然法原则的哲学家对于我们的讨论几乎很难说有任何贡献。至少，参与这场辩论的那些学生可能会对这些哲学家的话感兴趣。还有一些读者，他们倾向于将自然法思想仅仅看作是一种伪装成迷信的偏见，至于我对自由主义的批评，不管怎样我都希望这些读者能够给出一个公允的评判。我希望自由主义的辩护者能够看到我提出了一些有价值的观点，或者至少对他们提出了一些有意思的挑战；对于那些与我观点相左的社群主义者、市民共和主义者以及自由主义的其他批评者，我希望他们能够看到一些在补充或扩展他们自己论点方面我所认为有价值的东西。鉴于本人已经从不同的社群主义和市民共和主义这两派自由主义的批评者的作品中获益良多，我希望从事这些传统研究的人们能够在我的努力中发现一些有价值的东西。

我也希望宪法学者以及在我自己研究领域（规范性法理学及政治理论）之外的其他一些学者能够对这项研究感兴趣。然而，应当指出的一点是，解决宪法解释这样具有争议性的问题，或者更一般地说，去处理一些诸如这种或那种被宣称是不道德的行为（通盘考虑）在法律上应被禁止还是许可之类的案件，都超出了本书的研究范围。我认为存在着一些以普遍形式将对"私下的"（private）或"与自己相关的"背德行为进行强制排除在外的原则，如果说我对那些为人们所熟悉的自由主义的观念所做的这种批评是成功的，那么我们有充足的理由可以不用尝试在抽象的意义上解决具体的个案。与自由主义的观念相对，我所要辩护的是这样一个命题：尽管事实上存在着普遍性的正义和政治道德原则（这些原则的存在使得我们对基本人权的讨论更有意义），但这些原则远没有排除真正道德义务的法律约束力。

的确，一个不道德的行为即便没有违背一项正义原则或政治道德规范，但是出于保护社会公共道德的目的，我们有充分的理由相信单单凭借该行为自身不道德的这一事实,就能够用来支持法律所施加的禁止。然而,这并不意味着,人们总是(或以前)应该去支持对这种行为的法律禁止。经常会有在法律上容忍道德错误的压倒性理由;不过这些理由是审慎的。同样地,健全的立法性判断在对于禁止或容忍的问题上将必然会考虑那些地方性的和偶然性的因素。对于法律是否应该禁止或容忍人们有理由认为属于不道德的特定行为方式,这就要求能够理解特定时期下特定政治共同体中十分复杂的环境。

如果我在本书中捍卫的立场是牢靠的,那么没有人会说,抽象地从一种对政治共同体环境非常详细的认识来看,某种不道德行为是否是那一共同体所禁止的。的确,那些分享了共同体下特殊环境的完全知识的人经常会得出相互冲突的审慎判断。相近的案例也几乎没有不同寻常之处。这方面典型的例子就是当代美国社会中的禁毒问题。那些基于道德理由反对毒品的娱乐性使用的人也许会不同意我们当前禁毒政策的审慎理由。关于毒品政策的辩论——它几乎完全关涉相互竞争性政策的审慎理由——便是适合讨论道德的法律约束力问题的范例(当然,我不认为审慎的考虑不能延伸到道德关切的事项上。比如,人们或许可以基于审慎的理由对禁止的政策表示反对,因为它可能导致侵犯隐私或其他严重的非正义和在实施过程中侵犯公民的基本权利)。关于毒品政策的辩论就是这样的情形,即双方都有很好的审慎的辩护理由;然而,一旦涉及禁止或合法化问题,很明显,无论怎样的政策在赋予真正益处的同时也需要支付切实的成本。

就本书的写作目的而言,主张合法化一方或禁止一方拥有更好的审慎理由是无关紧要的。我对于道德立法问题的基本立场与禁毒问题上的宽容政策(教育和康复上)是一致的。我自己在这一问题(或其他问题)上的审慎判断与以下问题是独立的,即禁毒作为一种对"个人自治""隐私""自决"或"道德独立"的侵犯是否在原则上是不公正的。这本书所关心的是后一个问题。它所关注的并不是关于主导以下情形的审慎判断,即如果如我所言禁毒(以及其他恶)不能因原则上不公正而被提前排除出去。

当然,人们在何为"罪恶"的问题上有意见分歧。所有(或任何)形式毒品的娱乐性使用事实上都是不道德的吗?色情文学呢?卖淫呢?自杀呢?我在以前的文章中曾捍卫过在这些问题上的立场,并且在随后的作品中还会对另外一些方面进行说明。然而,基于提出本书主张的目的,我自己对于道德上有特定争议的行动所持有的道德立场是无关紧要的。诚然,我引用了某些通常被认为是不道德的行为作为例子,有时候让人以为我会同意这些判断;但是,与此同时,我明确拒绝对道德立法的保守辩护,这一辩护是由帕特里克·德弗林(Patrick Devlin)20世纪六十年代在与赫尔伯特·哈特(H. L. A. Hart)的著名争论中提出和捍卫的。与德弗林相反,我主张如果一个道德上有争议的行为事实上不是不道德的,那么对它的法律禁止(有时)就不能被正当化。因此,我关于实施道德义务的正当性立场就可能是正确的,即使我自己关于人们实际上具有怎样的道德义务的独特观点是不正确的。

在这一点上,值得一提的是,当代最著名的自然法学家之一迈克尔·摩尔(Michael Moore)不同意我对性道德问题的某些判断,比如,虽然在公共道德领域立法方面分享了我的"至善主义"进路的重要因素。他将某些道德立法的普遍形式排除在外,不是因为法律不应该禁止不道德,而是因为被这些特殊法律禁止的行为实际上并不是不道德的。为了能够表述清楚请允许我从头说起:如果摩尔教授对这些行为的道德地位的判断是正确的,那么他关于这些法律的非正当性的论断也将是正确的。谨慎的立法者不会插手他有理由认为在道德上属于无辜的行为——尽管公共舆论对这些行为持相反的立场。在我看来,立法者所禁止的那些行为自身的真正不道德性才是道德立法获得正当性的必要条件(尽管不是充分条件)。有时候偏见真的会伪装成道德判断;而且大多数人都没有权利将他们的偏见塞进法律之中。

我选择继续从事这项计划的方法是辩证式的:我发展并捍卫我自己的立场,通过投身于与自由主义和保守主义作者著述的讨论和批判,他们出于不同的理由反对我的立场。这一方法部分是由我的立场很少为自由主义者或保守主义者支持所决定的。许多人认为这一立场很容易被一些主张所击败,这些主张就连那些刚踏进法律和政治理论研究领域的学生们都很熟悉。我的任务是挑战这些主张,并向大家全面展示出来它们的失败之处。

我试图通过在每个章节集中关注一个或两个思想家的方式完成这项任务。如此一来,我希望避免像自由主义的重要批评者[声名显著的罗伯特·昂格尔(Robert Unger)在《知识与政治》(Knowledge and Politic)这本早期著作中的批评]那样重蹈覆辙,即建构并批评一个拼凑的"自由主义",实际上没有任何自由主义的理论家捍卫过或赞同过这种观点。正如欧文·费斯(Owen Fiss)所言,"自由主义"和"保守主义"这样的词汇指涉的是"复杂和多面相的传统"。因此,我的策略是对不同的自由主义思想家的著述给予持续的关注,这些思想家为有原则的反对道德立法提供了有趣的不同证明。

这本书的结尾描绘了一个关于一种公民自由的道德基础的理论框架(仅仅是一个框架),我想以此来替代很多为我们熟悉的自由主义论述。我想表明这一理论在多大程度上能够包含自由主义的最重要洞见,同时能够在一种"至善主义"的基础上安置基本的公民权利,我采取的这种"至善主义"的基础与自然法传统的核心内容是一致的。在借鉴约瑟夫·拉兹(Joseph Raz)、约翰·菲尼斯(John Finnis)和其他人著作的基础上,我希望说明一种成熟的至善主义不仅会给多元主义和个人自由留出空间,同时还会将这些价值放置在一个比传统的自由主义表述所能做到的更稳固的基础上。在未来的著作中,我将会用大量的篇幅来捍卫这样一种至善主义。尤其是,读者理应更好地理解跟公民自由紧密相关的问题是如何在这样一种进路下被争论的。然而,在当前的这本著作中,我仅仅能够给读者提供一种框架和一份只言片语的许诺,并在我现在开始关注的新的计划中讨论一些相近的案例。这本书的核心关切——占据了七章中的六章内容——就是关于对道德进行法律强制。

我真诚地向那些在这本书的写作过程中提供帮助的人们表示感谢。

我开始写作是在1988年到1989年之间,当时我作为新学院的访问研究员来到牛津大学做研究。瓦尔登(Warden)

和以前学院的研究员都是热情的东道主。我感谢他们,感谢布朗大学的乔治和伊丽莎·霍华德基金会(George and Eliza Howard Foundation)增补了我原属学院普林斯顿大学所提供的资助,这让我前往牛津大学成为可能。在随后的几年我担任了美国联邦最高法院汤姆·坎贝尔·克拉克(Tom C. Clark)大法官的助理。我感谢司法助理委员会(Judicial Fellows Commission)和首席大法官伦奎斯特(Rehnquist)允许我在担任助理期间利用业务时间完成这本书。在返回普林斯顿大学政治系之后,我就如期完成了写作。来自埃尔哈特基金会(Earhart Foundation)的慷慨资助让我能够在1991年夏季完成手稿。

虽然这本书的写作没有建立在我博士论文的基础上,熟悉当代分析哲学以及那些受分析传统训练的哲学家们写就的道德和政治理论作品的读者会发现,我在智识上深受许多前辈们的影响,他们包括约翰·菲尼斯、约瑟夫·拉兹以及他们的老师哈特。我为有他们的指导和示范而感到自豪。我唯一遗憾的是这些大师的技艺没能在他们的学生这里得到充分施展。

我还要特别感谢杰曼·格里塞茨(German Grisez),他研究基础道德理论,我在建构我的核心主张时郑重地提到了他。值得一提的是,格里塞茨本人不同意我的观点——

道德家长主义可以是道德上正当的,尽管他接受这样的观念,即一个政府有时候可以正当地限制法律自由,为了保护它所服务的政治共同体的道德环境。

约翰·菲尼斯、格里塞茨、沃尔特·墨菲(Walter Murphy)和威廉·波斯(William Porth)认真地阅读和批评了各个章节的内容,并对本书核心思想的形成都给予了重要帮助。我非常感谢他们指出的许多错误,其中有些错误已经从文本中删掉了,其他的一些错误在我看来可能并非真正的错误,因此我选择性地将它们保留了下来。

我希望对森迪·列文森(Sandy Levinson)表达特殊的谢意,他所给予我的研究价值的鼓励和慷慨赞赏让我相信这本书对于那些在道德和政治问题上的视角有别于我的人们是有价值的。

这本书的手稿由于得到许多同事和朋友的评论而得以完善,他们是哈德利·阿克斯(Hadley Arkes)、索蒂里奥斯·巴伯(Sotirios Barber)、约瑟夫·波义尔(Joseph Boyle)、杰拉德·布拉德利(Gerard Bradley)、马克·布兰顿(Mark Brandon)、朱迪·费尔勒(Judy Failer)、艾米·古德曼(Amy Gutmann)、约翰·希廷格(John Hittinger)、史蒂文·里奇曼(Steven Lichtman)、德莫特·奎因(Dermot Quinn)、丹尼尔·罗宾逊(Daniel Robinson)、罗伯特·罗优(Robert Royal)、大

卫·所罗门（David Solomon）、丹尼斯·泰蒂（Dennis Teti）以及克里斯托弗·沃尔夫（Christopher Wolfe）。

我同样受益于与我在普林斯顿大学研究道德与政治哲学的同事们所进行的多次非正式讨论，特别是哈里·法兰克福（Harry Frankfurt）、斯坦利·凯利（Stanley Kelley）、阿兰·莱恩（Alan Ryan）、保罗·西格蒙德（Paul Sigmund）、米歇尔·史密斯（Michael Smith）、杰弗里·斯托特（Jeffrey Stout）、奇奥·维罗里（Maurizio Viroli）以及彼得·韦杜尔斯基（Peter Widulski）。我特别受惠于（尽管他可能认为不够）乔治·凯特布（George Kateb），在大量愉快的讨论中看到他对个人和政治道德中的自由观念的强烈捍卫。

我还从同其他机构学者的沟通和信件往来中获益良多，包括丹尼尔·卡拉汉（Daniel Callahan）、拉比·马克·戈尔曼（Rabbi Marc Gellman）、斯坦利·哈弗罗斯（Stanley Hauerwas）、拉塞尔·希廷格（Russell Hittinger）、拉尔夫·麦金纳尼（Ralph McInerny）、史蒂芬·莫斯（Stephen Morse）、理查德·约翰·纽豪斯（Fr. Richard John Neuhaus）、拉比·大卫·诺瓦克（Rabbi David Novak）、米歇尔·佩里（Michael Perry）、蕾切尔·波隆斯基（Rachel Polonsky）、珍妮特·史密斯（Janet Smith）、斯图亚特·斯威特兰德（Fr. Stuart Swetland）、查尔斯·托利弗（Charles Taliaferro）以及劳埃

德·魏因勒伯(Lloyd Weinreb)。

特别的感谢要送给我的大学和法学院时期的三位优秀的老师:斯瓦兹摩尔学院的詹姆斯·库尔斯(James Kurth)和林伍德·厄本(Linwood Urban)以及哈佛大学法学院的哈罗德·伯尔曼(Harold Berman)。即使有一位这样的老师也是莫大的福气。假若如此,我心足矣(Dayenu)!

一些机构为我公开发表个别章节的早期手稿提供了机会,第三章手稿曾发表于汉密尔顿学院,第二章手稿曾发表于华盛顿哲学俱乐部,第四章手稿曾发表于福特汉姆大学,第四章和第六章手稿曾发表于圣奥拉夫学院,第六章手稿曾发表于美国公共哲学研究所,第七章手稿曾发表于美国天主教大学。对以上这些机构提供的机会和帮助,我深表感谢!

一些期刊允许我对已经发表的论文进行修改和扩充,它们分别是《美国法理学杂志》《法律与哲学》《密歇根法律评论和政治评论》。

对于各种各样的帮助和鼓励,我感谢裘德·多尔蒂(Jude Dougherty)、唐纳德·德雷克曼(Donald Drakeman)、维斯那·德拉派克(Vesna Drapac)、辛迪·乔治(Cindy George)、肯特·乔治(Kent George)、米歇尔·利乔内(Michael Liccione)、哈维·麦克格雷戈(Harvey McGregor)、贝斯·皮

戈特(Beth Pigott)、大卫·波特(David Potter)、戴安·普里斯(Diane Price)、威廉·普里斯(William G. Price)以及赫伯特·威利·沃恩(Herbert Wiley Vaughan)。最后,我要感谢我在西弗吉尼亚"查尔斯顿·罗宾逊和麦克尔威"(Charleston Robinson & McElwee)研究中心的同事和朋友,他们为我持续一周的高强度写作提供了巨大帮助。

罗伯特·乔治
于普林斯顿
1992 年

导论

法律并不能强迫人们去做一个有道德的人。事实上，只有少数人才能够做到这一点；而且，只有基于正当的理由而自由地选择做道德上正确的事情，他们才能够做到这一点。法律能够命令人们从外在方面遵守道德规则，但是不能强制理性与意志的内在行动，而正是这些内在行动使得从外在方面遵守道德要求的一个行动成为一个道德行动。然而，关于道德、政治与法律的前自由主义的核心传统一直坚持认为，在帮助人们使自身变得有德性这个方面，法律起到了一个正当的辅助性(subsidiary)①作用。根据这一传统，

---

① 我不仅仅是在"次要的(secondary)"意义上使用这个术语，而且我使用这个术语也是为了抓住其拉丁词根"*subsidium*"[意为"有帮助的(helpful)"]的涵义。

并通过(1)阻止人们选择沉溺于不道德行为的(进一步的)自我堕落;(2)阻止会诱使其他人模仿同样行为的坏榜样;(3)帮助保护道德环境,在其中人们做出他们在道德上具有自我构建性(self-constituting)的选择;以及(4)教导人们道德上的是非,法律禁止某些非常引诱人的和堕落的不道德行为(有一些关乎性,有些不是),从而有助于人们确立并保持一种有德性的品质。

这一传统的当代批评者坚持认为,立法者设计用以支持公共道德的刑法是内在地不正义的。在接下来的诸章中,我打算捍卫这一传统,并反驳其中的某些批评者。本书的一个核心命题是,对于道德的法律强制,或者惩罚那些侵犯道德的人,原则上并没有什么不正义之处。

如果这一命题是正确的,那么是否意味着"道德法(morals laws)"不可能是不正义的吗?不会。这个命题只是说,如果碰巧可以找到某个被认为不正义的道德法,那么其非正义性并不在于它本身是一个道德法。被设计用以保护或促进对道德的错误理解的法律,取决于错误的性质,也许正好是完全不正义的。例如,政府用以寻求保护或促进种族歧视的道德观的法律就是极其不正义的。但是这样的法律之所以是不正义的,原因在于它们是种族主义的,而非在于它们被设计出来用以支持公共道德。

尽管我会不时地提及一些道德法的实例,它们在英语世界的司法中是(或曾经是)常见的,但我的目标是在原则上捍卫道德的法律强制,并反驳法律的道德强制必然是不正义的这个指责。此处我并不是要努力为特定的道德法进行辩护,也不是为这些道德法所包含与表达的道德理解作辩解。在我明确赞同并引证一个道德法的那些地方,读者也许会推想,我会支持构成法律之基础的某个(或某些)道德命题。如果读者不赞同我的意见,并断定型构法律的道德是错误的或有缺陷的,那么他应当拒绝这里所讨论的那个道德法;然而,他却没有必要因此拒绝我在原则上对道德法所作的辩护。

我的上述主张并不是说任何特定的道德法都是可欲的,甚或任何社会都应当拥有某些道德法。基于多种理由,法律(包括道德法)一般而言都可以是不可欲的。不正义的法律原则上是不可欲的。人们拒绝法律的一个终局性理由是其自身的不正义性。然而即便是某些公正的法律,人们基于某些其他的理由也可以认定它是不可欲的。一个特定的道德法本身也许并不违背正义原则,然而在某些情形中,人们也可以合理地判定它是不可欲的。

在接下来的诸章中,我甄别出了各种可能会对抗强制执行道德义务的审慎考量。这些考量——在某个特定的情形中,也许最终被证明具有决定性作用,也许被证明不具有决定性作用——确实有可能会有助于立法者的实践推理,并且就任何被提议的道德立法来说,实践推理所涉及的是如何明智地行动。但也正是在这一点上,此种道德立法自身并没什么特别之处。此外,这类审慎考量通常与被提议的立法相关,而这个立法与维护公共道德的目标却没有多大关系。

大约30年前,那时出现在北美与西欧社会的道德宽容(moral permissiveness)的辩护士主张,"人们不能通过立法的形式对道德加以规制"。如今我们发现,那些针对道德立法的精明反对者已经很少再将这句话挂在嘴边了。当然了,由于法律只能命令人们从外在方面遵守道德规则,而无法以任何一种直接的或即刻的方式"使人们成为有德之人"。然而,一个明显的事实是,法律规律性地并且时常深刻地影响了广泛存在于社会中的某些观念,这些观念涉及什么是道德上允许的、禁止的以及要求的。根据这些观念,人们型塑了自己的生活(并总是以不同的方式对待他人)。例如,当今的美国社会已经大大不同于35年前的状况,这是因为许多人对待种族的道德看法与道德态度已经发生了显著的变化。关于这一转变的任何论述如果漠视美国联邦最高法院在1954年关于"布朗诉托皮卡教育委员会"(*Brown v. Topeka Board of Education*)案的判决与1964年《联邦民权法案》(the Federal Civil Rights Act)——它型塑了美国人民对诸如强制隔离或种族通婚的诸多道德认识——的重要性,那么看起来都将是幼稚的。

甚至对于更早的那一代人——两次世界大战之间成长的一代人——来说,在学术文化以及精英文化的某些特定部分中流行着一种看法,它以不存在道德真为由对道德的强制发起攻击。持有这种看法的人们认为,既然(因为在那个时代"开明的"观点赞同这种看法)道德纯粹是主观的,那么就没有人有权把自己的道德观强加给其他人。目前(甚至在大学里)人们已经很少再能听到这种声音了。如果道德主张无法被证明是正确的(或错误的),那么道德法由于侵犯人们的权利而沦为不正义之法这个自由主义的主张也就无法被证明是正确的(或者相反被证明是错误的)。道德法是不正义的,这个主张必然是一个道德主张。把这个主张建立在道德怀疑主义的基础上是适得其反的(self-defeating)。乔尔·范伯格(Joel Feinberg)是一位批评道德立法的自由主义的杰出代表,他完美地总结了基于道德怀疑论或道德相对论理由来反对道德强制的危险。

> 自由主义者……最好小心一下道德相对主义(ethical relativism)——或者最好小心一下泛泛的

(sweeping)道德相对主义,因为他自己的理论承诺了一种关于他所赞同之价值的绝对主义(absolutism)。如果自由主义者的诸多观点在某些地方恰当地预设了道德相对主义,而在其他的地方又作了相反的预设,那么他就正处于一种搬起石头砸自己脚的危险之中。①

就目前来看,那些坚持以哲学根据批判道德法的人们一般并不主张,这种类型的法律是无效的;他们也不主张,这些法律反映了道德客观性中的过时信念。恰恰相反,他们的立场是,道德法自身在客观上就是错误的,因为它们是不正义的。由于正义诸原则是道德的原则,所以道德立法(morals legislation)的当代批评者所诉诸的理由公然地是道德式的。

在接下来的各章中,我对道德的法律强制所做的捍卫是辩证的:通过加入到和关于道德立法的杰出的自由主义批评者的道德论辩之中,我提出并详加阐述了我的观点。第三、四、五章涉及主流的自由主义政治思想家——他们认为道德法侵犯了人们的道德权利——所提出的诸多看法。第三章思考了罗纳德·德沃金(Ronald Dworkin)的如下看

---

① 乔尔·范伯格,《无害的不法行为》(*Harmless Wrongdoing*),牛津大学出版社1988年版,第305页。

法,即不管诸道德法所强制的道德的效力如何,也不考虑它们在诸如一种摆脱不道德行为之堕落影响的道德环境中促进集体利益的能力有多大,这样的法律剥夺了人们受到政府平等关怀与尊重的基本道德权利。第四章集中关注杰里米·沃尔德伦(Jeremy Waldron)的如下主张,即如果我们认真对待权利,那么我们就必须承认,人们有时拥有一种做道德上错误之事的道德权利。尽管沃尔德伦的论证并非直接地涉及确立"道德法侵犯人们的权利"这个命题,但是如果他的论证是成功的话,就会强有力地支持反对这些法律的自由主义根据。因此,回应沃尔德伦的论证是道德立法的捍卫者的义不容辞的责任。第五章把注意力转向了约翰·罗尔斯(John Rawls)颇有影响的"反至善论"自由主义("anti-perfectionist" liberalism),以及一位著名的罗尔斯主义者大卫·理查兹(David A. J. Richards),他努力向大家表明道德法侵犯了关于自治(autonomy)的一项基本人权。

第六章关注的是约瑟夫·拉兹所尝试设计的一种真正自由主义的政治理论——它回避了公认的自由主义信念,即,什么有利于(以及什么又贬损了)一个道德上有价值的生活,关于此类问题政府应当保持中立。在拉兹的"至善论"自由主义看来,自主性的价值并不要求中立性(neutrality),而是要求多元主义(pluralism):即,一个范围广泛的道德上可接受的诸多选项，在其中人们可以自由地选择。尽管在拉兹的政治理论中，自治享有某种最显著的地位，但是他否认当自治为追求道德上邪恶的目的而被行使时，它是有价值的。因此，拉兹坚持认为，政府应当提升好的选择，而无需（而且也不应）保护——以及更少地尊重——邪恶的选择。然而，拉兹基于如下理由反对把"无害的不道德行为"（victimless immoralities）宣布为非法，即采取强制手段制止并不侵犯其他人权利的不道德行为（wrongdoing）的这一做法强行性地侵犯了人们的自主性。

然而，我并不是从"法律道德主义"（legal moralism）的批评者开始这项研究，反而是从它的捍卫者入手。第一章思考了在法律上禁止不道德行为（vice）的理由，因为这个理由出现在了亚里士多德和阿奎那的著作中。这些著作（系统化了柏拉图所提出的诸多看法，并增添了一些微妙的差异）深刻地影响了西方道德和政治思想的核心传统的发展，这一传统一直总是为在法律上禁止某些特定的不道德行为留有余地。尽管我接受这一传统的基本立场，但是我批评并拒绝与此有关的亚里士多德和阿奎那教义的某些特定的方面。在第二章，我转而关注法律道德主义最杰出的当代捍卫者德弗林勋爵的诸多看法。德弗林破除了核心传统证成强制实施道德的至关重要的前提，转而基于如下理由捍卫道德法,即为了阻止社会的崩溃,社会有权强制实施其基本道德,而不管这个道德碰巧会是什么。在德弗林看来,一个公认的道德义务(moral obligation)的真理或谬误无关于它是否可以为法律所合法地禁止。违反核心道德——人们围绕它而使其自身结合为一体,并构成一个社会——的那些行为威胁到了那一道德并因此危及社会凝聚力和那一社会的存在。在1960年代早期与德弗林的一系列著名的论战中,赫伯特·哈特有力地批评了德弗林的如下观点,即宽容那些被普遍认为严重不道德的行为会让社会的凝聚力涣散。通过重新诠释德弗林的核心论证,我认为,把这一论证从哈特的批评中拯救出来是可能的。然而,在我看来,如欲拒绝接受德弗林对道德立法的捍卫,原因只能是因为它背离了如下正确的传统看法,即只有当法律所强制的道德是正确的,道德法在道德上才是正当的。

令人感兴趣的是,德弗林对强制实施道德的辩护在形式上尊重了约翰·密尔(J. M. Mill)决定干涉个体自由的著名标准,即所谓的"伤害原则"(harm principle)。密尔在《论自由》中声称这一原则是"一条非常绝对的原则,因为它有权以强迫和控制的方式绝对地支配政府与个人之间的交往,而不管所使用的手段是以法律惩罚为形式的物理力量,还是对于公共意见的道德强制"。

伤害原则是,人们若要干涉群体中任何人的行动自由,无论这种干涉是出自于个人还是出自于集体,其唯一正当的目的乃在于自我保护(self-protection)。……反过来说,违背自身意志而又恰当地将权力施加于一个文明社会中的任何成员,其唯一的目的也仅仅是为了防止伤害到其他人。他本人的利益,无论是身体的还是精神的,都不能成为对他施以强制的充分理由。不能因为这样做对他更好,或能让他更幸福,或依他人之见这样做更明智或更正确,就自认正当地强迫他做某事或禁止他做某事。①

---

① 约翰·密尔,《论自由》(*On Liberty*),企鹅出版社1985年版,第68页(译文参照了孟凡礼先生的译本,在此致以谢意。约翰·密尔,《论自由》,孟凡礼译,广西师范大学出版社2011年版,第10页——译者)。许多论者一直都认为,密尔在这一工作中所表达的看法与其功利主义(utilitarianism)并不相符。尽管密尔明确地"摒弃了对[其]论证来说能够源自独立于功利的抽象权利之理念的任何益处",并且"把功利视为所有伦理问题的最终诉求"(然而,同时解释道"它必定是最广义的功利,立基于作为一个不断进步之存在者的人的长久利益"),但是密尔伤害原则的赞同者与批评者一直在质疑,这一原则是否能够源自于或植根于(甚或他真的假定它能够源自于或植根于)功利因素。然而,一个"修正的"密尔学术研究团体是存在的,其认为,密尔的自由主义是真正且持续地是功利的。这一学派的一个主要的范例是约翰·格雷(John Gray)的《密尔论自由:一个辩护》(*Mill on Liberty: A Defence*)[劳特里奇和基根·保罗出版社(Routledge and Kegan Paul)1983年版]。值得注意的是,尽管格雷坚守他关于密尔自由学说之意图与结构的修正主义论述,但是他不再捍卫那一学说。确实,他已经成为一位对密尔这一学说的非常清晰明了且具有说服力的批评者,认为"密尔的方案垮掉了……这部分是因为自由原则自身之中的极有害的缺陷,部分是因为完全用后果主义(consequentialist)的术语就没有什么正义的论述能够被理论化"["密尔及他人的自由主义"(Mill's and Other Liberalisms),载《自由主义:政治哲学文集》(*Liberalisms: Essays in Political Philosophy*),劳特里奇和基根·保罗出版社(Routledge and Kegan Paul)1989年版,第218页]。

德弗林对于道德法的证成并没有诉诸密尔伤害原则所禁止的任何一种家长主义（亦即身体的家长主义或道德的家长主义）。而且德弗林所坚决拒绝的正是如下观念，即一个道德命题的普遍真（putative truth）能够成为限制自由的一个正当理由。他认为，道德法的唯一根据在于社会的自我保存：通过禁止一个社会中占支配地位的道德所谴责的行动，社会得以保护自己免受社会崩溃的祸害。因此，一个德弗林式的立法者并不质问一个公认的不道德行为"是否会对沉溺其中的人们产生道德危害？"，相反而是质问，"在面对社会支配性道德的谴责时，法律上对不道德行为的宽容会威胁到社会团结（并因此严重伤害到那一社会的众多成员）吗？"他将不会追问那个所谓的不道德行为"真的是邪恶的吗？"相反而是问"人们会普遍地认为它真的是邪恶的吗？"

7　　德弗林的进路与当代自由主义政治理论共享一个重要的抱负，即把这样一位立法者——他正在考虑这样一个提议，即认定一个显然"无受害者的"错误为非法——从"需要考虑这里所说的那个行为是否真的是道德上邪恶的"之中摆脱出来。德弗林只会让立法者追问，大多数人是否认为是这样——这是一个技术性的（社会学的），而不是道德的质询。自由主义者将会使他只是问，这个行为是否真是无受害者的——这个质询,尽管并不总是完全是技术性的,但是不同于完全的道德质询,后者包含在"决定这一行为是否是非道德的"之中。本书的一个主要目的是去辩论,德弗林及其自由主义批评者的那个共同抱负是误入歧途的:在考虑强制实施道德义务的一个提议时,立法者通常无可避免地需要道德慎思和道德判断。他的探究不能正当地被限制在这样一种方式上以避免产生如下这个问题,即提议在法律上禁止的一个行为在道德上是正确的,还是错误的。亚里士多德和阿奎那,他们的看法无论存在什么样的缺陷,都正确地认为,某个行为是不道德的,这样一个主张的真实或虚假通常涉及合理地决定上文所说的那个行为是否应当为法律所禁止。一个行为的不道德性,尽管并不总是在法律上禁止它的一个充分的或终局性的理由,但却是禁止它的道德有效性的一个必要条件。我将提出理由证明这一点。

如果我是正确的,那么当代很多自由主义者和保守主义者所做出的"个人"道德和"政治"道德的截然二分就是站不住脚的。人们关于个人道德的判断与关于政治道德的判断是相关的。约瑟夫·拉兹观察到,"政治理论家中有一些有影响力的声音,主张存在一个相对独立的道德原则群,它主要面向政府,并构成了(半)自发性的政治道德"①。拉兹拒绝这些主张,我也是。他提出的对于政治自由之道德的结论也可以说是我自己关于政治道德的结论,即"比起很多当代政治理论著作所流行的,这种道德在更深的层次上建立在关于个人道德的考量之上"②。因此读者至少能够得到我研究基本道德理论的路径的简要阐述,我相信这种道德理论能够解释个人事务和政治事务的对与错的判断问题。尽管我这里不能对这种我承认存在争议的路径作出辩护,但我邀请读者留意脚注中引用的一些文章,在其中我和其他一些人尝试对这种路径所引起的不同批评作出回应。

实践推理不仅适用于选择和行动的理由,而且也能确认这些理由。这些理由包括道德理由。关于实践推理的完整理论——一种批判反思性的主张——包括一种道德理论。道德理论通过区分完全合理的和实践上不合理的——尽管不只是不理性的——选择,而试图确认指引选择和行动的可用的道德规范。

道德规范自身是选择和行动的理由,尽管是特定类型的理由。它们在如下情境下指引选择和行动:某人有理由(或者至少有亚理性的理由,比如感性和动机性理由)做 X,

---

① 约瑟夫·拉兹,《自由的道德性》,牛津大学出版社1986年版,第4页。
② 同上。

但同时有一个不做 X 的理由,原因在于,举个例子说,他还有做或者维持 Y 的理由,并且做或者维持 Y 与做 X 是不相容的。一个道德规范在提供一个不做 X 的决定性理由的时候,就禁止做 X。这样的理由尽管没有破坏①,但击败了他做 X 的任何一种理由。基于同样的理由,如果一个道德规范要求某人(在特定情形下)做 X,那么它就提供了(在那些情形下)做 X 的决定性理由。再一次,这种理由虽然击败但并没有破坏他做或者维持 Y 的理由。然而,如果道德规范不能以一种或另一种方式决断出一种选择,那么选择就是在道德上可接受但不相容的选项之间进行。比如说,某人有一个做 X 的不可击败的理由,同时又有一个做 Y 的不可击败的理由。在这些可能性中的任何一种之间做出选择,都是合理的。然而,在一个人缺少决定性理由在两个选项之间做出选择[尽管可能相比第三种选项(包括什么都不做的可能性),他有决定性理由选择这两个选项]的时候,二者之间的选择在理性上是不能确定的。②

并非所有的行动理由都是道德规范。然而,所有的道

---

① 如果它破坏了一个人做 X 的理由,那么尽管有道德规范反对,但仍要做 X 的决定,就不仅是不合理的,也是不理性的和不可理解的,只是纯粹由亚理性的因素所驱使的行动。

② 关于在有理性基础的选项之间不能理性地确定选择的讨论,参见,《自由的道德性》,第 388—389 页。

德规范都是行动理由。当一个道德规范支配某种行动过程的时候,它就是该行动的决定性理由;它击败了任何一种做该理由所禁止的或者不做该理由所要求的理由。一个人只有在依据这个道德规范而行动的时候,他才是以一种完全合理的——比如道德上负责任的——方式行动。

考虑以下这个例子:某人有理由做 X,但它的理由本身并不是道德规范。如果他有一个做 X 的非道德理由,并且未被某个道德规范禁止去做 X,那么他就有一个尽管非决定性但未被击败的理由去做 X。他可以合理地选择去做或者不做 X。然而,如果在某些情况下,一个道德规范禁止他做 X,那么该规范就提供了不去做的决定性理由,该理由击败了他去做的理由。当然,在相反的情况下,当一个道德规范要求某人做 X 的时候,那么他就有一个做 X 的决定性理由。一个人所拥有的任何一个不做某事的理由会被要求他做该事的道德规范击败。关键的一点是,一个选择在不只是基于理由而作出,而是符合所有的道德规范(比如,不被任何道德规范所禁止)的情况下,才是完全合理的(而非只是有理性根据的)。即使某个行动的作出由一个人出于对某种目的的尊重所驱动,该目的的理性(不只是感性的)力量使得它自身可以成为一个行动理由(而非仅仅是次理性的动机),该行动也可能是实践上不合理的。做一个人有决定性理由不去做的事情不可能是完全合理的。某人受对理由的尊重①之驱动而作出的行动,在他有道德义务不去做该行动的情况下,就是不合理的。

在不道德的选择(这些选择至少应包括一些不仅是慎重的,也是错误的判断的结果)的情形中,理由受到情感的束缚。尽管不是始终如此,但通常情况下,驱动一个不道德的选择的情感与该选择的(被击败的,因此也是道德上不充分的)理由结盟。在这种情况下,理由通常被情感工具化和辖制,不只是为了满足无视道德规范的欲望②,也是为了对不道德的行动加以理性化(理性化事实上指向的是由某人作出不道德的选择的真实理由所束缚的理由)。

我的观点可以通过举一个假设的例子来说明。科学知识的获取是一个行动的理由。这种类型的知识通常既在内在意义上也在工具性意义上有价值;它既是目的本身,也是其他有价值的目的的工具。现在,设想一下这个案例,有一

---

① 我并非主张——实际上我否认——存在受理性驱动但不涉及(除了理由以外)情感、感受、想象和我们作为感性的肉体存在而具有的其他面向的行动。即使是理性驱动的行动也需要想象力的和情感的支持(情感的运行并非总是有意识的)。

② 我并非想表明欲望是能够束缚实践理性的唯一的亚理性动机,因为还有其他的动机。比如,一个人可能是基于一些厌恶的情感(比如反感或畏惧),或者懒惰,或者其他形式的情感惰性而不去做他有决定性理由(由道德规范所规定)去做的事情。

个极富才华的科学家想理解艾滋病的病原。他想获得这种知识,一是了解病原本身,同时也希望找到治疗方案。他先前的研究提出了进一步研究的策略,虽然很有前景,但该策略却要求在一个活人身上进行致命的试验。因为没有志愿者,他考虑了一种可能,即在一个因患艾滋病而正在接受治疗的瘾君子身上秘密进行试验,且该患者并未察觉。当然,他设想的这个提议违反了某些道德规范①;但是他想获得这些知识的欲望是强烈的。所以他开始对他的计划进行理性化:"我将要破坏的生命毕竟是一个贫穷和悲哀的生命;而试验却有望极大地促进科学进展,甚至可能带来挽救千万人生命的医治。毫无疑问,可以实现的善胜过了要实现它所产生的轻微的恶。"

这样的理性化是可能的,因为促进科学发展和救人性命的确是行动的理由。它们是科学家执行他的计划的理由。② 然而,它们不是这些情境下唯一相关的理由。科学家有理由取消他的计划。他想破坏的那个生命,无论怎样的

---

① 当然,后果主义者会对这个主张产生争议,并主张科学家在道德上被允许——甚至在道德上被要求——去做这个试验。在第三章中,我会讨论为什么拒绝后果主义和其他一些道德判断理论,这些理论主张可以在前道德价值(pre-moral value)之间进行通约、聚合和比较,这些价值存在于涉及提供选择和行动的基本理由的人类善的选项之中。

② 因此,他对该计划的执行就绝非是不理性的。

贫穷和悲哀,也是一个行动理由,正如他自己的品格是行动理由一样,如果他任意地采纳一个谋杀的提议,他的品格就会堕落(或者进一步堕落)——成为一个凶残的人。面对进行这个实验的理由和不这么做的理由,他应该怎么做?

如果没有有效的(道德)规范提供理由来在各种相竞争的行动中支持一种行动,在这些可能之间作出的选择在理性上就是不确定的。它会是(实际上,尽管存在道德规范,很多选项也是)在道德上都可接受的选项中作出的选择。然而,在这里,要求我们公平地对待每一个人、把每一个人的生命作为目的而非单纯手段的道德规范显然排除了进行这些实验的选项。这些规范提供了不做该试验的决定性理由,尽管这样做可能会实现巨大的益处。当然,这个科学家最终仍可能决定执行这个试验。他可能会束缚他自己的理性并使之顺从于他想实现这些益处的情感欲望:出于欲望去实现一些益处,而这些益处在当前只能通过做某人有决定性理由不去做的事情才能实现,公平地说,这是实践非合理性(practical unreasonableness)的直白例子。

道德原则和那些可以从它们中推导出来的具体道德规范,是引导实践慎思和在不同选择项之间作出选择的二阶行动理由,这些选择项由大量的通常不相容的一阶(或"基本")行动理由所给出。一个基本的行动理由是这样的理由,它作为理由的可理解性并不依赖于更进一步或更深层的行动理由。只有那些具有内在价值的目的或目标能够提供基本的行动理由。尽管这类目的或目标可能也是在工具意义上有价值的,也即作为其他目的的手段而有价值,但它们可以自身作为目的而被理性地寻求,因而区别于纯粹工具性的善。工具性的善的确也提供行动理由;然而,它们作为理由的可理解性依赖于进一步或更深层的行动理由,它们只是后者的手段。因而,它们不是基本理由。工具性的善的可理解性依赖于一些内在善,这些内在善的实现通过他们的选择和行动而得以可能。如果没有内在的人类善,没有行动的基本理由,实践理性就会变成如休谟所认为的只是为欲望而服务的;被理性驱动的行动就变得不可能。① 具有内在选择价值的目的或目标为我们提供了基本的行动理由,这些理由使得被理性驱动的选择和行动成

---

① 休谟的名言,"理性并非应当仅仅是激情的奴隶,并且除了服从激情和为激情服务之外,不能扮演其他角色"。[参见:大卫·休谟(David Hume),《人性论》(*A Treatise of Human Nature*),1740年,第2卷,第3章,第3节]休谟关于这个问题的想法跟他的伟大先贤托马斯·霍布斯完全一致,霍布斯说"思想对于欲望来说,就像斥候兵或侦探一样,四处窥探,以发现通向所欲求的事物的道路"。[参见《利维坦》(*Leviathan*),1651年,第1部分,第8章]

为可能。①

　　作为基本的行动理由，内在善的价值不能（也不需要）从更为基本的行动理由中推导出来。正如杰曼·格里塞茨正确地指出的，基本的行动理由也不能从纯粹的理论前提中而演绎出来（比如，不包含行动理由的前提）。作为实践思考的第一原则，基本的行动理由如阿奎那所言，是不证自明的和不能证明的（indemonstrable）。② 提供行动理由的人类善是人类福乐和繁荣的根本方面，因而作为人的本质的一部分而属于人。然而，基本理由并非从在方法论上先行的关于人性的知识中推导（无论基于逻辑学家认可的何种

---

① 我在一篇文章中阐释并辩护了这一主张，即实践理智能够掌握这类目的或目标。参见拙文，"对自然法理论的一些新批评"（Recent Criticism of Natural Law Theory），载《芝加哥大学法律评论》（University of Chicago Law Review），1988年，第55卷，第1371—1429页。

② 参见《神学大全》（Summa Theologiae），第1集，第2卷，第94问，第2条。主张行动的最基本的理由是不证自明的，即是作出一个关于它们作为非衍生的理由的地位以及这些理由如何能被实践理智所理解的哲学主张。它并非主张一个很显然是错误的观点，即每个人（或者所有理性的人）都会承认（或同意）每一个不证自明的行动理由实际上都是不证自明的或者基本的行动理由。它也不是说，它们作为非衍生理由的地位排除了在论辩中对它们进行辩护的可能性。关于论辩性主张以何种方式支持或怀疑声称是不证自明的命题的分析，参见拙文"对自然法理论的一些新批评"（第1410—1412页），对基本行动理由是不证自明的这个主张的进一步解释和辩护，参见拙文，"作为道德标准的人类繁荣：对佩里自然主义的批判"（Human Flourishing as a Criterion of Morality: A Critique of Perry's Naturalism），载《杜兰法律评论》（Tulane Law Review），1989年，第63卷，第1455—1474页，以及拙文，"不证自明的实践原则和理性驱动的行为：对米歇尔·佩里的回应"（Self-Evident Practical Principles and Rationally Motivated Action: A Reply to Michael Perry），载《杜兰法律评论》，1990年，第64卷，第887—894页。

意义)出来,比如从人类学或其他理论学科中获得。相反,它们通过基于倾向和经验数据的归纳性心智工作,而在非推导性的理解活动中被人们掌握。①

基本的人类善,也即为选择和行动提供基本理由的目的或目标有哪些? 约翰·菲尼斯对它们作出了有益的分类,如下:生命(广义上包括健康和生命力)、知识、游戏、美

---

① 作为因对数据进行反思而成为可能的智力活动的成果,基本的行动理由既不是先天的观念,也不是纯粹的直觉。我们关于基本行动理由的知识的真值也不包含在"它们与实践理性自身的内在要求,比如实践理性自身或它的直接结构相符合"。在诸多批评者之中,约翰·斯通(Johnstone)把后一种立场错误地归给了格里塞茨。参见:约翰·斯通,"实践理性的结构:传统理论与当代问题"(The Structure of Practical Reason: Traditional Theory and Contemporary Questions),载《托马斯主义者》(The Thomist),1986年,第50卷,第417—466页。关于格里塞茨如何在回应中拒绝这种观点,并对约翰·斯通关于这种观点隐含在格里塞茨对实践推理理论的批评中的观点,参见"实践理性的结构:一些评论与澄清"(The Structure of Practical Reason: Some Comments and Clarifications),载《托马斯主义者》,1988年,第52卷,第269—291页。相反,我们关于基本理由的知识的真值乃是在于这些理由对于可能的人类完满的胜任,这种完满可以在人类行动之中并且通过它们而实现。当然,我们关于这种完满的可能性的知识在任何一个特定的环境中,都依赖于不同类型的理论知识,包括关于实证可能性和环境限制的知识。作为不证自明的实践推理的首要原则,基本行动理由并不是从在先的理论原则而推出的,作出这个主张绝对不是主张在实践推理和理论推理之间存在一个"分离之墙"[如亨利·维奇(Henry Veatch)所主张的,对此参见"自然法与实然和应然的问题"(Natural Law and the Is-Ought Question),载《反当代哲学潮流》(Swimming Against the Current in Contemporary Philosophy),美国天主教大学出版社(The Catholic University of America Press)1990年版,第293—311页],也不是主张关于世界的知识与实践思考是无关的[如拉尔夫·麦金纳尼(Ralph McInerny)所主张的,对此参见《道德神学》(Ethica Thomistica),美国天主教大学出版社1982年版,第54—55页]。

学体验、社会性(通常理解为友谊)、实践合理性、宗教。① 因此,完整的人类善——完整的人类福乐和成就——具有内在的多样性。有很多不可化约的、不可通约的,因而也是基本的人类善。基本的人类善是有血有肉的人类的福乐和成就的最根本方面。它们不是在一定程度上超验的柏拉图意义上的形式(form),或者在任何意义上外在于它们在其中得以实现(instantiated)的人。它们也不是人类繁荣的工具,被视为独立于提供行动理由的基本人类善的心理状况或其他状况。相反,这些善是它们所成就的人的构成性方面。

在接下来的几章中,我会频繁地区分(并提醒读者作出区分)"实质的"和"反思性的"人类善。"生命""知识""游戏"和"美学体验"是实质的善:尽管它们可以通过人们寻求它们的选择而得以实现,但每一种善都由我们所分享,它们先于并且脱离我们的选择,以及我们的选择——它们是大自然和文化遗产的一部分赐予我们的礼物——所预设的实践理解。"社会性""实践合理性"和"宗教"是反思性的善:它们只能在人们追求它们的选择之中并且通过这些选择得

---

① 约翰·菲尼斯,《自然法与自然权利》(*Natural Law and Natural Rights*),牛津大学出版社1980年版,第86—90页。在本书第七章中,我对在独立("自然")理性理解范围内被视为基本人类善的宗教作出了解释,并将其与我对宗教自由的辩护结合在一起。

以实现。选择嵌入到它们的定义之中。除了人们选择实现和参与这些善，它们就不能被人们实现和参与。

正是行动的基本理由的这种多样性带来了道德难题。在人们有基本（或"一阶"）理由而去做的不相容的可能行动面前，实践上合理的选择预设了"二阶"理由的识别，这些二阶理由通过排除竞争性选项（因而就击败了通过该选项而实现、促进或保护的基本人类善所提供的行动理由）之中的一个（或一些）而以某种方式指引（至少某些）选择，而非其他方式。道德规范提供这样的二阶理由。这些规范可以说是实践合理性这种基本人类善的方法论要求。那么，这种善在道德生活中就扮演着特定的策略性或构造性（architectonic）角色。依照它的要求而生活，就是通过作出自我建构性的选择，理智地和诚实地追求其他共同善，而实现这种人类善的根本方面。

但是它的要求是什么？人们如何知道它们？鉴于基本人类善的多样性，它们的开放性，以及在人类事务中实现它们的不可穷尽的可能性范围，人们怎么可能会错误地选择？显然，没有一个人或一个社会能够实现每一种善，所以必须要作选择。既然一个特定的选择是为了一种基本的人类善而作出并且因而具有理性的基础，那么它是如何能被准确地判断为是不合理的呢？菲尼斯通过反思理智的行动（比

如实施具有理性基础的选择)如何能被束缚理性的情感所扭曲,来解决这个问题:

> 基本的人类善,连同事实上的可能性一起,减少了理智行动的范围。一个人做的任何一件没有在一定程度上实现这些善的事情都是没有意义的。但是一个人把自己的行动限制在理智行动的范围内,这样并没有做错,同样在某时刻只追求一种或几种基本善,而不追求其他善,这样也没有什么不对;这种限制根本不是不合理的,而实际上是理性所要求的。一个人做错的时候,是在他选择在形成过程中被情感所主导的选项的时候,这些情感不是支持或符合理性的情感,而是操纵性的情感,这种操纵性不是体现在阻挠自由选择而决定一个人的行动,而是破坏行动的理性指引,束缚一个人的理性,限制它的指引力,并把它作为情感的智多星而加以利用。①

通过思考情感束缚理性(以及其他次理性的因素)和促使人们漠视、阻碍、损害和破坏基本的人类善(从而伤害这

---

① 约翰·菲尼斯,《道德的绝对性》(*Moral Absolutes*),美国天主教大学出版社 1991 年版,第 43—44 页。

些人，在他们的生命中，这些基本善是作为他们的福祉和成就的多种方面而得以实现）的方式，确认实践合理性的要求就变得可能。这些要求排除了对一些选项（或者是意愿）可能性的采纳，这些可能性的吸引力是那些贬损、束缚和违反理性的情感的结果。作为道德原则，它们提供了不去选择这些可能性的决定性理由，这些理由击败了一个人可能要选择这些可能性的真实（但在道德上是不充分的）理由。

基本的人类善是完整的人类福祉和成就的内在和构成性方面——这里有必要再次重申，它们绝对不是单纯的手段。然而完全的或者整体的人类成就只是（至少在当前的生命状态中）一个理想。没有人或者社会可以选择它。整体的人类成就的理想既不是某个个体（甚至于我）的个人化成就，也不是脱离于那些提供最基本的行动理由的善的更为重要或终极的善。它也不是一种可供执行的目标，需要在一个各种善都得以实现的宏大体系之中被完成，而这种体系只有在世界性的万年计划所成就的状态之中才能实现。相反，整体的人类成就的理想有着直接的意义。通过被理解为所有人和社会在基本人类善上的完全成就，整体成就"是实践理智和合理性（practical intelligence and reasonableness）不受情感——这些情感会损害它的完全指引力——束缚而发挥作用的理想"。①

杰曼·格里塞茨对此作出了总结：

> 有两种做选择的方式。第一种是，一个人接受做选择时不可避免的限制，并将他选择的任何一种特定的善作为纯粹是对更广泛的善的参与；这样选择之后，他就理解了这种善，他将这种善作为更为广泛的和不断扩展的整体的一部分，并且选择它的时候遵循这样的方式，即让它能与这个整体的其他成分和谐贯通。第二种是，一个人做选择的方式不必要地排除了一些更进一步的个人成就的可能性；他将正在实现的特定善自身看得比他所认为的善更为完整。②

以第一种方式做选择的人，是以与导向整体成就的意愿相符合的方式选择（即使他承认没有选择能够实现这种成就）。而以第二种方式作选择的人，是以与这种意愿不相

---

① 约翰·菲尼斯，《道德的绝对性》，美国天主教大学出版社1991年版，第46页。
② 约杰曼·格里塞茨，"当代自然法伦理"（A Contemporary Natural Law Ethics），载威廉·斯塔尔（William C. Starr）、理查德·泰勒（Richard C. Taylor）主编，《道德哲学：历史与当代文集》（*Moral Philosophy: Historical and Contemporary Essays*），马凯特大学出版社（Marquette University Press）1989年版，第129页。

符合的方式做选择(即使他做选择所基于的善是人类成就的真实方面)。因此,格里塞茨、菲尼斯和波义尔提炼出首要的和最抽象的道德原则,如下所述:"在追求人类善并避免破坏这些善的有意行动中,一个人应当选择或者意图选择这些并且只能是这些可能性,对它们的欲求是与导向整体的人类成就的意愿相协调的。"①

这一原则显然太过抽象和一般,而不能指引有道德意义的选择。要指引这些选择,必须通过思考情感会束缚理性和阻碍行动者作出完全合理的选择的不同方式,从而将这一原则具体化,正如这几位作者所做的那样。这些具体

---

① 约杰曼·格里塞茨、约瑟夫·波义尔、约翰·菲尼斯,"实践原则、道德真理与终极目的"(Practical Principles, Moral Truth and Ultimate Ends),载《美国法理学杂志》(*American Journal of Jurisprudence*),1987年,第32卷,第128页。在思考这个极为抽象的道德首要原则的概述时,我邀请读者记住阿拉斯代尔·麦金太尔(Alasdair MacIntyre)的精确观察:"笛卡尔错误地以为——他对欧几里得几何学的误解更助长了这种错误——首先,通过最初的认识,我们能理解一个演绎体系之前提的全部意义;其次,我们才能进一步探究这些前提的推演结果。而事实上,我们只有明白从这些前提中推演出了什么,才能理解前提本身……所以,在构筑任何可逻辑地证实的科学时,我们的论证是从从属真理到第一原理,也是从第一原理到从属真理。在这个过程中,我们逐渐认识到是哪个前提表明事实本身如何,从而发挥着第一原理的功能,随之不断加深我们对这些第一原理内容的了解,纠正那些任何人都可能出现的错误认识……道德生活是一个以发现第一原理为目的的旅途。在"end"的两种意义上,第一原理的完全发现意味着旅途的目的和终点。因而在严格的意义上,只有在终点我们才能知道我们是不是一开始就确实了解我们的真正起点。"参见:阿拉斯代尔·麦金太尔,"谁之正义?何种合理性?"(*Whose Justice? Which Rationality?*),圣母大学出版社(University of Notre Dame Press)1998年版,第174—175页(本段译文的翻译参考了麦金泰尔,《谁之正义?何种合理性?》,万俊人等译,当代中国出版社1996年版——译者)。

化被菲尼斯称为"实践合理性的要求",被格里塞茨称为"责任的模式"。它们之中比较有名的是如公平的黄金法则,又如圣保罗原则,即禁止可能带来好处的作恶。① 这些原则是"中介性的",位于最首要的和最抽象的道德原则和最为具体化的道德规范之间,后者禁止特定的不道德行为(举一些无争议的例子,如强奸、偷盗和不同形式的不公平交易)。

存在一些实践可能性——对它们的欲求与整体的人类成就的理想相符合(或不符)——的可能性依赖于关于人类行动的特定理论。这种理论与人们通常所接受的模式大相径庭,根据后者,一个行动者(1)想要实现某种状态;(2)制定计划,通过他有权掌控的随机因素来实现它;(3)采取一系列的行为来实现它。一种更为合格的行动模式认为,人们不只是为了外在于他们并且有望满足他们欲望的目的而选择,而且也典型地为了作为人而来的内在于他们的目的——他们和其他人参与其中的善——而行动。一个人的行动,在三种方式上作为该人和人类善的有意综合而具有道德意义:(1)当他基于一件事物的内在价值而选择它;(2)当他选择一件事物作为手段;(3)当他自愿地接受以上

---

① 更为全面的名单,参见:菲尼斯,《自然法与自然权利》,第5章。

两种方式行动而偶发的副效用(好的或坏的)。① 在以这几种方式的任何一种作出选择的时候,一个人可能以与道德规范相符或不相符的方式作选择。任何一种选择通过把他选择的道德善或恶融合进他的意志而塑造了这个人的品性。在这种意义上,有道德意义的选择是自我构建的:它们在选择者的品性和人格中存续,并超越了实现这些选择的行为。

我并不认为我对实践推理和道德判断的研究进路可以免于修正。我也不会假定它会使得艰难的道德问题变得简单。认同我的基本进路并且与我合作来试图发展和运用这一进路的哲学家,仍旧会在一些重要的道德难题的意涵方面产生分歧。但我把它视为反思这些难题的最有前景的进路。我邀请读者在我的论证展开的过程中能牢记这一点。

---

① 有些接受这种行动模式的人们会对自愿的模式作出区分,特别是在以下两种之间区分,即意图为了或反对基本人类善(无论是作为目的还是手段)而行动,和接受他严格来讲并不意图的利益或损害作为副效用。道德原则管理一个人对副效用的接受,以及他的意图。然而,并非所有的道德原则都是与对副效用的接受相关的。举例来说,圣保罗原则,即禁止做会带来好处的恶事,关乎的是一个人意图做什么事情(无论作为目的还是手段),而非一个人只是把什么接受为副效用。相反,黄金法则却同时关乎一个人接受什么为副效用和一个人意图什么。换句话说,一个人违反了黄金法则,不仅是因为不正当地意图(作为目的或手段)对他人带来损害,也可能是因为不正当地接受对他人的某种损害作为副效用。

第一章 核心传统:价值与限度

一、"至善主义"的核心传统

阿拉斯代尔·麦金太尔将思想的"传统"与对于正义和政治道德的探究解释为一种贯穿时空的论证。在此论证中,它根据以下两种冲突对某些基本一致性(fundamental agreements)进行解释或再解释:一种是批评者与那些传统之外的敌人之间的冲突,这些人全然否认或至少部分地拒绝那些基本一致性的主要内容;而另一种则是内部的、接受性的争论,通过这些争论,基本一致性的意义与合理性逐步得到表达，并且一种传统在这种论战的推进下便形成了。①

这一界定无疑解释了以赛亚·伯林所称之为的（有关道德、政治与法律及其相互关系的）"西方思想的核心传统"。② 这一传统事实上就是"贯穿时空的论证"，在这种论证中，其"基本一致性"根据内部的论战和外部批评者之间的争论得到了解释和再解释。在这些"基本一致性"之间存在这样一种信念，优良的政治与善法不仅渴望确保人们的安全、舒适和繁荣，而且也想要人们变得有德性。尤为重要的一点，正是因为这样一种信念，即法律和政治可以正当地关心一个政治共同体中成员的道德福祉，使得核心传统可以与主要对手区分开来。

当代主流的自由主义（在马克思主义之后，它无疑是主

---

① 阿拉斯代尔·麦金太尔，《谁之正义？何种合理性?》，圣母大学出版社1998年版，第12页。
② 以赛亚·伯林（Isaiah Berlin），《人性的曲折之木：思想史篇章》（*The Crooked Timber of Humanity: Chapters in the History of Ideas*），阿尔弗雷德·A. 克诺夫出版社（Alfred A. Knopf）1991年版。伯林选择从对这一传统进行有力批判的角度展开写作，显而易见的一点是，他其实不愿意通过将其描述成"中心的"从而赋予它某种道德上的认可。除此之外，尽管我十分同情这一传统，但是我并未提出过下面这个不管怎么看都是偏见性的观点，即在当今西方的法律和政治制度中这一传统要比自由主义传统更具有"中心性"的地位。由此，我在导论中曾将其称作是西方的前自由主义的核心传统。尽管如此，自由主义并未完全地取代这一传统。具体的情况非常复杂，这里三两句话难以讲清楚。在我看来，我们的制度在形成的过程中有机地融入了这两种传统的要素，它们之间有时候能够和谐共存，有时候又会出现不同程度的紧张关系。

要的对手)挑战了核心传统的"至善主义",认为它与一种对人类自由的应有尊重是相冲突的。基于至善主义的法律与政治违反了正义与人权的基本原则,因而他拒绝接受核心传统鼓吹"使人成为有德之人"的做法。传统的自由主义者坚持认为,人类道德方面的完美尽管就其自身来看是值得追求的,但它并不是决定政治行动的一个有效理由。由此,他们提出了有关正义与政治道德的"反至善主义理论",并以此反对作为道德原则问题的"道德性立法"和其他至善主义的政治举措。

在接下来的几章中,我将为核心传统的至善主义理论进行辩护。我将指出,优良的政治与善法关心的是帮助人们过上一种道德上正直和有价值的生活,并且事实上,一个良好的政治社会可以正当地运用强制性的公权力保护人们免受邪恶的腐蚀。① 然而,我并没有打算接受核心传统的主要缔造者对于"为了让人们变得更道德而采取正当的政治

---

① 正如我们将要看到的,一些有影响力的当代思想家从自由主义传统的内部向那种试图将至善主义排除于政治理论之外的主流观点或正统观点发起了挑战。比如说,约瑟夫·拉兹就对那种反至善主义的自由主义进行了严厉的批判,并且他提出了一种关于政治道德的至善主义理论作为替代。依照这一理论,"所有政治行动的目标在于让人们能够寻求一种有效的善观念,同时并消除那些邪恶的或空洞的善观念"。参见:约瑟夫·拉兹,《自由的道德性》,第133页。拉兹坚持当代的自由主义,并且他反对核心传统,然而在他看来,国家无法正当地通过立法来禁止那些"无害的背德行为"。在本书的第六章,我还会具体讨论拉兹的至善主义的自由主义理论。

行动"这个问题所表达的所有观点。因此,在当前的这一章中,我将向大家说明我会接受什么观点(这也意味着在接下来的几章中我要对什么观点进行辩护)以及我会拒绝什么观点(我发现这些观点是站不住脚的),对此我会进一步提供相应的理由。

我将聚焦于亚里士多德和阿奎那的至善主义理论,这两位思想家对核心传统的形成产生了最为深远的影响。尽管这一(体现在实在法、政策以及后世哲学家的思想中的)传统并没有在方方面面都沿袭了他们的学说,但是却蕴藏着他们对正义和政治道德的至善主义的理解。为了拒绝至善主义,传统的自由主义者否认了亚里士多德主义和托马斯主义政治理论基本原则的有效性。我承认自由主义对亚里士多德和阿奎那政治学说的重要内容进行了正确的批评,但是我将指出,除了这些错误的观点之外,它们的至善主义理论仍然是有效的和站得住脚的。

二、亚里士多德论城邦在使人成为有德之人方面的作用

在塑造核心传统有关政治和政治道德观念方面,亚里士多德居功甚伟。早在自由主义对核心传统发起全面攻击

的前几个世纪,亚里士多德本人就曾预先考虑、批判和坚定地拒绝了那种日益成为当代主流自由主义的最为典型性的信条(defining doctrine),具体来说是指这样一种信念,即一个政治社会(城邦)的法律[用古希腊智者里可弗朗(Lycophron)的话说]应当仅仅旨在"'保证人们的权利免受互相的侵害',但其实法律应当是一种诸如让城邦成员过上一种良善而正直生活的规则"。① 亚里士多德在其《政治学》一书中是这样论证的:

> 任何一个不是徒有虚名而真正无愧于城邦(polis)者,必须以致力于实现善德为目的。否则的话,政治的联合只会沦为一种同盟而已,这与其他形式的同盟所存在的唯一差别就体现在空间上,也就是说,一个城邦内的成员彼此邻近地生活在同一个空间内,而另一个同盟的成员则住在彼此相隔遥远的地方……一个城邦并不只是居住在同一个地方的居民的联盟,同时也不是为了防止人们之间的相互伤害或方便交易而结

---

① 参见:亚里士多德,《政治学》,欧内斯特·巴克尔(Ernest Barker)编,牛津大学出版社1946年版,第3卷,第5章,第1280b节。巴克尔在这里的对于"权利"的使用是多少有点不合时宜的。对于这一术语的当代运用与古希腊和古罗马的思想是无关的,并且亚里士多德对里可弗朗作品的援引可以被准确地描述为是对"互惠正义的保证"。

成的联盟。这些确实是一个城邦能够存在所必须具备的条件,但是仅仅凭借这些条件还尚不足以构成一个城邦。城邦是由过着良善生活的家庭和部族为了追求一种至善且自足的生活状态,而结合在一起所形成的……由此我们可以得出结论:政治联盟所存在的目的并不在于社会生活,而是在于维护一种良善的行动。①

22　亚里士多德认为,使人成为有德之人是任何政治社会的中心目的(如果不是全部目的的话)。为什么会这样?

为了回答这个问题,我们必须回到亚里士多德关于道德之善与美德的讨论。在《尼各马可伦理学》(*Nicomachean Ethics*)的结尾之处,他尖锐地质问有效的道德论证自身为何不足以引领人们远离邪恶和接近美德。通过(至少是概要地)对"美德、友爱与快乐"进行了一种哲学性的解释,亚里士多德指出了其在《政治学》(*The Politics*)一书中从事那一研究的必要性,他如是说道:

当道德论证似乎能够有力地鼓舞和激励心胸开阔的青年,使那些生性道德优越、崇尚高贵的青年能够拥有美

---

① 《政治学》,第 3 卷,第 5 章,第 12806 节。

德品质,但是它们却无法鼓舞多数人追求高贵和善。①

为什么不能呢?是因为这"大多数人"太蠢以至于无法理解道德论证吗?人们在先天的智力方面存在着明显的差异。并且,我们可以合理地认为只有少数人在智识上有能力遵循这种最为精妙而又复杂的哲学性论证。情况是这样的,当论及道德论证在鼓舞和激励人们崇尚高贵和善所起到的影响时,那么在那些尚不足以参透道德论证的"大多数人"与那些几乎完全需要这种道德论证的"少数人"之间的差别仅仅存在于先天的智力方面吗?

答案是否定的。当亚里士多德提出那些"大多数人"与"少数人"天生是不同的时候,在他看来,相关的差异(至少)从根本上并不是人们在遵循哲学性论证方面的先天智力的差异。相反,它是从一个品质上的差异开始的。"大多数人"的问题在于:

> 多数人从本性上只知恐惧而并不顾及荣辱,他们不去做坏事并不是因为羞耻,而是因为害怕受到惩罚。

---

① 《尼各马可伦理学》,第 10 卷,第 9 章,第 1179b 节。引文来自于:戴维·罗斯编译,《亚里士多德选集》,兰登书屋 1941 年版。

因为他们靠激情生活,追求他们自己的快乐以及达到这些快乐的方式;他们躲避与之相对的痛苦,他们甚至不知道到底什么是高贵、什么是真正的快乐,因为他们从来没有亲身体验过这种滋味。①

那么,对那些"大多数人"而言,美德是遥不可及的吗?普通人(他们"靠激情生活"并且缺乏"一种生性道德优越、崇尚高贵的美德品质")完全无法过上一种有德性的生活吗?亚里士多德事实上得出结论说:道德论证对于这类人来说是徒劳无益的。与他们进行这方面的争论是没有意义的。(道德)论证仅仅告诉人们做什么样的事情是正确的,但它并不会驱使人们这么做。由此,只有那些"心胸开阔的"少数人(他们在本性上已受惠于自身所拥有的美德品质)才能真正领悟这一论证。尽管如此,亚里士多德认为那些并非"生性高贵"从而可以获得某种程度道德之善的人可能更适应其他一些方式:

很难(如果不是不可能的话)通过这种论证来改变那些已经长期融入品性中的东西;当认为做一个公道

---

① 《尼各马可伦理学》,第10卷,第9章,第1179b节。

的人会对自身产生重要影响时,如果我们因此获得一些德性,那么我们应对此感到满足。①

"做一个公道的人对人们产生的影响"是什么?又如何能将这"大多数人"置于其下呢?亚里士多德显然认为品性总的来说是与生俱来的。在论及本性使人向善时,他说这"显然并非人力所能及,而是作为一种神圣性理由的结果,是由神赋予给那些真正幸运的人的"。尽管如此,他仍认为一般人的品性并不完全是先天所确定的,而是可以通过一些善的影响得到提升的(如果只是略有提升的话)。这些影响可以稍微(纵然明显不是很大地)提升常人品性中被本性所忽视的那部分内容,从而使其"获得一些美德"。

然而,由于常人是受激情而非理性所驱动的,为了让其拥抱美德,我们所需要的并不是论证而是一种强制。亚里士多德说,"一般而言,激情似乎并不屈服于论证,相反而是强制力"。② 由此,如果"大多数人"拥有即便是一点点道德之善,那么就必须禁止他们做道德上的错误之事,而同时要求他们做道德所允许之事。此外,这些命令还必须要以惩罚的威胁作为支撑。如果人们拥有一些激情动机(诸如贪

---

① 《尼各马可伦理学》,第 10 卷,第 9 章,第 1179b 节。
② 同上。

图享乐)诱使自己做道德上错误的事,就必须为他们找到一些具有更强对抗性的激情动机(诸如惧怕痛苦)阻止其作恶。尽管我们期待那些受道德之善情感所驱使的人能够因为这是正确之事(一旦他们认为这是正确之事)从而决意为之时,但是不能期待那些受激情驱使的人在以下这种情形下能够做正确之事,即他们拥有一种不去行善的激情动机,并且他们也不再拥有一种更强对抗性的激情动机。只有当其做正确之事的动机远远强于诱使其做错误之事的对抗性动机时,我们方可期待他们能够选择做正确之事。典型的情况比如说,对于一种适度惩罚的强烈恐惧就提供了对抗性的动机,有了它便可促使人们弃恶从善。

基于这样一种对品性及其形成的分析,亚里士多德提出了自己对于法律在促使人们变得更道德方面发挥何种作用的看法。这里,我再一次看看亚里士多德自己是怎么说的:

> 如果一个人不是在正当之法的环境下成长起来的,那么很难让他从小就接受追求美德的训练。因为对于大多数人而言,尤其是当他们年轻的时候,节制而耐劳地生活通常是不快乐的。正因如此,他们的生活和工作应受到法律的指引。这种生活和工作一旦成为

一种习惯,便不再是痛苦的。但是,仅仅在他们年轻的时候就应获得妥当的培养和教育当然还不够,因为即便是在长大以后仍然要继续和习惯这种生活。为此我们也需要这方面的法律,并且一般而言我们需要一种能够涵盖整个生活方方面面的法律。因为大多数人服从的是这种必然性的法律而非道德论证,接受的是惩罚而不是什么所谓的高贵之物。①

很明显,在这里他引用了柏拉图的学说,这样继续写道:

> 这就是为何一些人会认为立法者应激励人们追求美德的同时以高贵的动机催人奋进,基于这样的假设,那些通过形成习惯而受到良好教育的人将会受到这类影响。对于那些违背法律或品性低劣的人应施以惩罚或刑罚,同时应完全驱逐那些无可救药的恶人。一个善良的人……会听从论证,而对待一个只贪图享乐的恶人就像对待牲畜一样用痛苦加以改造。这也就是为什么他们会说,所施加的痛苦应当完全对立于人们所

---

① 《尼各马可伦理学》,第 10 卷,第 9 章,第 1179b—1180a 节。

渴求的快乐。①

从这些段落中我们似乎可以看到,亚里士多德似乎遗漏了道德之善的核心要点,亦即,强制人们去做正确之事(即便能够成功地做到的话)并没有让人们变得更道德。它只不过是产生了一种服从道德规范的外部一致性。然而,道德首先是一个有关内在态度的问题,是一个选择公正的问题:正是通过并且唯有通过做正确理由所要求的正确之事,人们才会在道德上变得道德。换句话说,与知识、美貌或精湛的技艺不同,道德是一种反思性的善(reflexive good),具体来说,这是一种通过(并且唯有通过)公正的、合理的和恰当的选择才能够实现的善,也是一种在其中能够进行真正的定义选择的善。② 然而,一种强制的选择并不采纳塑造那一选项的善和理性,相反而是为了避免痛苦、伤害或者给自己带来其他损失才采纳那一选择的。因此,如果有人做了一些所谓的"真正公正与高贵之事",并不是因为

---

① 《尼各马可伦理学》,第 10 卷,第 9 章,第 1180a 节。另外,参见柏拉图在《法律篇》(Laws)中第 722D 节以后及在《普罗塔戈拉》(Protagoras)第 325A 节中的分析。

② 通过这样一种选择,某人基于正当的理由选择了一种内在的善,这反过来又会塑造我们由此所作的选择。同时,根据那种善以及相应的行动理由,这又会或多或少地影响和完善自己的品格。

这些事情本身是善的或正确的,而仅仅是出于对惧怕惩罚的考虑才这么做,那么我们仍然很难说这个人就是"公正与高贵的"。如果通过法律强制执行道德义务对于大多数人而言不过是给他们提供了一种表面上服从道德要求的亚理性动机(subrational motives),它对于如何使人变得有道德无济于事。

然而,以下并不是亚里士多德的观点:一旦法律让人们的外在行为符合了道德的要求便会实现道德之善,即便是这种外在行为纯粹是作为恐惧惩罚的产物出现亦是如此。相反,亚里士多德认为,由于大多数人具有更青睐于依照激情动机而非理性(诸如善德)行事的自然倾向,如果想要帮助人们理解某些善、领悟某些在道德上进行公正选择的内在价值以及通过理性控制激情,那么法律必须首先让人们静下心来。单凭(道德)论证尚不足以担此重任,"因为靠激情生活的人听不进也理解不了那些想要说服他改变的话"。① 恰恰正是因为一般人习惯沉溺于激情,所以必须"要像对待牲畜一样"用对惩罚的恐惧来对他们加以整治。法律必须要用对抗性的激情动机与那些诱使其作恶的情感动机进行斗争。一旦法律能够成功地抑制其激情并习惯性地

---

① 《尼各马可伦理学》,第 10 卷,第 9 章,第 1179b 节。

引导其弃恶从善,那么,(与粗鲁的野兽不同)他便能够学会对自己的激情进行一些理智的、合理的和反思性的控制。即便是常人也能够慢慢学会道德之善,并且出于向善的目的,能够选择做一个道德上正直的人。①

在亚里士多德看来,法律强制(通过让人们静下心来并引导其习惯性地追求美德)有助于人们领悟到道德正直的价值。然而一些人可能会对此提出反对意见,其理由在于这种强制更可能带来的影响是给人们灌输一些怨恨,甚至易于激起他们的反叛。亚里士多德对此给出了一个答案,他说:"尽管人们讨厌那些压迫其冲动的人,即便是这种压迫行为是正当的,但是要求人们弃恶从善则并不会招人厌烦。"②此处亚里士多德似乎想要说的是,尽管一个人为了阻止另一个人作恶而会激起一些怨恨和反叛,但是当全社会通过强有力的法律普遍禁止一种不道德之举时,人们便会更容易接受这种强制。

---

① 在这一传统的晚近发展中,康德的下面这段话与亚里士多德的观点之间产生了共鸣,"人类必须要接受训练,从而可以在以后的生活中变得热爱家庭和有德性。政府的强制及教育让他变得能够顺从以及灵活地服从法律。继而,理性能够支配一切。"参见《康德著作集》(*Gesammelte Schriften*),第15卷,普鲁士科学院出版(Prussian Academy edn.),1923年,第522—523页。引文来自于乔治·阿姆斯特朗·凯利(George Armstrong Kelly)编译,《理想主义、政治学与历史》(*Idealism, Politics and History*),剑桥大学出版社1969年版。

② 《尼各马可伦理学》,第10卷,第9章,第1180a节。

虽然如此,亚里士多德为何会认为应当必须由政府当局而不是一家之主来禁止某些不道德之举? 他的论证是这样的:

> 父亲的命令……便不具有强制性或强制力(除非他是一位国王或具有类似地位,否则其命令在整体上并不具备强制力)。然而,作为一种源自某类实践智慧与理性的规则,法律是有强制力的。①

再一次地,法律禁止的一般性给人们的行为举止造成了实践性差异。人们(特别是也包括儿童)不仅会形成家庭关系,而且也会形成邻里关系,甚至还会加入更宽广的社群。父母可以命令孩子们不得做某些事情,但是他们能够成功地对孩子们执行这一命令的可能性并且向其传达对于这种被禁止行为的错误性的概率,将会降低到他们差不多能够自由从事此类行为的程度。

比如说,父母可以禁止其未成年的儿子阅读色情杂志。然而,如果经常在一起玩耍的其他小伙伴们经常自由地传阅这类材料,那么父母想要强制执行上述禁令将变得十分困难。除此之外,那些被父母禁止阅读色情杂志的孩子很

---

① 《尼各马可伦理学》,第10卷,第9章,第1180a节。

可能会将那一命令当作是一种繁重的负担,因为就其所接触到的身边事而言,其他小伙伴们可以尽情放纵自己对于色情的癖好。当他们被剥夺了其他小伙伴们所享受的那种自由时,便更可能在内心燃起一种愤恨,甚至会表现出一种反叛。无论父母对于孩子拥有何种权威,他们都没有权力剥夺社会中他人及其子女从事不道德行为的自由,而只有政府官员才享有此等权力。然而,如果政府当局未能采取措施以对抗某些恶习,那么恶习的盛行对整个社会道德环境的影响会让父母们(其正确地禁止自己的孩子沉溺于色情)管教孩子们的工作执行起来变得极其困难。

尽管如此,亚里士多德仍主张一旦城邦未能履行好其职责,其他机构(包括家庭)应尽可能努力去阻止不道德行为的泛滥。

> 最好是存在一个公共机构来正确地关心人们的成长,但是如果社会忽视了这一点的话,那么每个人似乎就应关心自己的孩子与朋友,努力设法使其成为一个有德性的人。他们应当拥有这么做的权力,或者他们至少应当选择这样去做。①

---

① 《尼各马可伦理学》,第10卷,第9章,第1180a节。

事实上,他似乎认识到那种发生于家庭之中的道德型塑(moral formation),无论它有怎样的限度,在型塑个人的道德品质方面具有一些重要的意义。

> 像城邦生活中的法律与流行性的品德具有约束力一样,而在家庭生活中父亲的命令及其习惯也具有约束力,并且相比之下它们的约束力更强,这是因为他们之间存在的独特血缘关系以及父亲给予家庭成员的恩惠。同时也因为孩子们与他充满亲情并且愿意服从他。进一步地,家庭教育相对于公共教育有其自身的优点,这与医疗中的情形是一样的,一般来说,休息与禁食都有助于治疗发烧,但是对于一个特定的人来说,这两种办法可能都不奏效。……由此,具体情况具体分析可能产生的效果更好,原因在于每一个人都更倾向于得到适合自己需求的对待。[1]

简而言之,与政府当局不同,通过考虑每个个体的独特需求和处境,家庭可以将每一个个体成员当作一个个体来进行对待。由此,亚里士多德最后表达了这样一种观点,认

---

[1] 《尼各马可伦理学》,第10卷,第9章,第1180b节。

为使人成为一种有德之人并不仅仅是城邦的职责：政治社会应尽其所能地鼓励人们弃恶从善，而与此同时，其他的一些机构也应想方设法地去辅助完成城邦的上述职责。①

三、阿奎那论法律与政府的道德目标

在亚里士多德去世1500多年之后，他最虔诚的基督教追随者圣·托马斯·阿奎那，在其《神学大全》一书中探讨了人定法的特点和目的，同样也得出了法律需要关注如何使人变得有道德这样一个结论。② 对于他所谓人类"美德天赋"的普遍性，尽管阿奎那表现出了一种比基督徒更乐观的态度，但是在下面这一点上他赞同亚里士多德的观点，即认为"人们必须通过某种形式的训练来实现自身美德的完善"。③ 除此之外，对于亚里士多德所提出的如下质疑他也

---

① 亚里士多德对这个问题的看法看起来似乎有点反复无常。然而，在《政治学》一书第一卷第一章第1252b节13至30段中，他认为家庭仅仅是为了生活建立起的一种联系，而城邦则是为了过上一种良善生活所建立起的联合。此外，在《政治学》第八卷第一章第1337a节23至32段中，他又总结道：对公民进行教育是城邦的职责，而非父母（至少不是其主要的）的责任。

② 《神学大全》，第1集，第2卷，第95问，第1条；引文来自于英国多明我会教省教父(the Fathers of the English Dominican Province)编译，《圣·托马斯·阿奎那的神学大全》(The 'Summa Theologica' of St. Thomas Aquinas)，伯恩斯、奥兹和沃什伯恩出版社(Burns, Oates & Washburn)1915年版。

③ 同上。

深表赞同,这个质疑是这样的:"尽管美德的完善主要在于将人们从一种过度的放纵中抽离出来(主要是针对那些有此种倾向的人,尤其是那些更易于接受训练的年轻人),在训练的这个问题上人们是可以让自身趋于完美的。"① 和亚里士多德一样,阿奎那也认识到:存在着这样一些人,"他们凭借自己和善的性情,或者是根据习惯,或者是依照神的恩赐而作出一些美德之举";就此而言,"这种伴随以劝诫的家长式训练便已足矣"。② 然而,与此同时:

> 由于看到一些人很容易堕落和作恶,而且油盐不进、死不悔改。那么至少是为了阻止他们继续作恶,保障他人能够生活在一个和平的环境中,我们就有必要通过使用强制力和恐惧加以威胁来限制其恶行。与此同时,以这种方式对他们进行教化能够使其自愿地去做那些在恐惧的威胁之下才会做的事情,从而让自己变成一个有德性的人。由此,受惩罚之威胁为驱动力的此类训练,便是一种法律的训导。继而,为了让人们

---

① 《神学大全》,第1集,第2卷,第95问,第1条;引文来自于:英国多明我会教省神父编译,《圣·托马斯·阿奎那的神学大全》,伯恩斯、奥兹和沃什伯恩出版社1915年版。

② 同上。

拥有和平与美德，便有必要制定一套法律体系。①

当阿奎那评论《尼各马可伦理学》时，他毫无异议地阐释了亚里士多德的观点，这表明他是赞同亚里士多德的观点的。然而，在他给一个基督教国王的建议[被名之以《论王制》(*De Regno*)]中，他为道德的法律强制提供了一个不同的(尽管并不必然是相互矛盾的)理据，这种为基督教徒所特有的理据是亚里士多德无论怎样都无法想到的。

在《论王制》中，阿奎那的基本前提在于：对每个人而言，终极的善是要进入天堂。获得这种神圣福祉(heavenly beatitude)便是人类的一种重要的共同善。对于此种善(或目的)的实现不仅是教堂赖以存在的目的，而且也是政府当局之所以存在的终极性理由。国王通过组织和谐有序的社会生活来提供共同善，从而使得人们能够履行敬爱邻人的义务。由此，完成摩西十诫的第二项目表的内容，进一步地通过耶稣的救赎，人们可以上升到天堂。

由此，尽管神圣福祉是我们现在所过德性生活的最终目的，但其与国王促进大众善良生活的职责是相适宜的，通

---

① 《神学大全》，第1集，第2卷，第95问，第1条；引文来自于：英国多明我会教省神父编译，《圣·托马斯·阿奎那的神学大全》，伯恩斯、奥兹和沃什伯恩出版社1915年版。

过此种方式有助于让人们获得神圣福祉。也就是说,他命令人们去做那些能够引导他们实现神圣福祉的事情,并且与此同时尽可能禁止他们去做相反的事情。①

国王何以能够确定何者可以帮助人们实现神圣福祉? 阿奎那这样回答道:"是什么促成了或阻碍了真正福祉的实现,都可以从上帝之法中找到答案,传达其教义则属于牧师的职责。"②在牧师的引导下人们领悟到了上帝之法,国王"基于这种主要的考虑应想方设法使得臣民过上安居乐业的生活"。③ 国王的职责在于通过一种循序渐进的过程让人们过上一种有德性的生活:"首先,要帮助其统治下的臣民建立一种有德性的生活方式;其次,一旦确立了这种生活方式之后,就要设法维系它的存在,从而使其慢慢趋于完善。"④

阿奎那认识到,一位希望努力完成让人们过上德性生活之职责的法官,必须提供和保证能够让人们过上德性生活的那些条件。这些条件既是物质性的,同时也是道德性

---

① 《论王制》,第 6 章(i.15),第 115 节。引文来自于杰拉尔德·费兰(Gerald B. Phelan)编译,《圣·托马斯·阿奎那论王制》(*St. Thomas Aquinas On Kingship*),多伦多中世纪主教研究学院(The Pontifical Institute of Mediaeval Studies)1949 年版。
② 同上书,第 6 章(i.15),第 116 节。
③ 同上。
④ 同上书,第 6 章(i.15),第 117 节。

的,具体而言:首先,他认为,"让大众处于一种和平有序的状态"是十分必要的;其次,必须指引以此种方式被团结在一起的大众"能够正确地行事";再次,"通过统治者的努力为开展正常的生活提供充分的物品是必须的"。① 如果统治者想要完满地履行其职责,就必须确保一些物质性的条件,亦即"要有足够的实体性物品,想要过一种有德性的生活是离不开对这些物品的使用的,尽管它们对于一种有德性的生活方式而言仅仅只是'次要的和工具性的'"。② 一旦离开了这种和平的团结以及其他的物质性物品,政治秩序将缺乏一种稳定性,从而使其自身无法满足为社会成员所需的共同善。事实上,安全和稳定性一样,都是必需的。由此,国王必须"保证那些委身于自己的大众免于受敌人的侵略,因为如果大众连来自外部的危险都无法逃避,再怎么提防内部的危险都是无济于事的"。③

在《论王制》中,阿奎那宣称国王应当"通过其所制定的法律及发布的命令进行赏罚,……避免其治下的臣民道德腐化,并引导他们做正直的事"。④ 然而,由于意识到公共权威所能有效和审慎地命令之事是有限度的,故而他主张应

---

① 《论王制》,第118节。
② 同上。
③ 同上书,第120节。
④ 同上。

"尽可能地"限制一切恶行。在《神学大全》中,通过回应"抑制所有恶行是否是人类法的任务"这个著名的难题,他向我们解释了那些限度。① 对此他的回答是,"人类法确实会容忍而非抑制一些恶行"。他从下面这个前提展开其推理,即法律应当适宜于人们的具体情况,大多数人在道德上无法做到尽善尽美,并且无法让自己的一举一动达到最高的道德标准。他说,"在许多方面是允许人们不用做到道德上的至善的,而这在一个有德性的人看来是无法忍受的"。

现在人类法是为普罗大众所制定的,而大多数人在道德上并非至善至美。由此,人类法并不禁止所有那些为有德之人尽力避免的恶行,而通常只是禁止一些为大多数人所尽力避免的较为严重的恶行,尤其是主要禁止那些对他人有害的恶行,如果不对这些恶行加以禁止,社会将难以为继。由此我们会看到,法律会禁止谋杀、偷盗以及诸如此类的行为。

正如乔尔·范伯格所认为的那样,②阿奎那在这里并不

---

① 《神学大全》,第1集,第2卷,第95问,第2条。
② 参见:乔尔·范伯格,《无害的不法行为》,牛津大学出版社1988年版,第341—342页。在这一点上,对范伯格解读阿奎那所做的批判,参见拙文,"道德自由主义与法律道德主义"(Moralistic Liberalism and Legal Moralism),载《密歇根法律评论》(*Michigan Law Review*)1990年版,第88卷(1415—1429页),第1421—1422页。

是要在原则上反对将一些无害的不道德之举犯罪化。相反,他认识到任何立法者都有必要调适刑法以适应其所在特定社会的特性和状态。当然了,阿奎那也意识到每个社会都会禁止一些行为,其理由非常简单,因为如果不对这些行为加以禁止,社会生活将无法继续进行下去。由此,没有一个社会会容忍其成员之间互相杀戮和偷盗。依照阿奎那的观点,法律能够并且应当超越对这些恶行的限制,并进而去限制其他一些大多数人都不愿从事的严重错误行为。阿奎那丝毫没有偏离亚里士多德的观点,坚信立法者应当竭尽所能地引导人们过一种有德性的生活。他限定亚里士多德的立场仅仅是要人们注意这样一个事实,即通过法律禁止不道德的行为,无法一下子就能让人们变得更道德。

人类法的目的在于循序渐进地引导人们过有德性的生活,而不是一下子就能让人们成为有德性的人。由此,它不会将道德高尚之人所担负的责任——亦即,应克制自己避免做出任何邪恶的举动——施加给那些在道德上并不完美的普罗众生。否则的话,那些无法承受此类训令的不完美之人,将会催生为训令所蔑视的更大邪恶。而更为糟糕的是,那些蔑视这一点的人也将会从事一些十分邪恶的举动。①

---

① 《神学大全》,第1集,第2卷,第95问,第1条。

对阿奎那而言,通过法律抑制邪恶的限度并不以一些人(他们的行为本来可能会被禁止)所假定的道德权利为基础。他并不认为人们拥有一项道德权利在法律上自由地从事一些不道德的行为。他并没有援引任何道德原则,它们被那些依靠法律的强制力来对抗诸如假定无害的不道德之举的立法者所僭越。相反,他认为,考虑到人们的特定情况,一旦当法律对某类邪恶行为的禁止是效果甚微的或者糟糕的并且易于产生更严重的恶习或错误时,人们克制自己不去从事这些恶习在道德上便是正当的。阿奎那引用了伊西多尔的话,主张如果想要让法律服务于那些能够引导人们过上德性生活的共同善,那么它们就必须要"符合一个国家的风俗习惯",① 并且能够做到"因时、因地制宜"。②

阿奎那头脑里的想法是这样的,他认为那些在众人看来普遍难以遵守的法律将会在整体上产生一种关于法律的消极态度,并且会让人们怨恨,变得铁石心肠,甚至有可能会进行反叛。正如亚里士多德所认为的那样,如果引导人们做有德之人这一计划要求法律能够"让他们平静下来"并习惯做正确的事,那么为了实现这些目标所施加给他们的法律必须在其力所能及的范围之内。如果一项法律会激起

---

① 《神学大全》,第1集,第2卷,第96问,第2条。
② 同上书,第95问,第3条。

怨恨和叛乱,那么该法非但不会让他们内心静如止水从而让自己变成有德之人,反倒是会让他们心乱如麻以至变得不那么的道德。① 由此,审慎的立法者会尽心尽力地让所立之法符合人们的客观情况,而不至于让法律禁止给人们带来太过严苛的负担。

我们可以合理地将此种推理描述为是审慎的,并且在下文中我也会这么来描述它。但是直到在后来的《神学大全》中,阿奎那讨论基督教统治者是否应包容犹太教和其他异教徒时,这种推理的根本道德特质才慢慢变得足够清晰。② 在其看来,这些教派对人们是有害的,但是如若不信奉它们既不会带来厄运亦不会阻碍人们实现更大的成就时就应当包容它们。他援引了圣·奥古斯丁著作中的一个例子,即我们有时候需要容忍卖淫,"如此一来男人们就不会肆意地发泄私欲"。③

对于基督教的政治权威是否应当禁止基督教之外的其

---

① 作为一个基督教思想家,阿奎那在这里认识到了保罗在《罗马人书》(Letter to the Romans)第 7 章中所提出的那个见解,那就是法律倾向于让人们变得反叛。

② 《神学大全》,第 2 集,第 2 卷,第 10 问,第 11 条。

③ 引用了奥古斯丁(Augustine)《论秩序》(De Ordine)一书的第 2 卷第 4 章。无论奥古斯丁对于这个问题持有何种观点,人们都不应得出结论说阿奎那在这里支持将卖淫合法化。是否应当通过法律禁止或包容卖淫并不是他所关心的问题。他只是想举例子说明他刚刚提出的那个审慎的考虑,并且援引奥古斯丁的作品来充当一个有力的支撑。

他教派,在这问题上,尽管阿奎那认为现在所有的犹太人都应当成为基督徒,但其依然坚持主张在法律上应当容许犹太教的存在。他认为犹太教仍然有其存在的价值,尽管在未能承认基督这一点上它是不完善的,但它预示和预兆着全部的真理。而禁止这一教派的存在,将会丧失真正的(即便是不完美的)善。

然而,他对于其他的异教徒则并没有这么平和的态度,在其看来,那些异教派并没有任何存在的价值。尽管如此,他仍然主张人们可以正当地包容它们,这么做的目的并不是要维护任何种类的善,相反而是要避免更大的邪恶。那么到底是何种邪恶呢?阿奎那似乎首先关心的是破裂和分裂,而一旦异教徒违背了压制他们的律法时,这种破裂和分裂就会发生。除此之外,他也主张禁止异教派的存在将会挫伤异教徒们对于基督教的热情,从而不再聆听福音,这就进一步使得传福音的任务变得更加的困难。换句话而言,强制他们避免做错误之事可能会阻碍他们最终去做一些正确之事,亦即,选择成为基督教徒并且接受永生的神圣提议。他说这种后果要比容忍那些无价值的教派更为糟糕。

当面对"强制性信念"(compelling belief)这个关键问题时,阿奎那主张由于信念在本质上是自愿性的,那么试图强迫那些本身不信某一信念的人去信奉或承诺这种信念便是毫无意义的。① 尽管如此,他仍然认为政府当局可以正当地并且事实上应当强迫基督教徒坚持一种他们所既已作出的宗教承诺,并且放弃异教信仰和避免叛教行为。② 很明显,在阿奎那看来,尽管信仰是不能被强制的,但是忠诚于某种以信念作为基础的承诺却是完全可能的。他主张坚守信念是"必然性的",也就是说,这从根本上是一个道德义务的问题。他对这个问题的观点无疑受到了那些中世纪社会运作赖以为基础的规范的影响:我们一旦作出了忠诚的承诺,就应受到该承诺的约束;我们向谁作出了承诺,该人就有权要求我们严格恪守自己的诺言。

明确无疑的是,阿奎那对于宗教的观点与今人是不同的(或者正如他自己的教派所已经理解的那样),③也就是说,在今人看来,作为一个信仰问题,如果它是真实的并且是有价值的,那么其自身就必须并且应当是完全自愿性的,由此不应掺杂任何强制在内。不同的是,阿奎那将宗教信仰看作是一个人向上帝作出的承诺,他一旦作出了承诺就应受此承诺的约束,并且会受到来自教会和民间权威的双重约束。事实上,阿奎那甚至为公开处决异教徒进行辩护,

---

① 《神学大全》,第 2 集,第 2 卷,第 10 问,第 8 条。
② 同上书,第 11 问,第 3 条。
③ 参见第二届梵蒂冈大公会议的《信仰自由宣言》。

其理由是容许信奉异教将会让瘤疾在一个基于宗教信念型构而成的政治共同体内部蔓延。① 鉴于异教徒(其最终目的毕竟是要让人们升入天堂)相对于伪装者对一个社会的危害更大,所以他赞同中世纪社会在处理它们时所采纳的那种严苛手段。

与此同时,至于为什么基督徒和基督教国家不应要求非基督徒的孩子受洗,阿奎那对此提出了一种基于正义的论证(或者用我们今天的说法是一种基于权利的论证)。请记住,政治社会的全部意义就在于帮助人们依循道德律法,由此他们才能走进天堂。拯救灵魂,可以说是法律存在的全部理由。现在,阿奎那认为,没有经历过洗礼,人们就无法获得神圣的福祉。尽管如此,他仍然严格地坚守以下这个原则,即违背其父母的意愿强行给犹太人的子女洗礼是错误的,尽管这么做对他们的救赎是绝对必要的。

他对这种做法的反对(而在当时,很多人明显都是支持这种做法的),并不仅仅只是"这么做有害于基督教的信仰",因为被迫接受洗礼的孩子一旦到了能够辨明是非的年龄阶段,"很容易被父母说服放弃自己在不知情的情况下所

---

① 对于中世纪政治共同体的"神圣性"或"神圣化",参见:雅克·马里旦(Jacques Maritain),《真正的人道主义》(*True Humanism*),杰弗里布莱斯出版社(Geoffrey Bles)1941 年版,第 135—151 页。

接受的东西"。更为重要的是,他认为这种做法是"违背自然正义的"。在《神学大全》第2集第2卷第10问第12条中,阿奎那针对自己要拒绝的那个命题提出了五个方面的论证,这比他通常提出的三两个论点要多一些。这些论证的数量,它们的严谨性,以及其所援引的权威典籍(包括奥古斯丁和杰罗姆的著作)的质量,可以清楚地显示他要在这个具有争议性的问题上采取一种强硬的立场。在回答这个问题时他首先提出了教会自身的权威,其传统已经拒绝违背父母意愿强行给孩子进行洗礼,这种做法从根本上违背了其最崇高的神学教义。他继而主张,"父母有责任操心如何救赎自己的孩子",这些孩子在某种意义上"就是他们自身的一部分",这意味着:"如果一个孩子在尚不明白事理之前就被从父母的身边掠走,或者对他们做有违其父母意愿的事,那么便是违背自然正义的。"

四、对亚里士多德和阿奎那的批判

虽然阿奎那没有明确说,但他那政治权威需要通过禁止严重的恶以提升公共道德的观点毫无疑问被罗马帝国基督教之前时期的天主教景象所加强。关于它像什么和一种可怕的替代选择是什么样的观点已被奥古斯丁讲清楚了:

那些诸神(gods)的崇拜者——他们在自己的罪恶行为中很乐于效仿这些神灵——不关心他们国家彻底的腐败。只要……这个国家物质繁盛(他们认为的),战场上捷报频传,或者如果更好的话,稳定和平,他们还有什么好担心的?我们关心的是我们应该一直在变得富裕,每天都能奢侈挥霍,足够圈养附从者。穷人服务于富人,为了得到足够的食物和在主人的恩惠下享受安逸的生活,这是没有问题的,但是如果富人利用穷人以纠集一群附从者维护自己的荣誉;如果人们为那些谄媚他人而不是劝诫他人的人喝彩;如果无人施加未经同意的义务,或者禁止不正当的娱乐;如果国王们不是对道德性而是对臣民的温顺感兴趣;如果行省的统治者不是行为的指导者而是物质财富的攫取者和物质享受的提供者,并且人们对他们只有卑躬屈膝的恐惧而不是发自内心的尊重。法律应该惩罚那些侵犯他人财产的违反者,而不是侵犯他人人格的违反者。除了对他人财产、房屋或个人的侵犯或侵犯的威胁,没人应被送往监狱;但是,如果他人同意的话,任何人都可以自由对他自己或用他自己的东西或用别人的东西,做任何事情。将会出现大量的公共妓女,以迎合那些喜欢她们的人,尤其是那些养不起私人女仆的人。这将是好事,即大肆装修房屋,大摆宴席,如果他们愿意可以整日整夜花天酒地,吃喝玩乐,直到厌恶;任何地方都有喧闹的舞会,充斥着欢呼声的剧院和各种各样纵欲无度。任何不同意这种欢乐的人将被列为公共敌人;任何企图改变它或摆脱它的人将会被热爱自由的大多数驱逐出去。①

在这段内容中,奥古斯丁描述了一种人们渴盼的公共生活类型,其中法律将"私人"德性问题弃之一旁,只追求保护个人免遭其他人的伤害,而每一个人都力图实现对自我的满足。他的观点是,法律并不是像正统的当代自由主义者所设想的那样在道德上中立:法律要么促进德性,要么为罪恶打开方便之门。

也许每一代人都必须从其自身那里懂得"私人"的非道德性会产生公共后果。在我们自己的时代,我们有大量的理由去怀疑正统的自由主义者在私人道德和公共道德之间作出的区分是否能够成立,至少在考虑到这一核心传统试图通过法律禁止或限制的不道德行为类型这一方面时是这

---

① 《上帝之城》(*De Civitate Dei*),第 2 卷,第 20 页;援引英译本,《上帝之城》(*The City of God*),亨利·贝滕森(Henry Bettenson)译,企鹅出版社 1972 年版,第 71 页。

样。很明显,道德衰败会严重地损害道德上有价值的婚姻和家庭组织,①并且确实极大地削弱了对人性、婚姻和家庭的理解,而正是它们预设了性方面的不道德的独特观念,并且也预设了赋予家庭生活以全面意义和持久性的贞洁和忠诚理念。激进分子或相对主义者认为传统婚姻和家庭生活是压制性的或仅仅是"众多同等有效的选择中的一个",为此他们谴责法律预设了性罪恶的观念,这是一回事;但自由主义者主张就连传统道德观念的信徒也应该尊重对道德立法的批评,基于法律对"私人"非道德性的法律禁止不能产生任何公共善,这是另外一回事。②

公共道德是一种公共善和不道德的行为——甚至相互同意的成人之间——因此就造成了公共伤害,这一观念没有被核心传统中的自由主义批评所驳斥。相反,这一观念被现代文化的经历所维护,现代文化从相反的方向预设了法律。婚姻和家庭制度很容易被这种文化削弱,在此文化环境下,如果大部分人碰巧或多或少地寻求乱交、色情幻

---

① 参见:威廉·盖尔斯敦,《自由主义的目的》(*Liberal Purposes*),剑桥大学出版社 1991 年版,第 283—287 页。
② 依照盖尔斯敦所考虑的一系列材料(涉及家庭破裂、非婚生子女和这些当代美国家庭生活中的现象所造成的悲剧后果)来看,他力劝信奉自由主义立场的同伴们同时拒绝以下两个命题:前一个命题主张不同的家庭结构无非代表着不同的"可供选择的生活方式";后一个命题坚持家庭结构的问题纯属私人问题,不宜展开公共性的讨论和回应(同上书,第 285 页)。

想、卖淫和毒品,那么他们会乐意将自己看作是"快感的追求者"。当然,承认被推定为私人罪恶的公共后果并不意味着自由主义对道德立法的批评是错误的。正如我们在后面章节中看到的,当代自由主义者针对这样的立法提出了大量的道德主张,它们不依赖于"公共道德不是一种公共善"或"私人道德不会产生公共伤害"这样的命题。然而,这确实意味着反对道德放任主义的传统做法的核心预设仍然没有动摇:社会有理由关心那些可以被称作"道德生态"的东西。

　　这种传统表现在正统自由主义反对的各类法律和公共政策之中,但却没有在每个细节上追随亚里士多德和阿奎那。与亚里士多德和阿奎那所认为的那些必要或适当之处相比,它赋予自由以更大的空间,在行使法律的强制力方面更加谨慎。我将提出,在这个传统以这些方式发展的地方,这样做是正确的。尽管亚里士多德和阿奎那在主张法律应被正当地和恰当地去寻求惩恶扬善方面是正确的,尽管包括亚里士多德和阿奎那在内的整个传统在以下这个问题上已经超越了自由主义,即至少从原则上来看它允许法律的准家长式(在一些情况下甚至是家长主义的)和教育式的使用以禁止特定的不道德行为,他们对这些问题的分析从多种方式来看都是有瑕疵的。确实,存在一些方面,尤其是那些触及宗教自由的地方，自由主义对传统的影响是有益的。

虽然古代和中世纪的生活不乏多样性，以赛亚·伯林认为传统没能理解善的基本形式和多元主义的有效范围的多样性，这一批评很可能是正确的。① 比如，亚里士多德未能在其伦理和政治理论中为多样性的不可还原的人类善留下足够空间，而正是这些人类善为行动和选择自由提供了基本的理由，它们同时也构成了大量有价值的但相互不可通约的选择、承诺与生活的计划和方式的基础。并且，他没有为自己的观点提供良好的论证，即一定有一种唯一高级的生活方式，或者那些有能力的人能够追求的独特的至善生活；他也没有为获得一种可信的理论提供任何东西，即将那些没有能力追求这种最高生活的人融入这个以最佳方式对待的社会。

无需采纳这种相对主义观点，即将善看作是根本上多元化的以至于人们想要的就都是善，我们也能够并且应该承认一种基本人类善的多样性和一种实现这种善的多样性，即不同人们（和社会）在过有价值和道德上正直的生活方面可以以不同的方式来追求和组织这些善。我们对价值多元主义（而不是相对主义）的承认释放出了一些亚里士多

---

① 这一主题贯穿于伯林的《人性的曲折之木：思想史篇章》一书的全部。

德从没有清楚提到的方面:人们并不是简单地被自然(和/或文化)所摆布;他们调整他们自己,并且能够以各种不同的方式或好或坏地调整他们自己。人类以不同的方式将他们的生活联系在一起,在不同价值的基础上作出不同的选择和承诺,并且这些价值为选择和行动提供了不同的理由。不存在良好生活模式的唯一类型,不是因为没有这样的事情算作好的或坏的,而是因为存在许多种善。而且,人们部分通过思索和选择适合自己的模式而自我实现。实践推理不仅仅是一种人类能力;它本身就是人类福祉和自我实现的基本方面:人类善的一个基本维度具体体现在为相冲突的有价值的可能性、承诺和生活方式之间的思索和选择提供理由。①

由于缺乏对基本人类善的多样性的尊重,以及因此缺乏对适合普通人的有价值的生活方式的尊重,亚里士多德错误地认为人们在生活中具有命定的位置,而关心提升德性的明智立法者所要完成的工作就是将人们投放在适当的位置上,以便每个人都能完成与其位置相应的义务。从一种关于人类善的不可信的受限制和等级化的观点来看,亚里士多德没能认识到每个人作为人类善和对自由选择进行

---

① 参见:约翰·菲尼斯,《自然法与自然权利》,第88—89页。

自决的理性能力的载体,在尊严上是平等的,只是在能力、智力和其他天赋上是不平等的;换句话说,这就是他的精英主义,暂且不提他"自然的奴隶"那一著名的观点。①

亚里士多德的精英主义犯了一个根本性的和粗糙的错误,这种错误植根于没能尊重基本人类善的多样性,在具体化和现实化这些善的过程中,个人得以实现自我。正是这种多样性挫败了表明一种"最高"或"最佳"生活的企图,这种生活被认为在本性上适合于追求这种生活的人(因此也是人类中"最高的"和"最佳的"例子)。任何情况下,无论是否属于亚里士多德所生活的希腊情形,代议制民主下的立法者不可能在道德上优于选举他们的人们。一些人会说,对那些得到公共官职的人而言,今天一般的立法者很可能普遍比一般的选民在遵守某些道德规范上更不严格。

---

① 对于该原则的正当理解,参见:威廉·福滕博(W. W. Fortenbaugh),"亚里士多德论奴隶和妇女"(Aristotle on Slaves and Women),载巴恩斯·斯科菲尔德、索拉博吉(J. Barnes, M. Schofield, and R. Sorabji)编,《亚里士多德文集(第二卷)》(*Articles on Aristotle*),达克沃斯出版社(Duckworth)1975 年版;也可以参见:丹尼尔·罗宾逊(Daniel N. Robinson)在《亚里士多德的心理学》(*Aristotle's Psychology*)一书(哥伦比亚大学出版社 1989 年版)中所做的独具价值的分析。我非常敬仰罗宾逊教授敏锐而又严谨的学识,这里值得注意的是他所提出的那种有关亚里士多德"幸福说"(eudaimonism)的解释,它大大有助于我自己捍卫那种多元至善主义。以这种方式来解释的话,我发现亚里士多德的实践哲学可能不会招致那么多的非议。然而,正如罗宾逊教授指出的那样,"在对亚里士多德的模糊而又有时不太连贯的论述进行解释时,确实存在着一些不同的解释方案"(同上书,第 11 页)。

与此同时,一般情形下没有理由认为,如亚里士多德那样,大多数民众没有资格过理性的生活,因此需要用恐惧来统治。也没有理由相信存在所谓的道德精英,这些人只需要理解道德真理以符合需求。事实是所有理性的人类都能够理解道德理由;不过所有人都需要从他人那里获得引导、支持和协助。所有人都有可能犯道德错误,甚至严重的道德错误;并且所有人都能够从一种或多或少免于邪恶的强有力诱惑的环境中受益。所有人都需要能够让他们充分发展的自由;但不受限制的自由却是每个人福祉的敌人而不是朋友。

一旦我们关注人类善的多样性,很明显的是,试图促进道德的立法者不能对什么都作出禁止。他们顶多只能正当地限制少量的行为和实践,它们与任何道德上良善的生活是不一致的。家长主义被善的多样性严格限制,对这种多样性的承认让给人们分派"自然的"或"适当的"位置这种观点成为无稽之谈。当然,存在道德上有价值的制度,比如婚姻就是值得保护的,虽然对每个人并不都构成道德上的义务。为了在可能威胁它们的社会中捍卫这些制度免于强制和发展,立法者就必须理解它们的本质、价值和弱点。对于立法者而言,设计保护像婚姻这样的制度的法律是复杂的。基于通奸行为的内在的不道德性,禁止这样的行为便相当的容易(如果很难实施的话);然而,设计与夫妻感情破裂、离婚和看顾小孩相关的正当和良好的法律就没那么的简单。

当然,甚至在内在非道德性不成问题的地方,政治权威能够正当地规定对特定生活计划的追求,甚至基于能力欠缺或缺乏适当的训练而对某些人作出禁止,为了保护公众免受比如说不适格的内科医师、律师、会计师或教师带来的伤害。在任何情况下,承认多样化的人类善和良好生活计划的多样可能性将既会有效地限制旨在惩恶扬善的立法范围,又会使得涉及促进公共道德的立法者的工作比亚里士多德所想象的更加复杂。

让我们转向阿奎那,他的观点中基本的和明显的(对现代读者而言)问题是,它涉及对道德和信念进行立法的适当性,具体来说即是这些道德被宗教权威接受和作为实现宗教信念目的的手段(例如上帝祝福)被提出但没有被理性自身验证。阿奎那将宗教信念问题作为政治的第一原则,因而提出了一个激进的宗教信条(establishment of religion),它完全与对宗教自由的适当关切不一致。我在后面将指出,宗教被作为实践理性范围内的一种基本人类善确实为政治行动提供了理由。然而,它不能为强制或禁止宗教信念或实践提供理由。从危及宗教自由的角度来看,阿奎那的进路陷宗教自身的价值于危险之中(至于原因我在后面会提到)。

我们看到,阿奎那自己主张,正义像审慎一样,要求尊重贯彻宗教自由的一些措施:他那容忍非天主教礼节的想法和他那对违背父母意愿要求的小孩洗礼的原则性反对。然而,他没有认识到尊重涉及每个人(包括异教徒和背教者)宗教自由的公民权威的理由。承认宗教自由权的道德基础使得阿奎那在政治共同体和政治权威上的半神权(或圣礼的/神圣化的)观点变得不可接受。

众所周知,阿奎那的确承认对福佑的政治追求的重要审慎限制。他敏锐地提出,审慎的立法者将会根据人们的性格和他们社会的道德状态相应地剪裁刑法,为了避免可能不好的结果,即给人们施加他们不能承受的负担。甚至当我们考虑到为了德性的目的而不是以此作为将人们送往天堂的手段的法律,这一点仍然是有用的。按照阿奎那提供的线索,我们能够辨别其他的审慎的(和道德上重要的)考虑,这些考虑在支持一种宽容某些道德恶的政策方面产生影响:例如,(1)避免将危险的权力放在可能滥用权力的政府手中;(2)将某些恶予以犯罪化会造成的危险,即将垄断的特权交给那些能够更有效运作和扩散这些恶的有组织犯罪者的手中;(3)产生针对无辜一方的二次犯罪的风险;

(4)造成在阻止和起诉更严重犯罪方面的警察和司法资源分散的风险;(5)对实施道德义务的权力被社会中禁欲的、过分拘谨的或纪律的因素利用的担忧,当权力被用来压制道德上正当的活动和生活方式,而这些因素没能尊重这些活动和生活方式的真正价值;(6)建立太多权威和创造一种将人们与中心权威相连的情形的危险,此时,人们必须不断地避免冒犯权威,因而他们相互之间难以建立起真正的友谊来获得真实的友情和有价值的共同体。

五、至善主义之法与政策的价值和限度

为了避免造成道德上严重的罪恶,或者因为在某些情况下不容忍某种恶将会阻碍重要善的实现,有时候必须容忍某些不道德之举,在这一点上阿奎那是对的。然而,这些考虑具有更深的内涵,超出阿奎那原本所指或者那些原则上同意他的人所普遍认为的。通过(以及只有通过)趋善避恶,德性才能具体化,有德的品性才能建立。因而任何纪律严整的法律体制,即使能够保证外在行为与道德规则相一致,由于过度压制一些恶,结果将会为其他的恶制造繁荣的温床。明智立法者的目标是鼓励真正的道德善,而不仅仅是模仿真正德性的外在行为,因此立法者就要寻求保护和

维持一种道德生态,即不仅对像色情、卖淫和滥用毒品这样的恶,而且对道德幼稚症、守旧、奴颜婢膝、盲目服从权威和虚伪这些恶不友好。

在评论19世纪50年代后期美国天主教学院和大学的处境时,杰曼·格里塞茨就指出了人格塑造(personal formation)给道德和精神生活带来的危机,即没能完全认识到单纯的外在符合道德规则与真正的道德行动之间存在的差异。

这种人格塑造涉及对一系列具体规则和实践的外在符合,而不能保证任何内在的接受或变换。学生的自由并不能引导去承诺以下价值,这些价值为他想要确立的实践奠定了基础。①

任何充分理解人类善并被任何共同体——政治的、宗教的,甚至家庭的——赋予立法能力的信任的立法者将会承认存在一些人们应该在其生活中实现的重要的善,这种实现只有在人们可以自由地选择做"适当的事情"——具体来说就是接受一种道德上正直的选择,在那些至少他们有理由去拒绝选择道德上错误之事的情形下——的时候才有

---

① "美国天主教高等教育'经验性评价'"(American Catholic Higher Education: The Experience Evaluated),载乔治·凯利(George A. Kelly)编,《天主教大学为什么要存活下来?》(Why Should the Catholic University Survive?),圣约翰大学出版社(St. John's University Press)1973年版,第44页。

可能。道德善是"反思性的",因为它们是选择包含意义的选项的理由;一个人除非通过选择行为,即意志的内在行为和这些选择所形成的内在性情,否则不算是参与了这些善。作为内在的行为,它们是超出法律强制之外的。这些善在人们选择做某事的过程中得到具体化,这些事情是在他们意愿不能做时觉得应该做的,或者是当他们选择做这些事情时觉得不应该做的。在道德善的反思性审视之下,存在强有力的理由不去试图消除不道德性的所有机会。即使——哪怕不可能——政府能够在不损害重要的非道德性人类善的公民参与的前提下做这些事情,这样一种尝试也必然涉及对选择的取消和直接阻碍对反思性的善的公民参与。因此这就是不公正的,或者如我们刚才所说,就是一次人权的侵犯。①

再者,政府有决定性的理由不去试图实施那些构成有价值的社会实践基础的义务,这些实践的意义依赖于各方自由地完成他们的义务。例如,强制表达敬意,或赠送礼物,或认可成就,将会造成剥夺这些内在于重要实践中的社会生活意义和价值的效果,在这些地方,人们本应该表达敬

---

① 马克·吐温(Mark Twain)的《败坏了哈德莱堡的人》(*The Man That Corrupted Hadleyburg*)引起了人们对道德生活中危险的注意,它深深植根于确保人们从不会做出不道德之举的努力之中。

意、赠送礼物或认可成就。不对这些实践施加强制的理由并不因环境而改变；它们不仅仅是审慎的理由。并且，它们能够作为原则问题将重要的道德维度排除在立法的射程之外。

然而，正义导向或权利导向的存在，和审慎的理由一样，"不压制所有的恶"，这并不意味着基于这些恶的不道德性，从来没有有效的理由来合法地禁止这些恶。对一项恶的法律禁止具体是为了保护人们免于受到道德伤害，这项伤害确实针对他们和他们所在的社会。我已经观察到，仅仅通过要求外在行为符合道德规则并不能让人们成为道德上善的人。一些人不做恶事仅仅是因为避免在一部禁止不能实现任何善（虽然他也许可以避免进一步的道德伤害）的恶事的法律之下被抓和被处罚。法律能够强制外在的行为，但不能强制意志的内在行为；因此，它们不能强制人们去实现道德善。在任何一种直接的意义上，它们都不能使人"成为有德之人"。它们使人成为有德之人的作用一定是间接的。

人们因做恶而变得道德上败坏；他们可以通过禁止这些恶的法律而受到保护，这些法律使得他们免于受到强有力的诱惑性恶的腐蚀（在他们表现为外部行为的范围内），并且阻止这些恶在共同体中扩散。通过压制引诱道德软弱的产业和机构,以及在那些道德环境下使人们很难作出正确选择的存在形式,这些法律就保护人们免于受到恶的诱惑和勾引。从道德立法有助于维护道德环境的健康来看,它们使人们免于道德伤害。

任何社会环境将部分地通过一种理解和预期框架建构起来,这种框架有时候深刻地影响人们实际上作出的选择。反过来,人们的选择型塑了这个框架。涉及性、婚姻和家庭生活的普通理解和预期的重要性是明显的。然而,这一点完全超出了这些事项:通过存在于特定社会中的理解和预期框架部分建构起来的道德环境将产生全方位的影响,从人们的性情到毒品滥用,到他们在高速路上的驾驶习惯,到他们在填写报税单时的诚实或撒谎。如果人们的道德理解或多或少是成熟的,以及如果这些理解反映了其他人的预期,那么如此建构的道德环境将会趋向于善。相反,如果人类关系是按照道德上有缺陷的理解和预期构成的话,道德环境将会诱导人们走向恶。在任何一种情况下,道德环境都不会消除道德趋向善和恶的可能性,因为人们在坏的道德环境中可以变好,在好的道德环境中可以变坏。然而,重要的是一种好的道德环境通过鼓励和支持人们趋向善的努力而使人们受益;一种坏的道德环境通过给他们提供做那些恶事的机会和诱因而使人们受害。

受到污染的物理环境将会损害人们的身体健康；被恶所围绕的社会环境同样威胁人们的道德福祉和完整性。当这些恶以诱至不道德性的方式发起破坏，被恶所围绕的（和恶以抽象方式围绕）社会环境就会倾向于损害人们的道德理解和削弱他们的人格。然而，那些确实想避免这些他们本知道是恶的行为和性情的人们发现他们自己屈服于流行性的恶以及不同程度地受到腐蚀。即使那些在强有力的诱惑面前挺直腰杆的人也许发现他们在尽最大的努力给他们的孩子灌输一种为道德环境所反对的体面感和道德人格，这种道德环境充满了（用普通法不太流行但很准确的话来说就是）"诱至腐败和堕落"的活动和图画或表象。

并且，甚至那些想去做不道德的事但害怕被抓和被处罚的人，或者那些希望去做并且道德立法的有效实施并没有完全消除这种做的机会的人能够被有效的法律所保护，免于（进一步）他们可能对自己犯下的道德伤害。道德立法阻止道德伤害，因而使潜在的失足者受益，这体现为简单地使他们免受从事恶的行为的（进一步）腐蚀。并不是那个被法律单独阻止免于失足的人实现了道德的善而非从事恶事。道德的善不能通过直接的家长主义被实现。而是，他不情愿地避免卷入恶对他的品性造成（进一步）坏的影响。

当然,主张法律自身就足以建立和维护一种健康的道德环境,这是错误的。然而,主张法律对这一目标没有任何贡献也同样是错误的。除了更加直接的作用,即限制特定的恶或消除人们从事这些恶的场合,道德立法有助于形成理解和期待的框架,这就有助于型构任何社会的道德环境。正如亚里士多德和奥古斯丁所正确地指出的,一个社会的法律不可避免地在社会生活中扮演重要的教育性角色。它们可以有力地加强或削弱父母和家庭、老师和学校、宗教领袖和共同体以及其他人和机构之间的教育,这些人和机构在新的每一代人的道德型塑方面占据着主导性地位。

虽然亚里士多德在指出父母有时需要普通人的帮助和法律的非人格化力量以培养孩子成熟的道德修养方面是正确的,但他将主要的道德教育者的角色分派给法律就错了。正如他自己模糊地意识到的那样,成熟的道德教育要求对个人道德发展的密切关注,作为独立的道德主体,个人在他们的选择和行动之中对道德的善和恶进行演绎。父母、老师和牧师可从以法律一般来说做不到的方式参与、理解和配合独立的个人。作为不同程度的非人格化指引,法律必须致力于一种支持性的(supporting)或次级(secondary)的角色。

同时,由于恶自身经常损害和削弱家庭、学校和宗教机构,维护公共道德的法律对于增强这些机构作为促进和繁荣主要的道德教育者的角色发挥着至关重要的作用。然而,作为已经充分说明过这一核心传统的现代支持者,如果法律僭越它的角色随之将自身设置为主要的道德导师,那么法律就误入歧途了——它削弱了这些有价值的"附属"[①]机构以及会损害人们的道德福祉。

道德立法的批评者经常指出法律是一种"生硬的工具"。以下主张是有真理性的:法律实际上在适应处理个人道德生活的复杂性和具体性方面表现欠佳。法律能够禁止严重形式的恶,但肯定不能规定德性的亮点。然而,有效促进公共道德的法律,通过维护社会生态可以有力地促进社会共同善的实现,这种道德生态可或多或少地帮助人们型塑道德上具有自我建构性的选择,人们借此塑造了自己的性格,而这反过来又会影响自己和他人在将来做出这些选择的环境。

---

① 再一次的,"附属的"(subsidiary)在这里不仅仅是次级性的(secondary),而是指提供协助(assistance-giving):"subsidium"(补助性的或援助性的)翻译成英文是"helpful"(有帮助的)。

第二章　社会凝聚力及道德的法律强制：重思哈特与德弗林之争

一、哈特与德弗林之争

1957年的9月，以沃尔芬登爵士为首的同性恋犯罪和卖淫问题调查委员会发布了一项报告，同时将其呈交给了英国议会，该报告的核心内容是"不应再将成年人之间私下的同性恋行为当作是一项犯罪"。①《沃尔芬登报告》直截了

---

① 1957年《同性恋犯罪和卖淫问题调查委员会报告》(Report of the Committee on Homosexual Offences and Prostitution)，第247号法令，第62节(以下简称《沃尔芬登报告》)。

当地表明了作此推荐的哲学性依据:"处理诸如此类的不道德行为,并不在法律自身的职责范围之内。"①如此一来,通过区分影响公共利益的不道德行为与仅仅只涉及私人利益的不道德行为,这一报告试图解决强制执行道德义务在法律上的正当性问题。② 反对法律禁止诸如成年人之间自愿的同性恋行为的做法,该报告竭力主张:"必定存在着一个私人道德与不道德的领域,用简单粗糙的话来说,这并不属

---

① 1957年《同性恋犯罪和卖淫问题调查委员会报告》(Report of the Committee on Homosexual Offences and Prostitution),第247号法令,第257节。

② 在两年前的美国,《模范刑法典》(Model Penal Code)的起草者曾提出过一个与之类似的原则,它试图将"所有不涉及暴力、成年人腐化堕落或者公共侵犯的性行为"排除出刑法规制的范围。他们宣称,此类行为属于"私有道德的领地"。尽管德弗林在马克比法理学讲座中并未提及《模范刑法典》或者起草者的相关推理思路,但是他对于"'私下的'不道德领域"这个概念的批判无论是适用于《模范刑法典》还是《沃尔芬登报告》,均已经超出了公共权力的正当范围。托马斯·格雷(Thomas C. Grey)指出,《模范刑法典》和《沃尔芬登报告》是"对惩罚'无害的犯罪行为'的当代一般批评的两个相互连接的部分"。参见:托马斯·格雷,《对道德的法律强制》(The Legal Enforcement of Morality),阿尔弗雷德·克诺夫出版社(Alfred A. Knopf)1983年版,第4页。我会补充一点,当"开明的"观点想当然地认为"针对性问题发展出一种更加宽容的态度是一件好事时",此种"一般性批评"随之便会被提出来。紧接着,鼓励这种态度的情形会用对不道德行为(在法律上或其他方面)的"包容"来进行表述,这点和我们今天的做法基本上是一样的。这种表达具有吸引一种公认美德(亦即包容)以及鼓励人们在不直接挑战旧道德的情况下催生一种新道德的相关优势。对"包容"的诉诸使得那些杰出的舆论引导者(他们中的许多人不再单纯地谴责背离传统性道德的行为)看起来似乎不建议对那些仍被许多人(他们的观点很容易受到这些舆论引导者的影响)普遍认为属于不道德行为的道德评估进行修正。

于法律所应调整的范围。"①

这一主张遂即在英美法理学的历史上引发了一场最为引人注目的论战。一位叫帕特里克·德弗林的高级法官点燃了这场论战的最初导火索,1959年,他在英国人文和社会科学院(the British Academy)举办的马克比法理学讲座中指出,②《沃尔芬登报告》错误地认为法律不应贸然进入一些有关道德(或不道德)的私人领域。

单纯地讨论实在道德,或者讨论不涉及不道德行为的法律,或者试着对法律抑制邪恶作用的发挥设定严苛的限制……针对不道德的行为进行立法事实上并不存在任何理论性的限制。③

德弗林对于《沃尔芬登报告》阐明的原则所进行的攻击

---

① 《沃尔芬登报告》,第61节。当报告提及"私下的"不道德行为时,其所指的并不是那些在私下场合(比如卧室)从事的行为,相反而是其内容的不道德性并不会危及重大且合法公共利益的行为。报告的总体逻辑,一方面维持政府当局保留禁止在卧室制造炸弹的权利,另一方面又否认他们拥有禁止同性恋者在公园里牵手的权利。就该报告的目的而言,即便是在一种私下场合里制造炸弹也是一个涉及公共利益的问题。而同性恋者之间的牵手行为,即便是在一种公共场合中进行,也仍然属于一个私人性的问题。

② 帕特里克·德弗林,"道德的法律强制"(The Enforcement of Morals),马克比法理学讲座(Maccabaean Lecture in Jurisprudence),载《英国人文和社会科学院论文集》(Proceedings of the British Academy),1959年,第45卷,第129—151页。后来被冠名以"道德与刑法"(Morals and the Criminal Law)重印,收录于德弗林,《道德的法律强制》(The Enforcement of Morals),牛津大学出版社1965年版,第1—25页。

③ 德弗林,《道德的法律强制》,第14页。

让许多评论者感到很震惊。在其从事律师或当法官的职业生涯中,一直都被视为是一位持普遍自由主义立场的法学家。事实上,在沃尔芬登委员会成立之前,他就曾提出证据支持法律应放松对成年人自愿的同性恋行为的规制。正如他后来所详细地阐明的那样,他最初赞同沃尔芬登委员会处理那些摆在其面前的问题的策略,即区分公众所关注的事务与纯属私人道德事务的事情。然而,经过进一步的思索,一项基于这种区分的原则(或者说事实上任何的原则)能否为反对道德立法提供理性的根据?对这个问题的严重怀疑令他陷入了深深的苦恼中。①

德弗林在对《沃尔芬登报告》公开发表了广为人知的批评后,几乎马上就迎来了自己的批评者。急切想要为《沃尔芬登报告》的政策建议作辩护的改革派律师和哲学家,挑战了德弗林反对纯粹私有道德这个观念的主张。一位叫哈特的杰出的法哲学家,牛津大学法理学的教授,几乎很快就在《英国听众》(British weekly the Listener)周刊上对马克比讲座的内容发

---

① 在《道德的法律强制》这本书的序言中,德弗林交代了自己思想的转变:"我头脑里所想的是……考虑有必要制定何种修正案能够使法律符合于《沃尔芬登报告》中所提出的原则。但是,这一研究非但没有能让我更加确信在任务一开始时所怀有的那种信念,反倒是令它在某种程度上削弱了。并且,在此意义上,马克比讲座……其实是向大家陈述一些理由,这些理由说服我认识到自己的错误。"(第6—7页)

第二章　社会凝聚力及道德的法律强制:重思哈特与德弗林之争

起了一个尖锐的批评。① 三年之后,哈特也专心开设了一系列讲座,即在斯坦福大学举办的哈里·坎普讲座(Harry Camp),② 他对所谓的"法律道德主义"提出了一项一般性的批评。

在后来的几年时间里,就道德立法的正当性这个问题,德弗林和哈特致力于通过发表一系列有名的文章来展开对话。德弗林坚持认为道德性法必然是(并且因此是正当的)保持社会凝聚的方式,而哈特却拒绝了这个命题。哈特与德弗林之间的这场论战,连同他们所发表的众多言论,主导了20世纪六七十年代关于通过法律强制施行道德的学术性论战。他们持续对那场论战所使用的措辞及发展过程产生了一种巨大的影响。③

---

① 哈特(H. L. A. Hart),"不道德与叛国罪"(Immorality and Treason),载《英国听众》,1959年7月30日,第162—163页。重印并收录于罗纳德·德沃金,《法哲学》(The Philosophy of Law),牛津大学出版社1977年版(至此之后的引文均出自重印版)。
② 被结集为《法律、自由与道德》(Law, Liberty, and Morality)出版,牛津大学出版社1963年版。
③ 直到今天,德弗林的《道德的法律强制》和哈特的《法律、自由与道德》这两本书几乎总是被当作法理学课程中讨论道德立法正当性的核心文献。约翰·密尔的《论自由》也经常被当作是指定文献,但它主要是用来帮助学生理解哈特在回应(以某种修正的方式)德弗林的攻击时所采取的哲学立场。如果还需要再多阅读一些文献的话,那么教授们通常会指定一些关于"哈特与德弗林之争"的评论性文章。在此后的二十多年间,教授们最频繁指定学生阅读的评论文献是巴兹·米切尔(Basil Mitchell)的《法律、道德与世俗社会中的宗教》(Morality and Religion in a Secular Society),牛津大学出版社1968年版。从最近的发展情况来看,米切尔的著作似乎已经被另外一本更具有可读性的著作所取代,参见:西蒙·李(Simon Lee),《法律与道德》(Law and Morals),牛津大学出版社1986年版。

二、德弗林的法律道德主义

51 在马克比讲座中,德弗林试图完成两个目标。首先,他尝试向我们展示:以"道德立法所强制要求的道德义务是正确的"为根据,对道德立法所为的辩护(至少在一个世俗的社会中)是不正当的。其次,他也试图为道德性法律的正当性确立另一个根据。他主张,作为一种自我保全的方式,社会可以合理地强制执行某种社会道德。在当前的这一小节中,我将简要地概述一下德弗林对道德立法的辩护内容。在第三小节,我进一步勾勒哈特对德弗林法律道德主义立场的批判。在第四小节,我将为德弗林的立场重新提出一个新的解释,从而使其能够招架得住哈特的批评。在第五小节,尽管德弗林对道德立法的辩护已经重新得到了解释,但我仍要提出一些我自己对这种立法的批判。此外,我还赞同下述那一传统观点的优越性,它主张:通过法律强制执行一项假定的道德义务能获得正当性的必要(如果并不总是充分)条件,在于该义务本身是真的。

德弗林的基本前提在于,社会凝聚力依赖于存在这样一套共享的道德信念,据此人们结合在一起并组成一个社会。他主张一个社会的道德在事实上是构成性的(constitutive),

以至有助于实现这种整合性的功能。易于削弱对一个社会中构成性道德的普遍服从的任何东西,会对基于那一道德规范进行的公共整合所可能形成的社会凝聚力构成威胁。因为社会解体(social disintegration)的威胁很明显是一个最能深刻影响公共利益的问题,能够产生这种威胁的任何东西都不能以它在某种程度上是"私人性的"而逃避公权力的规制。

现在,沃尔芬登委员会提出:用以决定某个行为是否是公共关注的问题(并且因此在国家规制的范围内是正当的)的方式,就是用以确定这个行为在本质上是否可能损害反对方的正当利益。如若不然,我们所谈论的行为(无论是否是不道德的)①就是私人性的。就同性恋行为这个问题而言,《沃尔芬登报告》的结论是这样的:与谋杀、强奸或偷盗行为不同的是,这种同性恋行为自身不太可能伤害任何不愿从事此类行为的人。它们因此是"私人性"的问题。无论人们是否应将其作为不道德行为加以谴责,都不应在法律上禁止此类行为。

---

① 沃尔芬登委员会并没有得出结论说,同性恋之间的性行为由于并非是不道德的,因此这类行为属于"隐私"的范畴。他们认为,此类行为的(不)道德性与它们是否是涉及公共利益的行为是两个完全无关的问题。因此,他们的结论是,这些行为之所以属于"隐私"的范畴,是因为它们不会损害任何非同意方的合法利益。

然而，根据德弗林的看法，《沃尔芬登报告》错误地假定，一个行为是否会造成"对他人的伤害"，这个问题可以抽象地从根据一个社会的构成性道德是否会受到强烈的谴责而得到解决。德弗林主张，无论这个行为自身是否——也就是说，不受一个社会中构成性道德的谴责——将会产生一些反社会的后果，而一旦人们根据一个社会中的实在道德谴责该行为是极大的邪恶时，它就呈现出了一种本质上反社会的样貌。对于一个社会共享道德（据此某个行为会受到谴责）的蔑视以及进一步的质疑，会对基于那种共享道德的原则进行的公共整合所可能形成的社会凝聚力构成威胁。在十分重要的这一点上，它"是一种犯罪行为……触犯了整个社会"。①

在德弗林看来，在道德上谴责某个行为的理由与以下这个问题无关，即是否应当通过法律来禁止这个行为。该行为受到谴责，这一纯粹的事实使其对公共道德构成了一种威胁。只要是对公共道德构成威胁的行为，都会危及社会的凝聚力。作为一种自我保护的正当行为，刑事立法可以用来对抗这种威胁。用德弗林的话来说，"社会可以动用刑法来保护道德，正如它用刑法来保护任何对其存在来说

---

① 《道德的法律强制》，第 7 页。

至关重要的其他东西"。①

与这个主张相连的是,德弗林在公共权力与公共道德之间做了一个类比,并且由此在叛国与不道德之间做了一个类比。他所提出的那个假定在于,"一项公认的道德对于社会和对于(比方说)一个公认的政府是一样必要的"。② 正如一个颠覆性行为通过威胁其政府来危及社会一样(或者说,至少在本质上它能够做到这一点),触犯公共道德的行为通过威胁社会中的构成性道德同样可以危及该社会。我们知道,为了达到自我保护的目的社会可以正当地禁止颠覆性行为,那么出于同样的理由社会也可以正当地禁止不道德的行为。正是在做出这种类比的背景下,德弗林对《沃尔芬登报告》所依赖的政治道德原则(该原则是由对公共道德与私人道德的区分所组成的)发起了核心的挑战:"对邪恶的镇压和对颠覆性活动的镇压一样都是法律的任务;与界定一种私人性的颠覆性活动相比,去划定一块专属于私有道德的领域也变得不再可能了。"③

注意到下面这一点是很重要的,德弗林并不主张社会只能正当地强制执行正确的道德,虽然这并不是因为它是

---

① 《道德的法律强制》,第 11 页。
② 同上。
③ 同上书,第 13—14 页。

正确的,但只是出于自我保全的缘由。正如一些人所坚持认为的那样,德弗林并不主张一个有凝聚力的社会仅仅只能在真正善良的人之间才能存在或稳固地存在。他也不赞同下述观点,即仅仅因为在我们值得拥有的那种社会中人们根据正确的道德原则结合在一起,道德性法律才是正当的。根据德弗林的看法,能够为法律的道德强制提供正当性证明的是社会凝聚力本身。尽管社会凝聚力要求人们应根据一套共享的道德信念结合在一起,但是它并不要求人们所共享的这种信念是正确的。由此,对德弗林来说,一个社会可以正当地强制执行任何能够将其成员凝聚在一起的共享的道德信念。如果那些信念碰巧是正确的,它们的正确性丝毫无助于对它们的强制执行。出于同样的原因,它们的错误性也丝毫无损于对它们的强制执行。

在马克比讲座的数年后,德弗林在一次讲座中详细地解释了他在这一点上的基本立场。[①] 他将一夫多妻制作为一个例子来加以考虑。在许多社会中一夫多妻的婚姻被当作严重的不道德行为而被加以谴责;而在另外一些社会中,却得到了容忍甚至鼓励。在前一种社会中,一夫多妻制婚

---

① 参见:德弗林,"密尔论自由与道德"(Mill on Liberty and Morals),1964年10月15日发表于芝加哥大学恩斯特·弗洛因德讲座(Ernst Freund Lecture),并载于《芝加哥大学法律评论》,1964年,第32卷,后来收录于《道德的法律强制》,第102—123页。

姻对公共道德产生了威胁,并因此也威胁到了整个社会的凝聚力。在这些社会中(但也仅仅是在这些社会中),一夫多妻制的婚姻应当被禁止。相比之下,在后一类社会中,一夫多妻制起到了一种基础道德信念的作用,基于这样一种信念整个社会才会出现融合。在这些社会中,为了维护社会的凝聚力,人们应当容忍甚至鼓励一夫多妻制婚姻。因此,一夫多妻制到底是好还是坏、是对还是错,这个问题与是否应当通过法律对此类行为加以禁止并无直接的关系。既已注意到我们所考虑的那类社会中的构成性道德(constitutive morality),那么唯一相关的问题是,一夫多妻制婚姻是否对当下盛行的道德规范构成了一种挑战,并因此带来一种导致社会解体的危险。

　　正如哈特所注意到的,德弗林关于道德性法律是用以保存社会凝聚力和防止社会解体的正当方式的主张是一个道德主张。[1] 他是将其作为一个关于道德的真而提出来的。然而,正如哈特所清楚地看到的那样,主张使得一项道德性法律获得正当性的东西与其强制实施的道德义务本身是真的,并无联系,在这一点上德弗林并没有自相矛盾之处。德弗林认为社会不可能根据道德义务的真来正当地强制执行

---

[1] 《法律、自由与道德》,第17、82页。

它们,他的这一主张并不赞同一种道德怀疑主义的立场。这是因为,他并不是将"不存在道德真"这个命题作为上述主张的一个论据而提出来的。

在适用或贯彻一项他认为属于正确的政治道德原则方面,德弗林的立场的确有一定程度的相对性。比如说,在一种社会中,道德上正确之事是要禁止一夫多妻制(这并不是从那个社会成员的观点来看,而是从法哲学家或道德哲学家的批判性观点来看);而在另一个社会中,道德上正确之事却是要容忍甚至鼓励一夫多妻制。禁止一夫多妻制的道德性与多种不同的道德信念有关,据此人们结合在一起并由此组成不同的社会。依照德弗林的看法,"一夫多妻能够与一夫一妻制具有同样的凝聚力……,并且,基于自由恋爱所形成的社会以及由孩子所组成的社群,能够和以家庭为基础所组成的社会一样牢固(尽管根据我们常识观念它可能不及后者)"。① 他列举此例用以说明如下那个批判性原则,即"重要的不是信念的品质,而是内生于信念的力量"。②

当然了,德弗林也认识到:比方说,在一个谴责一夫多妻制的社会里,那些大多数谴责这一制度的人往往是基于道德理由这么做的;他们并不承诺道德哲学家或法哲学家

---

① 《道德的法律强制》,第114页。
② 同上。

所持有的那种批判性立场,他们认为禁止一夫多妻制的正当性理由与德弗林所持有的理由不同。他们希望政府出面禁止一夫多妻制,这并不单纯是因为社会凝聚力所能带来的道德上的善,而是因为他们认为一夫多妻制本身就是低劣的或邪恶的。正如德弗林所言,"人们并不把一夫一妻制看作是这样一种东西,认为它之所以应获得支持是因为我们的这种选择将自己建立在这种制度之上;相反而是将它看作是这样一种东西,即就其自身而言它是善的,并且能够为人们提供一种良善的生活方式,而我们的社会正是基于这种原因才采纳此制度"。① 换句话说,德弗林眼中的普通好公民和陪审员,以及其他的"普通公民",并不是一个相对主义者。尽管如此,从批判性的观点来看,即便以下这个信念是正确的,即认为一夫一妻制是好的而一夫多妻制是邪恶的,仍然不能为限制人们缔结一夫多妻制的婚姻提供正当性理由。鉴于社会凝聚力的重要性,唯独以下这个单纯事实能够为使用刑法"支持一夫一妻制"的行动提供正当性证明,即"我们的社会已经选择以此种制度为基础来建构自己"。我们社会自身的理由,如果存在这些理由的话,对于此类选择而言是无关紧要的。禁止一夫多妻制的道德正

---

① 《道德的法律强制》,第10页。

当性与上述这一社会事实是有关的。一旦这一事实条件得以成就,也就是说一旦一个社会中的构成性道德谴责一夫多妻制,那么容忍一夫多妻制的法律将会侵蚀构成性道德,并且由此会减损该社会的凝聚力。反之,一旦这一事实条件未能成就,亦即无论出于何种原因一旦将人们结合在一起的那个道德并不谴责一夫多妻制,那么对于一夫多妻制的禁止就是错误的,即便一夫多妻制事实上是不道德的。①

在具体的道德政治判断上,德弗林接受这一广泛相对性的意愿是和其所采纳的一种(有限的)道德非认知主义(虽然不是主观主义或怀疑主义)联系在一起的。他提出,道德并不是一个理性的问题,而是一个"感觉"的问题。举例而言,他说道"每一个道德判断虽然都宣称有神圣的来源,但这完全都只是一种*感觉*。除非承认自己做了错误之事,否则正常的理性人只能以此方式行事"。② 因此道德(判断)必定是一种*常识*的力量而非隐藏在社会判断背后的*理性*之力量。③ 作为一种感觉的问题,"一种常识"的问题,又或者是一种神圣启示的问题,一些社会谴责一夫多妻制,而

---

① 《道德的法律强制》,第 16 页。在德弗林看来,"我们必须要最大限度地包容与社会整体相一致的个体自由"。
② 同上书,第 17 页(着重符号为笔者所加)。
③ 同上(着重符号为笔者所加)。

同时另一些社会容忍（甚至赞许）它。

因此，在德弗林看来，针对是否可以或不可以正当地禁止一夫多妻制这个问题，努力寻求和作出一个普遍性的决定是没有任何意义的。一夫多妻制从本质上讲是不道德的，并且允许一夫多妻制婚姻的社会由此在道德上要劣于禁止这类婚姻的社会，尽管这可能是正确的，但是理性无法对这些事项作出判断。在道德领域这些理由所能够确定的是：如果有这样一种道德，它包含着"一夫多妻制在本质上是不道德的"这样一种信念，那么在那些依靠这种道德将人们结合在一起的社会中就应当禁止一夫多妻制。在那些（并且仅仅是那些）社会中之所以应禁止一夫多妻制，主要是为了维护社会的凝聚力以及阻止那些可能造成社会瓦解的明显且严重的道德邪恶。

当然，当某种行为或实践危害了社会的凝聚力时法律就应对其加以禁止，这一命题陈述了一个道德判断。德弗林基于合理的确信提出了这个道德命题；相反而不是将其作为一个神圣的启示或作为一个纯粹感觉的问题而提出来的。对此他提出了一些支持性的理由。在他看来，肯定它要比否定它更加的有道理。那么，用德弗林自己的话来说就是，并非每一个不宣称神圣渊源的道德判断都是一种"纯粹的感觉"，因此我们必须要问这种道德判断为何能够逃脱德弗林归之于其他"道德判断"的相对性以及非认知性的特性。如果理性(reason)无法判断一夫多妻制的道德性,那么它又何以能够判断为了社会凝聚力的缘故而禁止一夫多妻制(或者任何其他行为或实践)的道德性呢?德弗林并没有直面这个问题。理性的力量在于要求提供一种对其非认知主义内在限度的非任意性解释。这种解释同样也是对道德推理之限度所做的一种解释。原因在于,德弗林本人并未提供这样一种解释,而我们有必要为他建构一个这样的解释。

对于那些采纳了德弗林基本立场的人而言,对道德推理及其内在限度的最佳解释——亦即这种解释与德弗林的立场是最具一致性的,或者是最不具有冲突性的——承认理性的人类能够针对有关善恶观念本身的判断进行争辩,而不是对有关这类善恶观念的基本道德判断展开争辩。比如说,对于一夫多妻制自身在道德上善恶的判断暗含着这样一层意思,即这是可以被理性地得到回答的。为了弄清楚这其中暗含的意思,一种思路是根据基础的道德判断进行推断。然而,这种(道德)判断就其自身而言既不是合理的也不是不合理的。人们不能合理地推断出一夫多妻制就其自身来说是善的还是恶的。除非人们对那个问题的判断体现了其对于何谓神圣之真理的主张,否则这种判断必然就"纯粹只是一种感觉……"。

根据这种解释,德弗林可以这样争辩:理性尽管不能判断一夫多妻制本身是否道德,但是它能够对禁止一夫多妻制是否具有道德性作出判断。其理由在于:出于社会凝聚力的考虑可能会禁止一夫多妻制,这个命题就其自身来看并不是一个基础的道德命题。它并未言明一夫多妻制(或者任何诸如此类的东西)这个事物本身是善的还是恶的。它展现了逻辑上独立的命题所具有的一种合理的意涵,即社会凝聚力是一种道德上的善。当然了,如果这一命题言明了一个基础的道德判断,那么德弗林就不能辩称这一判断已经达到了一种理性判断(rational judgment)的状态。在这里德弗林既可能主张社会凝聚力的价值是一些其他判断的合理意涵,也可以宣称"社会凝聚力是有价值的"这个判断是基础性的,并且因此是非理性的,我们仍然可以合理地将其看作是其他道德和政治判断的基础。

倘若德弗林采纳前一个策略,他可能会主张人们都能够基于如下理由合理地肯定社会凝聚力的价值:社会凝聚力对于维护或获得许多人们坚信值得拥有的事物来说是必要的,尽管这些信念自身(从根本上)并不具有合理的基础。相比之下,如果是采纳后一种策略,德弗林可能会宣称社会凝聚力就其自身而言是一些人们所普遍相信值得拥有的东西。由此,作为一个实践性问题,尽管我们没有合理的根据来支持社会凝聚力的价值,但是我们仍然可以合理地根据它来进行论辩。无论哪种方式,很清楚的一点是,德弗林的立场最终必然要诉诸一些基础性的道德判断,而这些道德判断用他自己的话来说是无法得到合理辩护的。

在我看来,对于德弗林而言,他所能够提出的最有力的论点是这样的:不同的社会对于那些尤其是为道德性法所禁止的行为的道德性有着不同的看法。比如说,在涉及性关系的领域,所有的社会都会针对婚姻作出一些规定,并且会在孩子抚养方面表现出一种恒心,但是人类学家对于性道德的问题在不同的社会之间观察到了一种广泛的变化。一些社会是实行一夫多妻制的,另一些则坚持一夫一妻制。一些社会谴责同性恋关系是严重不道德的,而另一些则认为同性恋行为仅仅是一种不雅之举,此外还有一些社会似乎认为同性恋行为是完全可以接受的。然而,无论出于何种原因,当涉及社会的持续性存在是不是一件好事的问题时,人们不会发现它们之间有什么不同观点。所有的社会都珍视自身的凝聚力。在其构成性的道德信念中,没有什么理由能够赞许社会的崩溃这一命题。似乎可以说,所有社会都认为自身的持续存在是一个值得追求的目的,这已经成为一个普遍为人所承认的社会事实。针对这个社会事实,人们难以发现各个社会对此有何不同的态度。

提出这种主张的论者并不是断言:每一个,事实上任何一个社会有关自身持续存在是一件好事的信念,都是理性的。在针对这一信念的问题上,正如德弗林针对一夫多妻制的信念采取了一种非认知主义那样,他也会采纳同样的非认知主义。他仅仅会主张,根据这种公认的非理性然而却具有普遍性的信念,对于任何社会而言理智的做法是要采取任何必要的手段以保存其构成性道德。而未能保护好这种道德的代价,则在于社会崩溃所带来的那种人尽皆知的灾难。①

---

① 德弗林或许认为,尽管我们无法合理地辩护某些被广泛接受的道德信念(比如信仰自由、暴政的邪恶以及使社会免于崩溃的权利),但是在争论道德法的正当性时我们可以理所当然地接受它们。在缺乏一种理性的基本原则的情况下,争论必须从某个地方开始,而一致意见则提供了一个起点。假定对于社会崩溃是否是一种恶能够达成一致意见,那么我们可能会问:一种共同道德无论其内容如何,它对一个社会的存在来说是否是绝对必要的。德弗林认为,这个问题与基本的道德问题不同,它容许理性的反思或探究,也容许以理性的方式来解决。如果我们相信社会崩溃是一种恶,并且也相信强制执行道德是避免这种邪恶发生的一种必要方式,那么在他看来,作为一个逻辑问题,我们就必须要相信社会可以正当地强制执行其道德。德弗林主张,"一个承认道德是社会存在必要条件的人,必定会支持对这些工具的运用,因为一旦离开了这些工具,社会中的道德将难以为继"。当然了,德弗林的逻辑是有瑕疵的。即便是在以社会崩溃为代价的情况下,也存在着一些反对强制执行道德的理由。也可能存在着一些本身并不道德却被用以维护公共道德的方式。德弗林的论证中所隐含的或未加证实的那个前提存在着较大的争议,也就是说,对于社会的保存压倒了其他任何形式的善,因此可以不惜任何代价来正当地追求这一目的。

110 使人成为有德之人

59 　　尽管德弗林采纳了一种道德非认知主义,然而他并不信奉道德怀疑主义。他并不认为这个社会不存在所谓的道德真理。① 德弗林所拒绝接受的是凭借人类理性可以获得道德真理。他承认人们或许能够通过某些方式发现它们,比如说通过祈祷,或者灵感,或者是一种(非认知性的)常识。所以,就像我所认为的那样,即便是德弗林的非认知主义和相对主义最终证明是站不住脚的,它们仍然也并未使得自身的立场易于受到反驳性论证(retorsive argument)的攻击。在其所倡导的如下道德主张——亦即出于自我保存而非为了道德真理或占有那些受制于道德性法的道德真理,社会可以正当地强制执行道德义务——中,那种反驳性的论证会建立一种默示的、"运作上的"自我矛盾。哈特本人也没有提出这种论证来反驳德弗林。

　　在其首次公开发表的对于德弗林的批判中,哈特开头的第一句话这样写道:"德弗林的马克比法理学讲座最为显著的特点体现在他对于道德(这种道德是可能通过刑法强

---

　　① 相反,德弗林不止在一处指出过,不仅过去存在着邪恶的法律,而且将来也会有邪恶的法律、邪恶的道德乃至邪恶的社会(参见《道德的法律强制》,第94页)。尽管如此,依照他所提出的批判性原则,一个邪恶社会所要强制执行的那些道德的品质与对强制执行这些道德的证成是无关的。也正如他所说的,这是因为"不幸的是,正如良好的社会依靠良好的道德运转一样,邪恶的社会也能依靠邪恶的道德来维系"(同上)。

制执行的)之性质的观点上。"①哈特十分乐意接受德弗林的下述观点,即主张通过诉诸道德立法所强制执行的道德义务的真是无法为道德性法提供正当性证明的。尽管如此,德弗林会提出刑法可以正当地强制执行任何可能在社会中居于主导地位的道德,哈特认为这一点是十分诡异的。正如哈特所注意到的那样,当论及"大多数先前拒绝自由主义观点的思想家",②道德与政治思想的核心传统——总是认可一些道德法——同样也明确地拒绝相对主义和非认知主义。依照这一传统,道德真理是可以通过理性而获得的。此外,根据"批判性"道德的标准,任何一个社会的道德(或者说任何"实在"道德)都可能会受到理性的审查。③

依照这一传统,在那些(并非所有)适宜强制执行道德义务的情形中,④ 唯一可能被强制执行的道德是真正的道德(true morality),而无论在特定社会中起主导作用的是何种

---

① "不道德与叛国罪",第83页。
② 同上。
③ 关于"实在性道德"与"批判性道德"之间的区分,参见《法律、自由与道德》,第20页。
④ 请再回想一下,依照阿奎那的看法,比如说,法律不应禁止"所有被德性高尚之人尽力戒除的恶习,它只能禁止那些更为严重的恶习,因为对大多数人而言这些行为(尤其是那些易于伤害到他人的行为)都是能够避免的。如果不对这类行为加以限制,那么整个社会将难以为继;由此人类法才会禁止谋杀、盗窃以及诸如此类的行为"(《神学大全》,第1集,第2卷,第96问,第2条,"回答")。

道德。根据该传统,道德性法可以基于如下几种理由而获得正当性。这些理由包括:(1)对于那些渴望从事非道德之举的人的道德品质,所加诸的一种家长主义式的关注;(2)就道德准则所可能致力于维护的社会环境而言,其道德品质可能会影响一些人的欲望和选择,对这些人的道德品质加诸一种准家长主义式(quasi-paternalistic)的关注;以及(3)对基于道德原则所进行的社会结合所给予的关注。但是,基于社会凝聚力的关注对道德性法的正当性证明(由此是一种有条件的正当性证明)从根本上不同于德弗林所提出的那种论证。依照这种传统,一个社会道德的虚假性破坏了强制执行该道德的环境。这种社会所需要的并不是出于维护社会凝聚力的缘故而强制执行其道德,而是要进行一场道德改革,有时甚至不惜以带来多少有些严重的社会分裂为代价。

三、哈特对德弗林的批评

在辩护《沃尔芬登报告》所依赖的那种对于公共道德与私人道德的重要区分方面,哈特通过对传统立场的批判并没有讲太多。在很大程度上他限制自己批判德弗林对于道德性法所实际提出的修正主义的辩护。他宣称,如果有什么不同的话,将德弗林对公共道德的关注予以工具化的辩护——并不是立基于对社会成员之道德品质的关注,而是无条件地基于一种对社会凝聚力的关注——不如传统的立场合理。① 哈特的核心主张体现为,德弗林错误地认为对于社会凝聚力的维护就此需要通过法律强制执行此种道德。依哈特来看,"社会不仅能够从盛行的道德中容纳差异而幸免于难,而且还能够从中获益"。②

哈特攻击了德弗林的如下主张,即认为社会崩溃是由于在法律上容忍那些被普遍视为极其不道德的行为所造成的,他给这一主张贴上了"社会崩溃命题"。哈特的论证策略是向我们表明,要么必然是把这一命题解释为一种"经验性"命题,③ 但是并无证据对这种情况加以证实;要么是把其解释成一种"公认的必然真理"④(putative necessary truth),它建立在下述这个不可接受的命题的基础之上,即"一个社会的存在等同于这个社会中的道德,而这在该社会历史中的任何一个特定时刻都是如此,因此道德的变化也就意味着该社会遭到了破坏"。⑤ 哈特宣称,当将其解释为一种必

---

① 《法律、自由与道德》,第73页。
② 同上书,第71页。
③ 同上书,第50、55页。
④ 同上书,第50页。
⑤ 同上书,第51页(注释省略)。

然真理时,社会崩溃命题便是不可接受的,甚至是荒唐的。这是因为,"严格来说,它不允许我们说一个特定社会的道德已经发生了变化,而同时反过来又迫使我们说一个社会消失了,另一个社会已经取而代之"。① 不管怎样,这无非只能被当作是一种"伪装的同义反复"②,社会崩溃命题失去了让我们陷入恐惧并采取行动的能力。

在哈特看来,声称主导性道德的腐蚀可能会破坏社会秩序,这是一码事。这一主张,如果是正确的话,将能够为通过使用法律来强化主导性道德(至少是社会值得维系的情形下)提供一个十分有利的论证。在这个意义下,社会的"破坏"在某种程度上是值得忧虑的。它描述了这个社会中的这样一种形态,其中一些明显有价值的东西(亦即社会秩序)被毁掉了,因此我们竭力避免这种情形的出现是有益的。然而,宣称(作为一个定义问题)每当主流舆论对于重大道德议题发生变化时"社会"便随之被"摧毁",则完全是另外一码事。如果这就是"摧毁"社会的一种方式,那么值得人们忧虑的并不是"摧毁"本身而是变化的内容,换句话说,人们需要忧虑的是由变化的道德所定义的"新"社会的品质。相比之前的社会,那个新社会到底是好是坏?是更

---

① 《法律、自由与道德》,第51、52页。
② 哈特,"社会团结与道德的法律强制",第1、3页。

人性还是更残酷？更高贵还是更卑微？更公正还是更不公正？通过摆弄定义，如果说我们能够在社会秩序仍不受影响的情形下讨论社会"摧毁"，那么依照哈特的看法，"这似乎是一个如此乏味的主题，以至于不值得人们发表公开的评论"。①

哈特简要地考虑了一下这样一种可能，即德弗林想要提出的并不是一个"社会崩溃命题"，而是，追随德沃金，被哈特称之为一种"保守命题"（conservative thesis）的东西。基于这样一种解释，德弗林所要提出的就不仅仅是一个定义性的主张（definitional claim）。他毋宁是在提出这样一种观点，即社会可以动用法律去保护其共享道德（shared morality），原因在于一旦当一个社会中的实在道德发生重大变化就会毁掉一些有价值的东西。然而，由道德舆论所摧毁的那种有价值之物，并不是社会秩序或任何其他有别于社会实在道德的实体。但事实是，人们不能把道德本身仅仅看作是有工具性价值的东西（不管是服务于社会秩序还是任何其他目标），而是应将其看作是一种在本质上具有内在价值的东西。

正如哈特所描述的，下述论点为这一"保守命题"提供了论证基础，即"当人们发展出了一种能够足以包容共同道

---

① 哈特，"社会团结与道德的法律强制"，第3页。

德(common morality)的共同生活方式时,这是一种应当去要保护的东西"。① 当这一命题并不是一个公认的道德真理时,它也不是一个经验性的主张。由此,与社会崩溃命题不同,至少是如果我们将这一命题解释为一种定义性主张之外的东西,保守命题则不要求提供经验性证据作为支撑。尽管如此,它仍然是不合理的。为何一个社会中的实在道德(不管其内容如何)应当被认为是一种本质上具有内在价值之物?为何一种道德自身的变化应该被看作是一种摧毁?当然了,问题的关键在于改变的方向。那些认为朝着坏的方向改变的人,无疑会哀叹已经发生的变化。然而,他们哀叹的并不只是改变本身这个事实,而毋宁是在哀叹改变的内容,亦即这些东西在他们的判断中在"朝着坏的方向改变"。如果他们赞成这种改变,就不应仅仅因这是一种改变而表示哀叹。

不管怎样,德弗林看似都不太可能想要把自己的观点建立在保守命题的基础上。诚然,他想用一些重要的东西来巩固其下述主张,亦即,如果允许侵蚀人们赖以结合在一起的共享道德,那么社会终将走向崩溃。在可能算作是马克比法理学讲座的关键段落中,德弗林解释了他眼中"社会"的意涵是什么,解释了道德是如何构成一个社会的,解

---

① 哈特,"社会团结与道德的法律强制",第4页。

释了在社会构成性道德被侵蚀的情况下一个社会的凝聚力是如何处于危险之中的:

> 社会是一个观念(idea)的共同体。离开了人们对于政治、道德以及伦理方面共享的观念,社会也将不复存在。我们每一个人都有关于何为善恶的观念。然而,我们却不能将其与我们生活的社会区隔开来,从而仅仅当作是一种私密的东西。如果男男女女想要建立一个对于善恶达不成根本共识的社会,那么他们必将失败。同样地,如果社会之存在赖以为基础的普遍共识消失了,社会也终将解体。因为社会并不是一种形式上的拼凑物,它是由公共共识的无形纽带所连结而成的。如果这种结合过于的松散,则社会成员必将会相互疏远。共同道德就是束缚的一部分,束缚是社会代价的一部分。而人类如果需要组建社会,就必须要为此付出代价。①

在我看来,这一段文字已经说的很清楚了,德弗林想要将自己对道德立法的辩护建立在一种社会崩溃命题的基础

---

① 《道德的法律强制》,第10页。

之上。同样在一定程度上也向我们清楚地说明,德弗林并不是要提出一个充其量只算定义性主张的命题。德弗林是想提出一种被哈特称之为"经验性的主张"吗？他是在声称道德多元主义的代价是社会秩序的崩溃吗？如果是这样的话,经验性的证据在事实上便是必需的。诚如哈特所言,"除去一个对'历史'的模糊参考,说明了'道德束缚的松弛常常是社会崩溃的第一步',德弗林没有提出证据证明:即便是成年人在私下对于既已被接受的性道德的违背,在某种程度上就像叛国一样,会威胁社会的存在"。① 除此之外,也如哈特所指出的那样,"有声望的历史学家并没有坚持这一命题,并且事实上我们可以找到很多反驳它的证据"。②

我们可以通过参照北大西洋民主社会在过去三十年间的经验,来检讨一下那个被解释为经验性主张的社会崩溃命题。几乎很少有人会否认,在很多这样的社会中这是一个道德动荡的时期。一种植根于时常被称之为"犹太—基督教价值"的古老道德(old moral),已经被一种以持续增长的个人主义和更大限度的宽容为特性的新道德所挑战。这种新道德不仅针对那些受古老道德所谴责的同性性行为以及其他形式的性行为,同样它也指向堕胎、安乐死以及其他

---

① 《法律、自由与道德》,第50页(援引自《道德的法律强制》,第13页)。
② 同上。

某些特定形式的杀婴行为(尤其是对那些天生具有严重"缺陷"的新生儿,通过停止对其进行正常的医治而"听任其死亡")。这些社会的某些特定阶段牢牢坚持古老的道德,而另一些阶段则或多或少地为了迎合新的道德而将其丢弃。一种彻底的道德多元主义成为了当下在西方被称之为"后基督教"社会的重要标志。

现在,如果我们将"崩溃"界定为是一种社会秩序的破裂,那么我们会看到这些社会其实并没有解体。因此,哈特可以很好地辩称,仅仅通过近些年这些社会的经验便可证明德弗林的社会崩溃命题是站不住脚的。尽管出现了一种彻底的道德多元主义,这些社会并没有沦为一种无政府状态。相反,它们仍然能够维护社会和平,保持经济的高度繁荣,提供高效的社会体系,保护自己不受颠覆和侵略,以及在国际事务中维护自己的利益。显然,它们当中没有一个走向了崩溃。

当然了,有些为社会崩溃命题进行辩解的人,正如哈特所理解和批评的那样,认为他们可能会这样回应:对于道德多元主义的影响迄今尚无定论。仔细审视这过去三十年的事实,它显现了在这些民族国家中家庭以及其他形式的附属群体表现出了一种显著的衰落。在一些社会中,这种社会连结的衰落也持续伴随着暴力犯罪、自杀、吸毒、精神病

（尤其是在年轻人之间）、青少年怀孕以及其他许多社会罪恶的惊人增长。我们可以说，这些社会仍然是"存在的"，只不过是它的处境较为糟糕。除非它们以某种方式设法达成一种关于进行社会重建的道德协议，否则它们注定会受到社会束缚的持续腐蚀，乃至最终（在不可预见的军事或经济紧急危机的重压之下）走向崩溃。

四、对崩溃命题的一种社群主义的再解释

大多数评论者都承认，对于"哈特与德弗林之争"这场论战的任何一方都可以评头论足。然而，许多人，甚至是大多数人却认为哈特在这场争论中获胜了，原因在于德弗林未能提出确凿的经验性证据来回应其所面临的挑战，最终也无法证明一个社会中的主导性道德受到侵蚀会将这个社会推向一种崩溃的危险境地。事实上，每一个人都追随哈特将德弗林的社会崩溃命题解释为某种需要证据加以支撑的主张。除此之外，必须要指出的一点是，德弗林对哈特的回应并没有明确地拒绝那种对于崩溃命题的解释。虽然如此，我还是希望提出一种有关社会崩溃命题的不同解释，在这种解释的脉络之下，德弗林的核心主张在不被稀释为一种纯粹定义性主张的情形下仍然能够经得住哈特的批评。

在哈特看来,德弗林是在主张容忍严重违背一个社会构成性道德的行为的代价是社会秩序的崩溃。然而,依我来看,德弗林想要表达的观点是这样的,容忍这类行为的代价是摧毁一种独特的人际结合形式,而出于某些方面的考虑这种结合在人们看来是值得珍视的。正如我所解读的,德弗林正是将这种结合当作是一个"社会"的本质,并且将在彻底的道德多元主义带来的危急处境中的结合看作是一件好事。无疑,德弗林认为这种结合的好处表现在它有助于维系社会的秩序。然而,如果我的解读没有错误的话,他将"社会崩溃"——也就是说,对于那种被认为具有内在价值的人际结合的摧毁——当作是"社会"的毁灭,而不管这种摧毁是否会伴随社会秩序的崩溃。

虽然我确实相信德弗林的文本能够同时完全契合我和哈特的解释,但我也并不会因为自己的解释与这些文本更一致,而宣称它要比哈特的那个具有影响力的解释更好。我的解释更好,其原因并不在于它更契合德弗林的观点,反而是在于(在无需遮蔽或以其他任何方式扭曲其观点的条件下)它使得德弗林的立场更加地具有说服力。我诉诸了下述解释规则:在具有同等合理性的文本解释方案中进行选择的时候,选择那个立场和论证最契合于文本的解释。然而,我想澄清的一点是,我所提出的是一种解释(interpretation)而

66 非注释(exegesis)。我的意思并不是说,德弗林本人完全以我所提出的这种方式来理解其自身的观点。事实上,我发现德弗林在与哈特交换观点的过程中所表现出的含混十分地令人失望。尽管他可以有很多机会来澄清自己的观点,但德弗林从未努力向我们讲清楚:他是否愿意或者在多大程度上愿意将自己的崩溃命题看作是一个经验性主张。但是,无论德弗林本人如何理解自己的主张,并且事实上无论我对这些主张的解释是否优于哈特的解释,我认为德弗林对于道德性法所做的辩护是值得我们将其当作是对道德性法的辩护的。无论这是不是一个有效的解释,它都可以是一个有效的辩护。

正如哈特所解释的那样,德弗林并不主张保护一个社会的主导性道德必然是为了防止社会秩序的崩溃。由此,对德弗林立场的辩护并不要求搜罗一系列证据来证明如下论点,即对于诸如有关性道德之类的基本原则无法达成共识所造成的不可避免的后果,在于人们将无法再紧密地生活在一起了,无法再在一种和平的状态下彼此之间相互亲近了。同样的,德弗林也并不是将崩溃命题当作是一种"伪装的同义反复或必然真理"的问题而提出的。[①] 他的主张

---

① "社会团结与道德的法律强制",第3页。

并不是无关紧要的,因为在其看来一个社会的道德出现了明显的变化,势必会引发这个社会的"崩溃",从而由一个新的社会取而代之。相反,主导性道德遭到侵蚀的必然后果是,那种被认为自身拥有内在价值的社会凝聚力(也就是相互结合)将会丧失掉。而这是一种具有实质重要性的主张,它部分地是价值论的,同时又部分地是"经验性的"。

正如其标题所显示的那样,哈特最初针对马克比法理学讲座所发表的批判性文章聚焦于德弗林关于不道德与叛国罪之间的这一类比。哈特公开抨击这一类比是"荒唐的",原因在于"我们有充分的证据表明人们不会抛弃道德,不会认为谋杀、虐待和欺诈更好,仅仅因为他们所讨厌的一些私下的性行为并没有受到法律的惩罚"。[①] 很显然,哈特在这里含蓄地挑战了德弗林的社会崩溃命题。然而,最值得关注的是他对于那一命题所作的解释。哈特认为德弗林是在主张,在一些诸如有关性的问题上对一个社会道德法典的违背,将会通过鼓动人们在其他领域对于那一道德法典的违背而引发社会的崩溃。哈特坚持认为,"只有清楚地证明对于这种道德(即一种对同性恋行为的道德谴责)的违背可能会危及整个(社会道德的)结构时,这一类比才具有

---

① "不道德与叛国罪",第86页。

其合理性"。

广泛地拒绝接受一种旨在禁止谋杀、虐待和欺诈的道德规范将会给社会带来怎样的后果,这一点对于我们每个人来说并不是十分清楚的。社会秩序无疑会被摧毁。正如哈特所认识到的那样,离开了关于此类行为属于不道德的普遍信念,反对谋杀、虐待和欺诈行为的法律将很难收到实效。哈特大概认为德弗林想要提出的是这样一个观点,亦即:未能通过立法来禁止某些违背社会道德谴责的性行为,其后果是将那个社会推向一种类似于霍布斯自然状态的失序状态。因此,哈特的反驳旨在强调这样一个事实,认为缺乏证据证明违背一个社会的性道德必然会导致对该社会其他方面的道德的违背。哈特由此得出了结论,既然由道德性法所特别地予以明令禁止的那类行为既不是一种本质上反社会的不道德,同时也不会导致一种本质上反社会的不道德,由此德弗林对于此类道德性法所做的论证也随之失败了。

在哈特所做的哈里·坎普讲座中,他继续解释德弗林的社会崩溃命题。据哈特推测,德弗林对这一命题的采纳反映了"一个尚未讨论的假设……所有的道德——性道德以及禁止有害于他人的诸如杀人、偷盗以及欺诈行为的道德——编织成了一张无缝之网,以至于对其中任何一部分的违背都可能或者或许会构成对整个社会全部道德的违背"①。

作为回应,德弗林主张,尽管"无缝之网这个比喻显得有些夸张,但对大多数人来说,道德是一张信念之网,而非一些毫不相干的信念而已"。② 然而,德弗林并不接受哈特归之于他的那个观点,亦即那些违背了一个社会中部分道德的人可能或者或许也会违背这个社会的全部道德。尽管德弗林本人并没有明确地表达这一看法,但事实上是哈特错误地将这种观点归之于他的,原因在于他从一开始就曲解了社会崩溃命题。德弗林并未宣称一个社会对那些被其主流道德谴责为严重背德行为的容忍,将必然会导致社会的混乱(尽管在一些压力很大的情况下才会出现这种情况)。人们可能仍然能够在一种和平有序的状态下彼此紧密地生活在一起。然而,它们将不再能够被称之为是一个社会,因为在德弗林看来,"社会"不仅仅只是一群人在一种和平的状态下彼此生活在一起。

回想一下我先前在这一小节中引用的那个关键段落,德弗林将社会崩溃等同于社会成员之间的"相互疏远"。现在,"相互疏远"对我们来说并不是一个陌生的现象。当朋

---

① 《法律、自由与道德》,第50、51页。
② 《道德的法律强制》,第115页。

友之间围绕共同的利益、承诺和关心而停止团结在一起时,他们之间便开始"相互疏远"。举一个极其常见的例子,婚姻中的友谊(marital friendship),其中男女双方"各奔东西"了,但他们可能仍然会继续保持联系,甚至有的还会继续生活在一起。出于各种各样的外在目的,他们可能仍然会以各种各样的方式协同活动。然而,他们现在这种友谊的性质已经与先前不一样了。他们不再为了一些婚姻友谊所蕴含的内在的美好目的而协同活动。他们不再纯粹为了相互结合——这种结合构成了婚姻友谊的实质内容,并且被人们看作是一种本身具有内在价值的东西——而采取行动。他们的友谊已经开始变得工具化了。他们不再像先前那样把他们视为是一个紧密结合的整体,也因此不再拥有这样一种体验。如果他们所处的环境不是过于的紧张,他们可能会避免出现冲突;尽管如此,他们的关系在一种不平常的意义上已经破裂了。

以这样一种使得德弗林的立场更加有说服力的方式来理解社会崩溃命题,人们必须将社会凝聚力(也就是"社会团结")与社会秩序区分开来,并且必须既要理解它们之间的关系,又要认识到社会凝聚力的独立价值。德弗林采纳了一种被人们称之为"社群主义的"立场:社会凝聚力之所以有价值,并不仅仅在于它能够作为一种维系社会秩序的

第二章 社会凝聚力及道德的法律强制：重思哈特与德弗林之争 127

方式（以及人类协调行动之结果所可能带来的其他好处），而是在于它自身拥有一种内在的价值。将一个人自身的利益与福祉和其他人联系在一起，对这些人而言此种紧密连结之于社会是至关重要的（正如它对婚姻所具有的重要意义那样），这种做法被认为不仅仅是拥有工具性的价值（无论是为了和平、秩序、繁荣、威望还是其他任何形式的外在目标），而且在本质上拥有内在的价值。但是，德弗林认为此种关联依赖于一个社会的成员根据共享的道德原则所进行的结合。而一旦此种结合的条件遭到破坏，被当作目的以及协调行动理由的社会凝聚力也就丧失了。

如果我们否认德弗林所提出的那个主张，即一旦社会凝聚力丧失社会秩序便会随之崩溃，那么哈特对德弗林崩溃命题的批判将会失去说服力。毫无疑问的一点是，德弗林相信社会凝聚力支撑社会秩序；然而，他很可能已经认识到，即便是当社会凝聚力丧失的时候，仍然还能找到一些东西来支撑社会秩序。尽管他们不再将彼此看作是处于一种紧密结合的关系，尽管如此他们仍然能够彼此结合并生活在一种和平的状态中（正如离婚关系中的双方在没有重大冲突的情况下仍然可以继续生活在一起一样）。但是，他们将无法再构成一个共同体（或"社会"）。这并不是因为将共同体无聊地界定为"在其发展的任何一个特定时刻都等同于道德之类的东西",①而是因为使得这个共同体具有内在价值的那些东西并未消失。德弗林正是因为将共同体视作是一种具有内在价值之物——这种形态的特征体现为一种各成员之间独特的自我理解,他们将自身的利益与福祉同那些与其紧密结合共同生活的其他人连接在一起——所以才认定社会一旦脱离了那种成员们赖以彼此团结在一起的共享道德,便会走向衰亡。

由此,德弗林(或者为德弗林的立场辩护的那些人)既不需要主张也无需认为,未能保护好一个社会的共享道德所带来的代价是社会将不可避免地沦为霍布斯所谓的自然状态。人们可能会说,在一种不同但又平等的意义上,所要付出的代价是社会崩溃。从公民个人的立场来看,所受到损失的并不必然是给个人的安全和财产带来威胁。人们仍然能够很好地保存好这些善。而消失的这些善,确切地说是人际之间的结合。尽管这种善在某种意义上说不能简单地化约为是社会性的,但其从根本上是相互结合和相互认同的个体之间的善。这种善的消失,便也是整个社会的沦丧。人们虽然仍然能够彼此结合生活在一起,甚至也可能生活在一种和平、和睦、团结的状态中,但是他们将无法再

---

① 《法律、自由与道德》,第51页。

组成一个社会。与在保守命题之下由道德改变本身所造成的"损失"不同,他们的损失和社会秩序的丧失(在哈特看来这是德弗林最为根本的忧虑)一样真实。

如果说"社会"不仅仅意味着"人们在一种和平的状态下彼此紧密地生活在一起",那么单单通过证明"人们在离开了一种共享道德的情况下仍能继续和平地生活在一起"并不足以驳倒社会崩溃命题。然而,德弗林认为社会并不只意味着一种和平共存,这一点无疑是正确的。社会之所以包含一种行动的相互协调,并不仅仅只是出于对一些工具性理由的考虑,而是由于人们认为人与人之间的结合本身是有价值的。在这种意义上,社会的成就往往伴随着共同体在认识到人与人之间结合的价值之后所形成的一种体验(或感受)。它使得共同体的成员形成了一种独特的自我理解,这种自我理解并不适用于那些仅仅紧密联系生活在一起却不构成一个共同体(或者用德弗林偏爱的措辞,一个"社会")的人。

哈特正确地认识到,社会崩溃命题的合理性依赖于人们如何定义"社会"。然而,他又或许受到了德弗林有关叛国罪与不道德这个类比的误导,以至于误以为在德弗林的眼中公认的政府与共享道德并不只是同等的重要,而且这二者在维护社会秩序方面几乎以相同的方式发挥着重要的作用。也就是说,哈特误以为"社会崩溃命题"仅仅意味着:(1)社会秩序的崩溃,或者(2)对社会(被认为是等同于该社会任何发展阶段中的道德)造成的一种微小的"破坏"。

然而,我认为我们可以稳妥地作出这样一个假定:当提及"社会"时,德弗林首先想要用来表达的是这样一种状态,其中每一个个体都将自身利益与那些将自己看作是被共同的承诺和信念团结在一起的人等同起来。基于这一假定,"共享道德的衰落可能会导致社会的崩溃"这个命题既不是无关紧要的,同时也不是毫无道德的。如果没错的话,那个命题是否能够为通过法律强制执行道德提供正当性证明?在接下来的这一小节中,我将证明它自身无法做到这一点。

五、核心传统与德弗林主义的对决

我将为下面这个问题进行辩护:认为无论是出于保护社会凝聚力的考虑还是为了宣扬美德或打击邪恶,一个社会所欲强制执行的道德自身为真是这种强制执行获得正当性的一个必要条件,古典核心传统对道德立法所做的上述这种辩护是有意义的。我的观点与德弗林相反,在我看来,基于任何放弃"法律所强制执行的道德必须是正确的"这一要求的理由都无法完成对道德立法的正当性辩护。由此,

第二章 社会凝聚力及道德的法律强制：重思哈特与德弗林之争

对我来说有必要检讨德弗林所提出的如下主张，即他想借此表明：诉诸道德性法律所强制执行的义务的道德之真，这种做法是有些不正当的。

我并不是要否定维持社会的凝聚力和避免社会的崩溃是正当的公共利益，同时也不质疑德弗林的如下主张，即这些利益会受到一些不道德行为的不利影响，不管这些行为是否会对非自愿的一方（non-consenting parties）产生直接和明显的伤害。在质疑"纯粹私下的不道德"这个概念的问题上，德弗林是正确的。然而，我将主张即便是在社会凝聚力已经遭到威胁的时候，正如德弗林正确地指出的通过侵蚀一个社会的主导性道德确实能够对该社会的凝聚力带来威胁，但是对社会凝聚力本身的关注并不是支持强制执行道德义务的充分理由。对于道德立法的正当性证明无法与强制执行的那些义务的道德真这个问题割裂开来，而德弗林却认为它们是能够彼此分离的。对于一种基于共享道德而形成的社会凝聚力的关注，能够为一些强制执行道德的实例提供正当性理由，但前提是只有那种道德为真的情况下才能如此。

德弗林拒绝接受私下的不道德与公共的不道德这一公认的区分，这一点其实也不新鲜。道德立法的支持者们，包括法学家和普通民众，一直坚信那种据称属于私下不道德的行为会损害公共利益。根据那种我一直称呼为"传统的"观点,公共利益被看作是由生活在一种不受邪恶势力影响的文化环境中社会全体成员所共享的利益。

这种传统认为,为了鼓励人们实现或帮助人们维护一种道德正直的品质的善,刑法不仅能够而且时常应当禁止那种至少是"极端形式的邪恶行为"。① 依照这一传统,此种品质首先对那些拥有它的人是有益的。尽管如此,它仍然是一种公共的善,并且由此在以下双重意义上能够展现公共善(公共机构对此负有特殊的、纵然不是排他性的责任)的一面:(1)它是一种有益于社会中的每一个成员(甚至,事实上尤其是对那些有作恶倾向的人有益)的善;以及(2)它是一种通过共同努力(尤其是要努力确保一种免于频繁地和严重地受到邪恶诱惑的文化环境,人们由此可以对个人品质的型塑作出正确的选择)所能够维护和发展的善。

依照这一传统,从某种程度上来说,治国之道事实上是一场灵魂的争霸。与立法者考虑制定一项旨在维护公共道德的法律相关的一个根本区分,并不在于那种公认的私下道德与公共道德的区分,而毋宁在于不道德的行为与道德

---

① 詹姆斯·弗吉姆斯·斯蒂芬(James Fitzjames Stephen),《自由·平等·博爱》(*Liberty, Equality, Fraternity*)(第 2 版,伦敦,1874 年),第 162 页。这句话对哈特教授的启发很深,在《法律、道德与自由》一书中他至少在三个地方(分别是构成该书的三场讲座中)引用过这句话(第 16、36、61 页)。

上能够接受的行为之间的区分。① 首先,立法者的工作是要弄清楚基于不道德性所力求禁止的行为是否事实上真的(并不仅仅是依照公众舆论来看)是不道德的。尽管是不受欢迎的或者遭到广泛的谴责,但如果说在立法者看来这种行为在道德上是能够接受的,那么他必定会认为那项禁止此类行为的立法将是不正当的。而换句话说,如果他同意那个认为该行为是不道德的判断,那么他便可能会选择那个立法,在他看来这并没有什么不正义(当然了,他可能会决定实践慎思——比如说考量那些与法律的公平执行的难题及其财务或其他方面的代价相关的因素——对于反对制定此类法律具有决定性作用)。

核心传统拒绝接受下面这个观点,即将对私下(不)道德与公共(不)道德的区分当作是一个用于决定刑法的强制力能够正当地对哪些事项产生约束力的原则。在这一点上,德弗林的立场与其是类似的。然而,这种相似之处也就到此止步了。原因在于德弗林拒绝接受这一区分(以及由此而来对于

---

① "道德上能够接受的"行为通常是那些没有违背道德规范的行为。比如说,在无事可做的某一天,到树林里愉快地散散步,可以说一项道德规范既不会对此加以要求,也不会对此加以禁止。这种行为在道德上是可以接受的。在《沃尔芬登报告》的意义上,道德上可接受的行为事实上是"私密性的",也就是说它并不会对公共利益造成任何威胁。事实上,依照这一传统,就(所正确理解的)公共利益的问题,通常允许人们来自由地从一系列广泛的道德上可接受的行为中进行选择。

道德性法的辩护)的理由与核心传统所持有的理由是根本不同的。那一核心传统最终所关注的是社会成员的道德品质,并且认为一种纵容邪恶横行的文化环境会给这种共同善带来严重的威胁。相比之下,德弗林最终关心的是社会的凝聚力这一共同善,他认为一旦法律容忍那些被认为属于邪恶的行为势必会威胁到由共享道德信念所型构的社会结合。

正如我们所已经看到的,德弗林对于面临危险的有关公共道德的善所做的一种修正性的理解使得他得出了这样一个结论,认为任何存在潜在争议的行为原则上都不可能是"私下性的",这是因为任何违背了那种被广泛和强烈接受的道德观点的行为都会侵蚀将社会成员团结在一起的公共道德。法律一旦不对此类行为加以规制,便会威胁到这个社会中的公共道德,而离开了公共道德,人们彼此之间就会变得疏远。通过坚持和巩固在一个社会中占主导性地位的道德,道德立法便构成了一种避免社会崩溃之邪恶发生的事实上的必要条件。①

---

① 相反,对于传统主义者来说,通过坚持和加强一种可欲的公共道德(这完全是因为它是正确的),道德法鼓励人们树立(并帮助他们保持)一种高尚的道德品质。一种行为受到了社会主流性道德的抵制或谴责,单单这一事实并不会给处于危险中的善(它们涉及公共道德,或者换句话说,涉及公共美德)带来威胁。立法者只能禁止那些真正的邪恶,这是因为受到真正邪恶的引诱才会从根本上威胁到美德。

依照德弗林的观点,传统立场对于不道德行为与道德上可接受的行为的区分和《沃尔芬登报告》对于公共道德与私下道德的区分一样,二者与一位尽职的立法者的考量都是无关的。要紧的问题并不在于那个行为是不是不道德的,而在于绝大多数人是否强烈认为它是如此(严重的)① 不道德。立法者必须要弄清楚,根据所在社会中的主导性道德来判断,这种有争议的行为是否是如此的令人憎恶,以至于容忍它的存在将会危及主导性道德,由此进一步"危及整个社会的存在"。②

在德弗林看来,在缺乏一种主导性道德谴责的情形下,那种无害的行为(即便是那些事实上在道德上能够被接受或者实际上值得赞赏的行为)在那些无缘无故碰巧被主导性道德所谴责的情形中,也仍然可能会造成严重的伤害,甚至会危及整个社会的存在。由此,一个社会为了保存自我便可能会禁止此类行为。

在结束马克比法理学讲座数年之后,在一本公开出版

---

① 德弗林并没有主张我们应禁止每一种被普遍认为不道德的行为,"我们必须要最大限度地包容与社会整体一致的个体自由。对于尚未超出此种包容限度的任何行为,均不应受到法律的惩罚"(《道德的法律强制》,第16、17页)。从那些认同主流性道德的人的立场来看,法律相对来说可能只会容忍极少数的恶习:"仅仅声称大多数人厌恶某种实践,这还是远远不够的;除此之外,还必须要一种真实的谴责感"(同上书,第17页)。

② 同上书,第13页,注释1。

的讲义中德弗林对自己拒绝接受核心传统所持如下观点（他称之为"一种柏拉图式的理想"）进行了辩解,这种观点认为市民的美德也是法律所欲服务的一种善:

> 如果这就是法律的功能,那么不管这个国家至高无上的权力是什么（如果有的话,是一个独裁者,或者是一种多数人的民主）,都有权力并且有义务去宣布何种道德标准应被视为是有德性的,并且稳固这种在他看来是最好的道德。这在英美人的观念里是不可接受的。它赋予国家决定善恶的权力,摧毁信仰自由,并为暴政铺路。①

德弗林提出这些评论部分地用以批评肖诉检察总长案[Shaw v. Director of Public Prosecutions (1962) AC 200]中多数人的推理意见。在这个新近的案子中,上议院认为蓄意破坏公共道德的行为（不幸的肖先生正是基于这个理由而被成功地提起控诉）事实上在普通法中并不陌生。德弗林正确地将西蒙兹子爵（Viscount Simonds）的下述主张视作一种对"约翰·密尔学说"的拒绝,②这一主张的内容是"法律至高的和根本的目的不仅局限于安全和秩序,还包括维护一个国家的道德福祉"。③ 但是德弗林将"英美人的观念"

---

① 《法律的道德强制》,第 89 页。
② 同上书,第 88 页。
③ "肖诉检察总长案",第 267 页（援引自《道德的法律强制》,第 88 页）。

与"密尔的学说"相互等同则是令人困惑的,这并不仅仅是因为密尔的学说与德弗林自己的法律道德主义之间存在明显的张力。在德弗林开始着力于研究道德立法的正当性问题的时候,密尔哲学的精神或许已经在学术界精英中获得了正统性的地位,但是与密尔的自由主义相对立的观点无论在那时还是现在都与"英美人的思想"有一致之处。

当然了,德弗林关于"传统观点是不正统的"(即它并不是传统的观点)这一主张,对于他所反对的那种立场是难以切中要害的。即便他能够证明"这在英美人的观念里难以接受"(有时他根本没有努力做到这一点),也只会微弱地强化自己的主张。德弗林拒绝接受传统立场对于道德立法所作的辩护,这在哲学上所体现出的有趣特征在于其有关"通过使用法律促进美德"的主张会"摧毁信仰自由"和"为暴政铺路"。我接下来会依次检讨一下这两个主张。

前一个主张建立在错误的假定之上,在其看来传统观点不仅强制人们的行动而且也强制他们内心的信仰。既然对信仰进行强制是可能的,如果只要通过洗脑或者其他控制思想的手段就能实现对信念的强制,而且洗脑事实上会破坏人们的信仰自由,既然通过这些手段对信仰进行强制是可能的,那么这一假定(如果没错的话)能够确立德弗林的那个主张。任何信奉信仰自由的人都必将会拒绝传统立场对于道德性法的辩护。然而,这一假定是错误的。当传统立场将对行为的强制(在法律禁止的意义上)既想象为阻止那些自身(进一步)腐化个人品质的不道德之举,同时又把它们想象成鼓励自己以及他人信奉那些有关道德的崇高理念时,这种传统显然并不强迫内心信仰。它支持通过立法禁止人们从事某些不道德的行为,但是它并不支持通过立法阻止人们相信某些不合法的行为事实上是道德的。

就此而言,在其他许多方面也一样,道德性法与其他设定法律义务的法律规范没有差别。比如说,法律禁止谋杀,但它并不阻止人们相信法律所规定的那类谋杀事实上在道德上是允许的甚至是值得赞许的,法律所禁止的是阻止人们从事此类谋杀活动。即便是在"犯罪未遂"的情形中,法律所禁止的也只能是行为而非思想。比如说,考虑一下法律禁止谋反的规定。有关机关可以以某人阴谋暴力推翻政府为由而对其提起控诉,然而却不能以其相信人们应以暴力推翻政府为由合法地提起控诉。对于煽动罪同样也是如此。在一些司法辖区内,可以以某些人煽动他人(比如说)叛国或种族仇恨为由对其提起控诉;然而相比之下,却不能以人们持有某些以不合法方式传播或宣传的政治或种族观念为由对其提起合法的控诉。毫无疑问,法律的目的除了包括鼓励人们的某些特定信念(比如说,尊重人类生活、尊重公正的政府机构、信仰种族平等)之外,也将禁止谋杀、谋反和煽动包括在内。然而,禁止实施错误的行为,即便是持有一种鼓励正直信念的观点,也可以让人们自由地判断那些为法律所禁止的行为,甚至是根据自己的信仰来对法律本身作出判断。

传统立场认识到,法律是能够用来帮助人们型塑道德观点的众多因素之一。他主张,考虑到不道德的行为会妨碍人们形成或持有关于错误行为(一些人倾向于会从事此类行为)的不道德性的合理观点,由此决定通过立法的形式对这些不道德行为加以规制从原则上看并没有什么错误。然而,它并不认可对思想进行强制。诚然,已经构成这一传统部分内容的道德性法(正如所设定义务的法律所做的那样)限制了行为的自由,然而它们却并未摧毁信仰自由。道德性法有时可能会禁止人们依照自己的内心信念采取行动。然而,我们这里再一次地看到,基于与保护公共道德无关的理由制定出来或实施的许多法律,可以在不"摧毁人们信仰自由"的前提下禁止人们依照内心信仰采取行动。也就是说,当立法动机关注公共道德时,并未发生任何改变。

现在让我们转向德弗林的另一个主张,即认为传统观点是在"为暴政铺路"。在我看来,这与前一个主张有所不同,他并不是将这一论断作为一种概念分析(比如强制信念就是摧毁信仰自由)而提出,而是将其当作是一种对于采纳传统立场将会带来何种不祥后果的预测。德弗林预测,出于保护美德的缘故,通过使用法律抑制邪恶将不可避免地会伤害到最具有意义的自由。这类主张是需要证据的,而德弗林对此并未提供任何证据加以证明。无可争辩地,这一主张所拥有的任何可信性源自于并且伴随着他的如下这个主张,即宣称传统观点会"摧毁信仰自由"。无论怎样,"道德性法会导致暴政"仍然得到了人们的普遍接受。正因如此,我们需要对其认真加以考虑。

德弗林或许认为传统立场对于道德性法的辩护事实上邀请狂热分子和(道德或宗教方面的)严格主义者(rigorists)争夺国家机器的控制权,从而来贯彻它们所秉持的道德主义纲领(moralistic agendas)。我们最近已经意识到了这些人的存在。然而,狂热分子和严格主义者之外的人对于传统立场的采纳首先是可能的,其次不太可能会对狂热分子和严格主义者追求政治权力的欲望或实现这一欲望的能力产生太大影响。放任主义(从某种程度上说,道德上的放纵会随之发生)会激发狂热主义和严格主义形成一种对抗(backlash),这个假定似乎同样是合理的。

然而,德弗林可能已经对采纳传统立场将会带来何种后果做了一个稍微有些不同的预测。他或许是在主张,通过使用权力强制执行某人自身持有的有关(比如说)性道德要求的观念,很可能会激发那些恰巧拥有这一权力的人变成一种狂热主义者或严格主义者。然而,这种预测似乎更加的可疑。正如解除控制的权力似乎并不会让一个自由主义者转变为无政府主义者那样,为了维护美德而强制执行公共道德的权力也不可能让支持传统立场的人变成道德极端主义者。

德弗林主张传统立场对于道德性法的辩护理由会危及最有意义的自由,在这个论断中无论是否有什么值得我们认真对待的内容,都应当注意那个具有讽刺意味的一点。毫无疑问,按照传统立场的前提行事的立法者可能会犯错误。比如说,他可能基于一种错误的判断(认为某个行为是邪恶的)而禁止一些无害的行为方式。他可能会成为自己独特偏见或在其文化中被广为接受的偏见的牺牲品。然而,他所接受的那个前提要求他去推断那个处于争议之中的行为的道德性。无论他是否设法甚至努力尝试达到这个条件的要求,该条件自身都要求他不应让(无论是他自己的还是他人的)偏见、偏私或其他非理性的因素来影响作出为了保护公共道德而限制自由的决定。事实上,他赞同这样一个命题,即存在广泛种类的行为可用以维护公共道德,这些行为从道德立场上来看能得到完美的接受,并且在原则上也不受法律的干预。

现在我们把对一位忠于传统立场的立法者与一位德弗林主义的立法者的理解做一个对比。如果说那位德弗林主义的立法者认识到某个行为受到社会中主导性道德的强烈谴责,即便是他可能认为该行为是完全正直的,他仍然必须出于维护社会凝聚力的考虑而禁止该类行为的出现。即便是判定该行为在道德上是可接受的,甚至其存在能够为那些希望从事此类行为的人带来重大的利益,他仍然必须要禁止此类行为。与坚持核心传统的立法者不同,为了德弗林主义者所设想的社会凝聚力这种更大的善,要求德弗林主义的立法者在必要之时可以牺牲掉那些想要从事此类行为的少数人的真正利益。

在我看来,一旦我们将一位忠于传统立场的立法者与一位德弗林主义的立法者的推理思路加以对照时,便会很明显地发现德弗林版本的法律道德主义会展现出暴政的真正威胁。传统立场通过要求公共机构能够就人类善和真正的道德规范进行理性的论辩(而且在民主国家,要公开地说明理由),可以在某种程度上为个人或少数人提供保护。它并未授权(就不用说要求)立法者仅仅基于偏见而限制自由。相反,德弗林乐于允许——事实上要求——(仅仅基于所强烈持有的偏见)对无害的甚至是可敬的自由进行限制,意味着没有市民自由能够安全地免于被侵犯,也没有任何个人或少数群体能够免于被压制。

依照德弗林的观点,能够证成限制自由的并不是理性而是感觉,并且由此仅仅是潜在的偏见。无论他的社会崩溃命题是否能够站得住脚,其立场的这一面向仍然使得对道德立法的辩护遭到以下指控,即认为它会侵害公民自由。79 主张法律可以禁止真正的不道德(甚至是任何形式的真正的不道德),实际上是想表达这样一种限制:法律不能仅仅基于道德的理由对那些并非真正不道德的行为进行正当地规制。主张法律可以禁止那些在绝大多数人看来属于严重不道德的行为(即便是没有十分充分的理由),实际上是认为法律的范围不存在边界。也就是说,为了维护某些被尊奉为条件的、更大的善,即社会凝聚力,可以正当地牺牲掉那些属于个人或少数人的真正福祉。既已接受道德判断中的一种广泛的相对论,德弗林的立场最终必然要诉诸一种功利主义原则——最大多数人的最大幸福,强制执行道德的"道德性"借此方可勉强得到维持。

核心传统拒绝德弗林的相对主义和非认知主义,同时也连带拒绝那个功利主义原则(对该原则的诉诸使得其对道德立法的辩护是必要的)。依照核心传统的观点,道德立法所欲维护的公共利益存在于对一种文化环境的维护中，这种文化环境有益于真正的美德而无益于真正的邪恶。由此所理解的那种为公共利益提供基础的可理解性，首先是一种道德正直性（出于自身的某些理由是可欲的）。公共利益的次级理由，在于社会凝聚力这种可理解的善。然而，初级可理解性的意义在于立法者不能无条件地以正当的方式追求社会凝聚力这个目标。一种有益于真正的美德而无益于真正的邪恶的文化环境显然是有价值的，这并不仅仅是因为它能帮助人们实现和维护在道德上属于正直品质的善，而且也在于它能够让人们基于所共同坚持的真正原则走向一种有益的团结。无论会削弱什么，也更不用说会破坏什么，此种文化环境出于同样的原因也可能会带来一些令人不悦的社会涣散。然而，在一种有关公共利益的非相对主义（并且非功利主义）的观念之下，社会凝聚力并不总是可欲的，或者无条件地可欲的。人们基于所共享的一种不正义原则或其他形式的邪恶原则所进行的结合，是一种不可欲的社会结合。① 基于此种社会结合所确立和维护的文化环境是易于滋生不正义或其他邪恶的。而在这种环境

---

① 核心传统的建立者们主张邪恶与稳定以及真正的团结是不相容的。比如说，参见，柏拉图，《理想国》(*The Republic*)，第9章，第571—580页；以及，亚里士多德，《尼各马可伦理学》，第9卷，第4章。

下的社会崩溃便可能是可欲的。①

德弗林对于核心传统的拒绝（及其对于这一传统所生之后果的恐惧），似乎是受到了其道德上的非认知主义的驱使。尽管非认知主义者的主张并不能直接在其驳斥"柏拉图式的理想"的正式场合中发挥作用，但是他的马克比法理学讲座明确地拒绝了核心传统的那些认知主义前提。那些前提的最根本基础体现在这样一种信念上，即认为人类能够对事关人类善的基本原则和道德的要求进行理性地论辩。这一前提反过来又能够支撑传统立场对于如下这个原则性区分的坚持，即区分真正的道德判断（道德知识）与单纯的偏见。

如果像德弗林一样，我们也假定涉及个体行为的非认知主义为真，那么便没有立法者能够有理由认为被大家普遍视为不道德的行为（由于其自身的不道德性）真的会（通过腐蚀品格）伤害到那些从事此类行为的人以及其他受这些人影响决意从事此类行为的人。比如说，对色情作品进行理性探究能够揭示：服膺于社会主导性道德的大多数人

---

① 由此，一位对道德性法的传统主义辩护者，可能会赞同哈特对于德弗林如下这个显而易见的主张所进行的批判。这个主张具体是这样的，即任何社会都可以不惜采取一切手段来防止自己的崩溃。"一个社会能否正当地采取手段来保存自我，这必然既依赖于它自身是何种类型的社会，又同时又依赖于它所要采取的手段"（《法律、自由与道德》，第19页；着重符号为笔者所添加）。

"感觉"这是错误的,并且他们的这种感觉或多或少是强烈的。无论立法者是否共享这种感觉或其强烈程度,他们都无法合理地推导出这个结论:作为一种不道德的存在,凭借其易于腐蚀和堕落的倾向,色情作品摧毁了一种真正的人类利益,亦即摧毁了一种正直的道德品质这种真正的善。

当然了,如果存在合理的理由接受德弗林对于道德推理之限度的立场,那么理性本身将会要求我们接受他的非认知主义。然而,我将要指出,德弗林并没有提出任何充分的理由让我们接受(甚至是)一种有限的非认知主义。接下来,让我们考虑一下他所提出的理由。

德弗林不仅主张"道德与宗教是不可避免地交织在一起的",同时也认为"除非凭借其赖以为基础的宗教,否则任何道德法典都难以宣称自身具有效力"。[①] 正如他所描述的那样,基本的道德信念源自于宗教教义,而宗教教义自身又完全建立在一种信念而非理性的基础之上。道德信念是非认知性的,这是因为作为其来源的宗教信念也是非认知性的。由此,德弗林推导出了这样一个结论,即对于国家而言,容许宗教信仰将"国家自身与诸如此类的道德联系起来"是"不符合逻辑的"[②]。

---

① 《道德的法律强制》,第4页。
② 同上书,第5页。

如果说这一观点能够成立的话,那么势必意味着刑法无法简单地通过诉诸道德法来为其任何内容提供正当性证明。举例而言,它不能说,立法之所以禁止谋杀和盗窃,原因在于它们是不道德的。国家必须以其他某种方式来证成施加于违法犯罪者的惩罚,同时还必须发现刑法所具有的那种独立于道德的功能。①

确实,大多数的宗教都会包含一些(通常是许多)内容,它告诉人们应当如何安排自己的行为。这些宗教提出了一些关于是非的教义。就此而言,宗教与道德事实上是联系在一起的。同样正确的是,这个世界中的许多实在性道德都是与宗教联系在一起的,尽管并不是所有这些宗教都将其道德教义仅仅作为一种神启而提出来。有些宗教并未(或并未仅仅)将一系列道德规范作为神启而是将其当作一种独立的理由(unaided reason)提出来的。除此之外,还有一些实在道德,它们与任何我们通常所论及的宗教并无关联。有些人,事实上整个文化,都可能会赞同这些道德,但是这种赞同并不是建立在我们通常所论及的任何宗教信念的基础之上。

针对德弗林的这一主张,我的批评在于它是一个不合

---

① 《道德的法律强制》,第5页。

逻辑的推论。人们通常会肯定任何被他们当作是自身宗教信仰和实践的构成部分的公认道德规范，仅仅从这一命题尚不足以有效地推导出如下结论：离开了对于提出这些道德规范的某些宗教权威的确信，人们便无法肯认这些道德规范或者它们的替代性规范。除了论证所隐含的这一缺陷，德弗林有关"理性在道德问题上最终是毫无作用的"的主张是毫无理由的，并且回避了问题的真正实质。

同样值得注意的是，德弗林错误地假定宗教信仰必须建立在某种宗教的非认知主义的基础之上。他想提出的观点似乎是，法律不能强制宗教信仰的理由在于此种信仰是不能被理性推导出来的。然而，一些相信理性可以用于判断（至少是某些）宗教问题的人，可以合理地而且毫无矛盾地反对强制执行宗教信仰或实践。如果有人认为宗教只有在相信宗教真理的那些信徒的同意下才有价值，那么他可能会支持宗教自由原则，当然这种支持并不是建立在一种非认知主义的基础之上，而相反，完全是源于人们对那些接近理性的宗教真理所表示的真正认同。

对于道德规范为何无法理性地进行推导（并且，由此变成理性的），德弗林对此并没有给出任何理由。当然，诚如宗教认知主义者在对宗教自由进行辩护时所显示的那样，单单"理性决定了某种行动方式"这一事实，并不构成以法律的方式来规定此种行动内容的充分理由。理性可能恰恰允许人们依照自己内心对于某个问题的良善信念来自由地行为,即便这些信念是不牢靠的。无论是宗教还是道德领域的认知主义,认知主义都不应成为崇高的自由的敌人,事实上它们可以成为挚友。①

---

① 参见本书第七章的具体内容。

第三章　个人权利与集体利益：德沃金论"平等的关怀与尊重"

一、导论

长期以来，自由主义政治理论一直关注个人权利与集体利益之间的紧张关系。一些自由主义学者，尤其是约翰·密尔，已经采用了功利主义进路来解决这个问题。① 在这种进路下，个人权利本身最终是从对集体利益的考虑中而衍生出来的。这个论点的具体内容是这样的，比如说个

---

① 参见：约翰·密尔（J. S. Mill），《论自由》，载玛丽·沃诺克（Mary Warnock）主编，《约翰·斯图尔特·密尔：功利主义、论自由、论边沁》（*John Stuart Mill: Utilitarianism, On Liberty, Essay on Bentham*），希格耐特出版社（Signet）1974年版，第136页。

人有权享有言论自由,是因为总体而言,从长远来看,允许个人自由地表达可以使整个社群(或人类)得到纯利益(net benefit)。要受到限制的是这样一些言论,即使它们在短期内能够带来一定的好处,从长远来看也会被那些不受限制的自由所可能产生的更大收益所压倒。

然而,大多数当代的自由主义政治哲学家都对功利主义保持警惕。他们主要担心的是,功利主义没有为个人权利提供足够安全的基础。他们虽然声称自己拒斥功利主义,却在被密尔称之为"抽象权利"的原则上发展了自由主义的政治理论。因此,他们拒绝了这样一种观点,即个人的基本权利可以通过考虑改善社会的因素而被推导出来或者得以正当化;相反,即使行使这些权利真的会使一个社会变得糟糕,它们仍然是存在的,并且也应该得到尊重。①

一旦我们拒绝功利主义进路,那么对个人权利的道德基础还能找到什么可替代的解释呢?在当代自由主义政治哲学家中,存在着一个分歧。像约翰·罗尔斯、罗伯特·诺齐克、罗纳德·德沃金以及大卫·理查兹这样的传统自由主义学者,都反对在政治主义理论中引入"至善主义"原则。

---

① 参见:罗纳德·德沃金,《原则问题》(*A Matter of Principle*),哈佛大学出版社1985年版,第350页。

他们坚持认为,必须确定个人权利及正义的其他原则,并设计政治制度,而不需要对人类本性或人类善的观念提出有争议的观点。德沃金对此有清晰的讨论,他说:"政治决策必须尽可能地独立于任何特定的美好生活观念或者对生活有价值的东西。"①

然而,传统自由主义的"反至善主义"受到了一些当代政治哲学家的挑战,他们认为自己是在自由主义的广阔传统中广泛耕作的。维尼·哈卡萨(Vinit Haksar)、约瑟夫·拉兹、威廉·盖尔斯敦,以及其他学者捍卫的自由主义版本,是在寻求将基本人权建立在人类福祉的观念的基础之上。他们在设计政治制度和正义、个人权利原则的问题上避免价值中立。

在这一章中,我批判了一种有关个人权利和集体利益的自由主义观点,并捍卫了从自然法理论的传统中发展出的另一种理解。我集中关注罗纳德·德沃金的反至善主义思想。在我看来,他的自由主义理论体现了一种对个人权利和集体利益(或者自然法理论家所称的"共同善")的曲解。一旦我将这些扭曲揭露出来,德沃金所作的法院在维护个人权利方面所扮演的角色和立法机关在推进集体利益

---

① 参见:罗纳德·德沃金,《原则问题》,哈佛大学出版社1985年版,第191页。

方面所发挥的作用之间的鲜明区别就会失去表面的吸引力。因此,在以个人享有道德独立性的权利来反对政府对"私下的"道德的规制方面,德沃金的这一观点的外在合理性也同样会失去意义。

二、对德沃金关于个人权利和集体利益的批判

作为一位活跃且高产的学者,在过去的15年里,德沃金对自己的政治道德的基本理论进行了阐述、修改和深化。为了回应其他学者对其早期作品的批评,无疑他在一定程度上完善了自己的理论。在我看来,他尽管增加了很多有趣的东西,但却未能从一些关键的基本错误中摆脱出来。鉴于德沃金思想论点的发展,或者至少是发展了对这些思想观点的论述,也许研究他的作品的最佳方法是按发表时间的先后顺序来进行。

正如德沃金1977年在其开创性著作《认真对待权利》中所阐述的观点,个人权利限制了政府对集体利益的追求。权利规定了政府不能对个人做的事情,即使这样做会因此提升集体福利。① 因此,德沃金认为个人权利和集体利益之

---

① 罗纳德·德沃金,《认真对待权利》(*Taking Rights Seriously*),哈佛大学出版社1977年版,第198页。

间彼此存在潜在的(通常是真实存在的)冲突。德沃金支持他所理解的独特的自由主义立场,除了在特别紧急的情况下,一般而言个人权利都要高于集体利益。

让我们来检视一下德沃金对权利的理解,亦即在他看来,个体权利通常要高于集体利益。个人权利从何而来呢?它们是如何推导出来的?在这些问题上,德沃金的反至善主义使其最终无法提供一个令人满意的答案。他认为,自由主义者的特定政治权利,如言论自由、宗教自由、隐私权,都既不来自于对什么人类真正之善的考虑,也不来自于其他反至善自由主义学者所说的自由权或自主权;相反,这些权利源于一种抽象的平等权利,即获得政府平等关怀和尊重的权利。①

德沃金和其他自由主义学者所支持的特定政治权利是否可以从这个抽象的权利中得到合理的解释,是值得怀疑的。我对德沃金提出的"隐私权"和"道德独立权"的推导提出了质疑。现在,我只想指出,在德沃金的政治道德理论中,抽象的平等权利似乎本身是具有基础性的——他并没有试图从其他更基础的原则中推导出这种权利。但是,缺

---

① 罗纳德·德沃金,《认真对待权利》,哈佛大学出版社1977年版,第266—278页。

第三章　个人权利与集体利益：德沃金论"平等的关怀与尊重"　155

少这种推导过程本身也是有问题的,因为它所提出的命题既不是一个不言自明的实践原则,也不是任何必然性真理。从道德决定中追溯一系列的实践推理从而识别出一项特定的政治权利,人们最终无法理解抽象平等权利的那种不言自明的可理解性,即通过不留下任何相关的问题等待回答来终止这个推导的链条,①人们也不能自相矛盾地否认这项权利。因此,平等权本身就需要一个最终会诉诸不言自明的实践原则或必然性真理的论证。否则,断言存在这样的权利,只不过是一种不那么广泛被大家所共同持有的直觉。

现在让我们考虑一下德沃金对集体利益的看法。他告诉我们,当社会集体利益与个人权利相冲突时,后者通常会被击败,我们该如何来理解这种社会集体利益呢？根据德沃金的观点,集体利益应该被看作是社会大背景下的目标,要不是与权利相冲突,它能够通过要求或鼓励某人做其并不愿意做的事情,或者阻止、妨碍其做可能想做的事情,来证成政府对个体选择和行动的干预。德沃金将这些目标概括地称为"作为整体的集体利益"(aggregate collective

---

① 我举了一个例子,用以说明一个人如何通过将实践推理的链条追溯至其最终可以理解的术语,以此来决定基本的实践原则,从而使得相关的问题都能够得到回答。参见"对自然法理论的一些新批评",第1390—1394页。这类术语的可理解性是"不言自明"的,因为它可以依靠探寻性智识(enquiring intellect)便可从经验性数据中挑选出来,而无须从更基本的前提中进行推理或推论。

good)①、"普遍益处"(general benefit)②、"普遍利益(general interest)"③、"集体普遍利益"(collective general interest)④、"公共利益"(public interest)⑤、"公共福利"(public's welfare)⑥、"普遍福利"(general welfare)⑦、"普遍效用"(general utility)⑧。应将这些术语看作是在表述一种功利主义的集体利益观念吗?尽管提到了"作为整体的集体利益"和"普遍效用",但德沃金始终坚持认为它们不必被这般地采纳。⑨ 然而,功利主义的集体利益观念是德沃金唯一认真对待的概念。⑩

---

① 《认真对待权利》,第 91 页。
② 同上书,第 198 页。
③ 同上书,第 269 页;罗纳德·德沃金,《法律帝国》(*Law's Empire*),哈佛大学出版社 1986 年版,第 221 页。
④ 《法律帝国》,第 311 页。
⑤ 《原则问题》,第 11 页。
⑥ 同上书,第 387 页。
⑦ 同上书,第 11 页。
⑧ 《认真对待权利》,第 191 页。
⑨ 同上书,第 169 页,第 364—365 页;《原则问题》,第 370—371 页;以及,罗纳德·德沃金,"罗纳德·德沃金的回应"(A Reply by Ronald Dworkin),载马歇尔·科恩编,《罗纳德·德沃金和当代法理学》(*Ronald Dworkin and Contemporary Jurisprudence*),罗曼·艾伦海尔德出版社(Rowman and Allanheld) 1983 年版,第 281 页。
⑩ 德沃金曾一度简要地考虑过一个非功利主义的观念,这与我在下文将要辩护的那个观念非常类似,但他后来又突然否定了那个观念。他给这个观念贴上了如下标签,即依照这种观念,集体利益包括创建和维持"这样一种条件,……它最可能引导人们事实上选择和过上最有价值的生活","一种柏拉图式的生活"。虽然他承认这个观念"并不必然能够证成洗脑或其他那些令我们毛骨悚然的思想控制手段",但是他还是给自己找了个借口不再进一步考虑这个观念,其借口是"这个观念的吸引力到底有多大让人表示很怀疑"(《原则问题》,第414—415 页)。

也许德沃金没有考虑非功利主义的集体利益观念或者共同善的观念,这是因为他认为那种所谓的"中立性功利主义"的功利主义形式构成了美国政治中一种有关集体利益的可行观念(working conception)。他坚持认为,"比如说,它为通过大家所接受的正当之法对我们的自由施加的大部分限制提供了可行的证成"。① 什么是"中立性功利主义"? 它是功利主义的一种版本,即"以政治为目标,最大限度地实现人们的生活目标"②,且在"人们与偏好之间保持中立"。③

现在看来,美国立法者(和法官)在政治决策中经常采用功利主义进路,这种观察似乎是完全正确的。但是德沃金大肆夸大了这种情况,他声称一种在偏好中保持中立的功利主义形式,为美国人所接受的大多数正当之法提供了可行的证成。很多人的偏好都会受到法律的困扰,这不仅是因为立法者认为它们能够被相互竞争的偏好"压倒",而是因为他们认为这些偏好在原则上应该从一开始就被排除

---

① 《原则问题》,第370页。
② 同上书,第360页。
③ 《罗纳德·德沃金和当代法理学》,第282页(着重符号由笔者所加)。

在考虑之外。①

无论如何,立法者在某种程度上都能在任何功利主义意义上理解集体利益。现代哲学对功利主义(以及一般意义上的后果主义)的批评已经向我们证实,通过诉诸最佳化后果(optimizing consequences)的原则来解决实践(包括政治)难题的策略是完全行不通的。② 功利主义的构成性"原则"不能合理地指导选择和行动,因为它无法提出一个连贯的命题。只有当构成人类福祉的各种形式的善(以及各种实例化的特定形式的善)能够以此种方式被计算出来,从而

---

① 一些例子可以参见约翰·菲尼斯,"英国的权利法案? 当代法理学中的道德"(A Bill of Rights for Britain? The Moral of Contemporary Jurisprudence),马克比法理学讲座,载《英国人文和社会科学院论文集》,1985年,第71卷,第318页;威尼·哈卡萨,《平等、自由和至善主义》(Equality, Liberty, and Perfectionism),牛津大学出版社1979年版,第260—261页。

② 尤其参见:杰曼·格里塞茨,"反对后果主义"(Against Consequentialism),载《美国法理学杂志》,1978年,第23卷;约翰·菲尼斯,《伦理学的基础》(Fundamentals of Ethics),牛津大学出版社1983年版,第86—93页;约翰·菲尼斯、约瑟夫·波义尔(Joseph M. Boyle)、杰曼·格里塞茨,《核威慑:道德与实在论》(Nuclear Deterrence: Morality and Realism),牛津大学出版社1987年版,第9章;约瑟夫·拉兹,《自由的道德性》,第13章;安塞姆·穆勒(Anselm W. Muller),"激进的主观性:道德与功利主义"(Radical Subjectivity: Morality v. Utilitarianism),载《理》(Ratio),1977年,第19卷,第115—132页;费丽帕·福德(Philippa Foot),"功利主义与美德"(Utilitarianism and the Virtues),载《心灵》(Mind),1985年,第94卷,第196—209页;"道德、行动与后果"(Morality, Action, and Outcome),载泰德·洪德里奇(Ted Honderich)主编,《道德与客观性》(Morality and Objectivity),劳特里奇和基根·保罗出版社(Routledge, and Kegan Paul)1985年版,第23—38页;以及巴塞洛缪·凯利(Bartholomew Kiely),"相对主义的不现实性"(The Impracticality of Proportionalism),载《格列高利》(Gregorianum),1985年,第66卷,第655—686页。

使得功利主义原则所要求的在选项之间作出衡量和比较成为可能,人们才可以通过此种方式选择最佳化的后果。但是,正如功利主义的批评者已经明确指出的那样,这种可比性只是一种错觉。① 因此,没有人可以振振有词地说,比如,这么深厚的友谊是值得这么深刻理解的,或者这个人的生命就比另一个人的生命更值得珍视,或者这两个人、十个人、一万个人的生命就不那么值得(或者更值得)。②

只有在不相容的诸选项之间依照它们的"前道德价值"对利益和损害的比较成为可能的前提下,有关道德判断的功利主义或其他后果主义方法才能发挥作用。这些方法指导我们比较利益和损害,并选择那些获益更多、受损更小的选项。如果能够做到这些方法所要求的事情,那么不道德的选择将不仅仅是不合理的(unreasonable),而且完全也是不理性的(irrational)。如果说一个选择比另一个选择能够毫无限制地带来更大的善,那就是在说后一选择中被认为有价值的东西都可以在前者中得到实现,而且事实上前一选择

---

① 参见上一注释中所引用的格里塞茨、菲尼斯、波义尔和拉兹的著作。关于常识性道德并未预设基本人类善之间具有可通约性的争论,参见拙文:"自然法理论的一个问题:'不可通约性命题'是否违背常识性道德判断?"(A Problem for Natural Law Theory: Does the "Incommensurability Thesis" Imperil Common Sense Moral Judgments?),载《美国法理学杂志》,1992年,第36卷。

② 我曾捍卫人类生命之间具有不可通约性的观点,参见拙文,"作为道德标准的人类繁荣:对佩里自然主义的批判",第1469—1470页。

中所实现的价值还要更多一些。发现自己处于这种情形中的人,是没有理由选择后一选项的。他可能由于自己意志的薄弱,或者出于自私或其他情感上的(因而是亚理性的)因素而"选择"后者(亦即屈服于这样做的诱惑);但他不能在一种强的意义上(比如基于一个理由)选择它。因此,他不需要后果主义的原则,毕竟,这不是一种克服情感的(或其他亚理性的)障碍去做理性选择的方法;它的支持者指出我们应该将其看作是一种理性选择的方法,它指导人们在不相容的选项之间进行选择,从而具有一定的理性吸引力。①

---

① 约瑟夫·波义尔、杰曼·格里塞茨和约翰·菲尼斯聚焦于后果主义的问题,他们主张后果主义的方法是不融贯的,这其中的原因在于:为了使自己能够成为一种介于两种均诉诸理性的实践可能性之间的道德判断方法,它必须要同时满足两项必备条件,然而实际上它却无法同时满足这两项条件。其中第一项条件是,后果主义规范(就像其他任何被提出来用以指导具有重要意义的道德选择的其它规范一样)必须为一个面临诸种选择的人提供自由选择的方向。第二项条件是,后果主义规范必须能够判定出何种选择能够带来更大的善或最小的恶,从而为人们的选择指明方向。如果第二项条件得到了满足,那么任何在道德上具有重要意义的选择(即在能够提供基本的行动理由的诸选项之间进行选择)将失去了可能。一个人只可能有亚理性的动机去"选择"那个在他看来会给自己带来较小利益和较大伤害的选项。如果第一个条件得到了满足,那么根本就不可能判定哪一种选择有希望(在某种不诉诸非后果主义的道德规范的意义上)能够带来更大的善或最小的恶。参见:《核威慑:道德与实在论》,第254—260页;罗伯特·麦克金姆(Robert McKim)和彼得·辛普森(Peter Simpson)为对后果主义的不融贯性这一指控所作的辩护,参见,"论所谓后果主义的不融贯性"(On the Alleged Incoherence of Consequentialism),载《新经院哲学》(The New Scholasticism),

基本人类善①的不可通约性破坏了任何作为整体的集体利益观念。因此,"集体利益"事实上也是个体的利益。②简单地说,"集体利益"几乎完全都能简化为集体中个体成员的具体福祉。这个命题是在暗示自由主义政治理论的某种"个体主义"的特征吗?不,因为每一个人的具体利益都在于与他人和睦相处以及彼此友谊共存。此外,珍视人际和谐和友谊的价值有助于让人们更加关注道德要求,即社会生活的利益和负担(包括法律权利和义务)应得到公平的分

1988年,第62卷,第349—352页。罗伯特·麦克金姆和彼得·辛普森由于未能注意到"亚理性动机"和"(基本的)行动理由"之间的区分,从而错失了菲尼斯、波义尔和格里塞茨论证中的核心要点。参见:约瑟夫·波义尔、杰曼·格里塞茨、约翰·菲尼斯,"不融贯性与后果主义(或相对主义):一个反驳"(Incoherence and Consequentialism (or Proportionalism)—A Rejoinder),载《美国天主教哲学季刊》(*American Catholic Philosophical Quarterly*),1990年,第64卷,第271—277页。

① 导致后果主义难以运作的原因在于它的不可通约性,这种不可通约性是可供选择的诸选项包含的善的不可通约性。从对实践慎思和选择的抽象来考虑,事态(states of affairs)通常在价值或品质上是可以进行比较的。然而,我们无法(以后果主义所要求的方式)比较直接杀害或拒绝杀死一个无辜之人(他的死可能会阻止股市崩盘)这两项选择所包含的善。这些选项所包含的善和恶是不可通约的。在它们之间作出选择必须要接受道德规范的指导,而这些道德规范本身并不要求对一些前道德性价值进行比较。在这里指出一些其他价值的比较也是适当的,这些价值的比较并不预设那种具有重要道德意义的选择所包含的善的可通约性:亦即,道德善(moral goods)优于非道德善(non-moral goods);内在善优于纯粹的工具善;概念性的善优于纯粹物质的善。

② 参见:约翰·菲尼斯,《自然法与自然权利》,第168页。

配,同时也应对有特殊需要和不同能力的人给予适当的关注。

德沃金将个人权利与作为整体的集体利益观念实际并置在一起,使得他在"法院在维护原则方面所扮演的角色"与"立法机关在推进政策方面所发挥的作用"之间所作的这一区分看上去获得了某种合理性。对德沃金而言,"原则是描述权利的命题;政策是描述目标的命题"。① 主张权利高于普遍福利,实际上是说在原则与政策相冲突的地方原则应该占上风。根据德沃金的说法,法院提供"原则的论坛"。他们对保护个人权利负有责任。另一方面,在德沃金看来立法机关应负责决定政策事宜。虽然没有被授权允许侵犯权利,但他们致力于推进集体利益。在一种作为整体的集体利益观念下,最好的政策将是那些无论怎样都能带来"最"佳的(比如满足最大偏好的)个人利益和权利。如果个人权利由此独立于集体利益而存在,那么,提供一个具有广泛权力的政治论坛事实上是有意义的,这些权力可用来对抗立法机关的权力,个人可以以此寻求对自己权利的保护。将法院看作这样一个论坛的观念虽然会遇到难题,但也并

---

① 《认真对待权利》,第90页。

第三章 个人权利与集体利益：德沃金论"平等的关怀与尊重"

不是毫无道理的。

然而，如果我们以一种非功利、非整体的方式来考虑集体利益，亦即将其当作是既包括以一种公平的方式对社会中(每一个成员的)不可通约的利益给予适当的关注，同时又包括一种对个体权利的尊重，那么如此一来，原则与政策问题之间的对比以及个体权利与集体利益之间的整齐对比也将会变得模糊。对不可通约性的分析突出了一种深刻的意义，这表现为立法机关在推进政策方面的职责也涉及原则问题。为了(以非功利主义的方式)推进集体利益，除了其他方面，就需要尊重实践推理的要求，即就个体和共同人类繁荣的不可通约的范围而言，它能够构造(包括立法选择在内的)选择。这些道德要求常常既可以用个人所享有的特定自由来表达，而且也可以用个体所享有的其他的机会和善进行表达。这些权利(消极的和积极的)是这样一些"个人权利"，立法机关不仅必须要尊重它们，而且在一种非整体的集体利益观念下如果想要履行自身的政策职责还必须要推进它们。在这种观念下，任何个人的利益都不可能被政策制定者所忽视，任何个人的道德权利在不损害共同福利的前提下也不能被(立法者、法官或任何其他人)所践踏。① 不可通约性使我们不可能由此认为,侵犯个人权利的选择(严格地说这项权利是有效的)对于共同体来说比尊重这些权利的选择要好。在将道德权利看作是限制人们对追求集体利益的情况下,人们认为有时集体利益实际上可以通过侵犯人权得到推进(尽管这样做通常是错误的)。但只有在作为整体的集体利益观念下,这种说法才能成立。鉴于不可通约性这个不可避免的事实,上面这种观念是无法得到合理证成的。

我所描绘的非整体性的集体利益观念与关于共同善的传统自然法理论存在很大相似之处。尽管在这个理论的古典和中世纪的讨论中表现得并不明显,关于"权利"的讨论并不突出,但其对人类福祉的至善主义关注,为其当代的拥护者进行人权推导提供了充足的理由(参见第七章)。这些权利被当代的自然法理论家理解为不仅是对追求共同善所

---

① 为了共同善的缘故,我们永远不能推翻道德权利吗? 在考虑这个问题时,注意"权利话语"(rights talk)的模糊性是十分重要的。有一种熟悉的(如果宽松一点说的话)讨论模式,此种模式认为一般性权利(比如言论自由的权利)在某些为了共同善的情况下是可以被推翻的。比如,在这种模式下,禁止人们在霍姆斯法官所谓拥挤的剧院里大喊"起火了"是一种合理的限制,或者说这构成了对言论自由的一般权利的侵犯。然而,在一种更严格的讨论模式下,它详细列举和说明了诸种道德权利,言论自由并不包括在剧院大喊"起火了"的权利。它包括许多其他具体的权利,并且这些权利在道德上是不可侵犯的。当我提及那些被详细说明的道德权利时,我想要指出的是侵犯权利会损害共同善,即使这些侵犯行为是为了照顾集体利益而做出的。

施加的限制，而且也是其构成性要素。因此，对于自然法理论家来说，不宜将立法机关设计为或理解为这样的制度，即致力于推进作为整体的善，同时在法院的约束下依照所授予的权力保护个体性权利。相反，立法机关维护和推进共同善的责任包括了一种尊重和保护道德权利的义务。法院——即使是那些不享有司法审查权力的法院——也负有同样的义务，尽管在某些方面会或多或少受到一些限制。但这当然不是一项特殊的（甚至主要的）司法义务。

政治道德的自然法原则往往要求政府不得干涉个人的选择和行动。① 有时候，不受拘束的个体会选择采取不仅损害自己而且也有损他人的行动。承认这一事实并不蕴含着一种为了个人权利而牺牲集体利益的道德。个人自由和自主有力地推进了真实性和其他基本善。但尊重自由和自主的价值并不意味着个人选择和行动能够永远不受限制，这仅仅意味着，政府干涉个体选择和行动的正当性取决于这些干涉决定与实践推理的要求（它引导人们在不可通约的人类价值之间做选择）是否相一致。在这些要求排斥政府对个人选择和行动进行干预的情况下，将任何因政府对个人权利的尊重而放弃的善所造成的损失理解为对集体利益

---

① 参见：约翰·菲尼斯，《自然法与自然权利》，第218—223页。

的牺牲都是不合适的。同样地,无论通过漠视基本人权而获得了何种善,善的不可通约性都意味着政府不能通过侵犯人们的道德权利的政府行动来推动非整体性的共同善。原因在于,这样的行动只会损害共同善。

这种关于个人权利和集体利益的自然法理论要比反至善主义的自由主义更具有优势,这体现为通过将权利的道德基础理解为内在于人类善要求以及引导人们理性地选择这些善的基本道德原则的要求,上述自然法理论能够为权利的道德基础提供一个合理的解释。对作为整体的集体利益观念的彻底否定,使得人们有可能不再将道德权利理解为是对追求这些利益的限制,而是将其看作是共同善的构成性内容。

三、德沃金的自由主义和美国政治辩论中的"隐私权"

自由主义不仅仅是一种政治理论,而且也是一场政治运动。就此而言,它拥有自己的学术纲领。自由主义者已经沿着这个纲领高歌猛进,并且基本上在美国取得了成功。他们通过有效地捕捉美国政治辩论的术语已经实现了自己的许多目标。这些术语通常将个人权利和集体利益这两个概念并置。在特殊的公民自由问题上,"自由主义"的立场被描述为支持个人权利,而"保守主义"的立场则用来支持集体利益。

总的来说,美国的保守派让自由派对这种有关个人权利和集体利益的理解听之任之。事实上,至少在某些方面,美国保守派似乎相当乐意接受这种理解。比如在经济问题上,保守派试图通过将政府监管描述为经常不公正地(以及短视地)倾向于集体利益而非个人权利,从而在与自由主义的论辩中扭转局势。那些有自由主义倾向的保守主义者,他们谴责政府干预"成年人之间的自愿性的小资行为",可以正当地声称自己与其说是"保守的",不如说是"古典自由主义者"。在许多非经济事务(比如刑事司法)上,保守派尽管已经接受了自由主义者所提出的二分法,但却将其发挥到他们自身的修辞性优势(rhetorical advantage)中,将"(个体的)刑事性权利"和(集体的)"社会权利"并置在一起。

德沃金的著作是一种对个人权利和集体利益观的一种复杂的理论展现,这一观点展示了美国自由主义的纲领。他的政治理论不仅能够为下述关于具有争议性的权利主张的结论提供支持,当代美国的大多数自由主义者对这些权利主张都十分地青睐(最显著的是由司法机关所创设的隐私权),而且也能够支持他们数十年来所偏爱的核心政治策略,借此可以实现对那些公认权利的法律承认和保护——大体上这主要是通过不受限制的司法和立法实践所完成的,其中既包括司法机关高度主动地审查立法机关的实际工作,也包括司法机关对立法机关特权的有效分享和承担。我对德沃金理论的批评,如果有效的话,既质疑了美国自由主义的实质,同时又质疑了其方法。而且,就保守派接受自由主义对个人权利和集体利益的基本实质性理解而言,我的分析也同样地展现了美国保守主义的缺陷。在我看来,我对自由主义的某些批评会对保守派而言是有益的。然而,他们应该认真注意这一政治批评所可能蕴含的意义。

过去四十年来,西方民主国家的自由主义者一直在努力争取让某些在道德上有争议的行为获得法律上的豁免,在他们看来这些行为所涉及的是个人权利的问题。其中一些最具有争议的主张涉及人类的性行为和生殖。自由主义者认为,这些行为(在很大程度上)是"私人"的事情。因此,作为一个权利问题,它们必须留给个人自行决定。自由主义者通常认为,当政府禁止或者过分限制诸如堕胎、避孕、色情、淫乱和鸡奸等行为时,就侵犯了基本人权。诚如前述,美国自由主义者认为最有效的政治策略并非依靠说服立法者废除针对这些问题的现行立法,其中许多都在法典中有着悠久的历史;相反,自由主义者已经说服法官在宪法性司法

第三章 个人权利与集体利益：德沃金论"平等的关怀与尊重"

审查的权力下废止了这些法律。在具有里程碑意义的案件中，联邦最高法院已经废除了限制堕胎①、避孕②、色情作品③的州法律，并将其看作是侵犯"隐私权"的违宪行为。④

德沃金尝试为一种非常类似于"隐私权"的自由主义观念提供理论证明。他将此称之为"道德独立的权利"（right to moral independence）。⑤ 他所主张的核心前提是一种抽象的平等权。

在德沃金的早期作品中，他主张每当政府基于一个公民所持有的美好生活观念高于或优于他人来限制个人自由，就会侵犯这种平等权。⑥ 然而，这个争论却招来了尖锐的批评。对公众的道德问题的立法关注暗含着对那些自身偏爱受到禁止或限制之人的蔑视（或任何形式的漠视），这一说法远远是不清晰的（事实上通常是不太可能的）。恰恰

---

① "罗伊诉韦德"[（*Roe v. Wade*），410 US 113 (1973)]。
② "格里斯沃尔德诉康涅狄格州"[（*Griswold v. Connecticut*），381 US 479 (1965)]；以及"艾森斯塔特诉贝尔德"[（*Eisenstadt v. Baird*），405 US 438 (1972)]。
③ "斯坦利诉乔治亚州"[（*Stanley v. Georgia*），394 US 557 (1969)]。
④ 虽然美国最高法院允许继续对"淫秽"进行严格的规定，但它定义了这样一个术语，即只提供最淫荡的"淫秽"色情形式。然而，法院似乎在同性恋鸡奸问题上划定了"隐私"的界限，坚持宪法有效，至少目前在适用于同性恋行为时，乔治亚的一项法律将鸡奸视为犯罪。参见："鲍尔斯诉哈德威克"[（*Bowers v. Hardwick*），106 S. Ct. 2841 (1986)]。
⑤ 《原则问题》，第353页。
⑥ 《认真对待权利》，第273页。

相反,正如约翰·菲尼斯所主张的那样,道德立法:

> 可能表现出的并不只是蔑视,而是一种对这些人的平等价值和人性尊严的观念,这些人的行为是非法的,原因在于它们严重误解并实际上贬损了平等价值和人性尊严,从而贬损了他们自己的人性价值和尊严,此外,连同也会损害那些被诱导分享或效仿他们堕落的人的价值和尊严。①

一些自由主义者通过否认通常由道德性法所规范的行为(如各种形式的自愿性行为)有违人类价值和尊严,来回应菲尼斯的主张。② 按照他们的观点,这种"自主"的和纯粹"与自我相关"的行为在道德上是没有错的。③ 然而,德沃金却没有提供这样的反驳。他并不认为,由于"私人性"选择

---

① 约翰·菲尼斯:"'对自己责任'的合法执行:康德与新康德主义者"(Legal Enforcement of "Duties to Oneself": Kant v. Neo-Kantians),载《哥伦比亚法律评论》(Columbia Law Review),1987年,第87卷,第437页。
② 比如,参见:大卫·理查兹(David A. J. Richards),《性、毒品、死亡与法律》(Sex, Drugs, Death and the Law),罗曼·利特菲尔德出版社(Rowman and Littlefield)1982年版,第96—116页。
③ 理查兹把道德原则理解为"一种限制……,它由自由、理性、平等的人所提出并作为一种对人际交往施加的普遍限制加以接受",参见:"康德的伦理和伤害原则:对约翰·菲尼斯的回应"(Kantian Ethics and the Harm Principle: A Reply to John Finnis),载《哥伦比亚法律评论》,1987年,第87卷,第461页(着重符号由笔者所加)。

第三章 个人权利与集体利益:德沃金论"平等的关怀与尊重"

从来都不受道德标准的约束,因此道德独立之权利是存在的。相反,他认为(道德独立性)权利能够保护个人的选择不受干预,即使他的这些选择可能是错误的。事实上,在他看来,这些选择作为一项道德权利问题能够免受政府干预,即使这些决定所牵涉的行为是有辱人格的、可耻的或有害的,亦是如此。

但是,在涉及有辱人格的、可耻的或有害的自我关涉的行为中,当然不需要采取任何不平等的立法行动来阻止这种行为。这种立法行动当然(但不会专断地)会倾向于喜欢某些类型的行为;但它也确实无须①反映任何特定个人(或阶层)的偏好。它谴责某些行为对人们来说是没有价值的;但它没必要谴责一个人的存在价值比任何其他人更低贱。97正如菲尼斯所指出的,家长主义包含下面这样一种决定,即干预个人生活从而阻止其通过自己的错误选择侮辱、贬低

---

① 我的主张是,道德法并不必然违背平等关照与尊重的原则。当然,在特定的情况下,比如说,通过表达种族性的或其他形式的偏见或不公正的偏袒,这种法律可能会违反那一原则。想想一个奴隶社会中的立法者,他们理所当然地认为一个种族的成员天生就不如其他种族的成员。他们可能真诚地相信,奴隶制恰好是一个适用于被普遍认为低劣之种族的条件,而且事实上,对奴役的服从是符合这一不幸种族成员的道德利益的。因此,他们可能会颁布一项奴役制度,在这种制度下,出于一种保护奴隶避免先天不足的诚恳愿望,奴役制度得以实施。在这里,立法者是出于平等地关照那些他们误认为先天低劣的人,但是他们采取行动的前提——即那些奴隶自身具有的所谓"先天的低劣"——本身就否认了平等的尊重。

或损害他人,这种家长主义式的决定恰恰是受一种对其平等价值与尊严的认可所驱动的。①

四、从平等原则看德沃金的修正性论证

在德沃金后期的一些作品中,收录于 1985 年出版的《原则问题》一书,他从平等原则出发修正了自己的观点。他依然坚持认为,个人享有在"私人"事务上免受政府干预的道德权利,但他的论证已变得更加复杂,他对政府行为的界限提出了更加严格的要求。他现在指出,平等原则要求政府:

> 不能通过以下论证把牺牲或限制强加于任何一个公民,即除非放弃他的平等价值观,否则便不会接受这种论证,……(但是)那些认为某种特定生活形式对自己而言最有价值的任何有自尊之人都不会承认这种生活方式是低级的或卑劣的。②

这个修正未能让德沃金的论点变得更有说服力;他所提出的新要求是完全利己性的,而无法从他的原则(法律必

---

① 参见《自然法与自然权利》,第 222—223 页。
② 《原则问题》,第 205—206 页。

第三章 个人权利与集体利益:德沃金论"平等的关怀与尊重"

须平等地关照和尊重那些受其约束的人)中推导而来。他所能合理坚持的最重要的一点是,家长主义式法律并不会伤害被统治者的自尊心。无论那些其偏好性行为受到禁止或限制的个人是接受还是拒绝为那一限制提供理由的论证——甚至他是否从根本上考虑过这个问题——与针对那些行为所施加的权力事实上是否给予了个人以平等关照和尊重是完全无关的。

此外,即使这些权威实际上非常藐视那些受自己限制的人,并且进一步地,即使让受到限制的个人熟知他们的这种态度,他们也没有特别独立的能力来伤害他的自尊。考虑一下普通公民的情况,他们倾向于喜欢一些低俗的东西(不管是阅读卖身杂志、澡堂里的短暂邂逅,还是其他什么),导致他触犯了禁止其行为的刑事法律。如果他碰巧想到了这一点,并接受了法律中所隐含的论点,他就会认为上文中所论及的行为不值得他去做。然而,他可能会继续发现很难让自己的行为与法律保持一致;而且,只要他坚持做那个不值得做的行为,很可能会发现很难再维持自己的自尊。毫无疑问,自尊是一种真正的人类善,失去自尊是一种真正的罪恶。但是,在这种情况下,损害个人的自尊不能恰当地归因于法律(或立法者),而是要归因于他自己的道德败坏及其对这种道德状况的自我察觉。由于他认识到自己的行为是错误的,他的自尊感(理所当然地)会降低,这在很大程度上独立于法律的禁止——自尊感会促使他反省自己的行为,并确认大多数立法者会认同他的道德观念。他的自尊在某种程度上会得到重建,亦即他(在法律的辅助下)会改变自己的品性,并且让自己的行为不仅服从于法律而且也服从于对上述行为之道德性的自我理解所提出的要求。

但是假使他不接受法律中隐含的论点又会怎样呢?在这种情况下,他的自尊心根本不会受到任何损害。他可能会对那些为法律负责或支持法律的人表达愤怒甚至悲伤。他可能会觉得自己被当作一个二等公民对待,而他认为自己的这种行为是可接受的,甚至是意义丰富的。他可能会致力于废除法律,甚至实行非暴力反抗。如果他因为从事被禁止的行为而受到惩罚,他可能会认为自己是殉道者(martyr)。他可能会从事所有这些行为,但是,只要他认为自己是正确的而法律是错误的,那么他的自尊心就不会受损。

在一篇精心构思的文章中,德沃金试图把他关于个人权利和集体利益的观点应用到色情问题上。① 在这篇文章中,

---

① 罗纳德·德沃金,"我们有享受色情作品的权利吗?"(Do We Have a Right to Pornography?),载《牛津法律研究杂志》(*Oxford Journal of Legal Studies*)1980年版,第1卷,第177—212页,重印于《原则问题》,第335—372页。

他直截了当(并且准确)地指出了某些重要的方面,其中色情作品的可得性损害了集体利益。他说,决定承认(即便是私下地)使用色情作品的权利,将会严重地限制个人自觉地且反思地影响他们自己及其子女发展条件的能力。它还会限制他们去创造认为最好的文化结构的能力,在这种文化结构中,性经验通常具有尊严和美感,没有它们的话,他们自身以及家庭的性经验可能会在质量上大打折扣。①

尽管如此,他仍然认为这种权利是存在的,并且应该得到法律的认可。尽管法律限制色情作品的可获得性和使用可能会很好地促进集体利益,即促进在人类性关系中作为尊严和美感的人类善,但是这样的法律限制是不公正的。它们会侵犯那些希望使用色情作品的人的道德独立性权利,并最终侵犯他们的平等权。

对于德沃金试图从平等权中推导出道德独立的假定性权利,我已经提出了自己的批评。比如,立法机关对打击色情作品所做的善意努力,即使这些努力会出现错误(将有价值的非色情作品含蓄或谨慎地加以禁止),也并不意味着对人之平等的否认。我现在想把我的论点集中到反对德沃金关于个人权利和集体利益的观点上,就色情作品权利这个

---

① 《原则问题》,第349页。

具体问题向他提出质疑,并且表明为了促进集体利益反色情立法既不需要违反任何人的权利,也不需要牺牲任何人的福祉。

性关系中的尊严和美感所体现的人类利益,以及在创造与维护一种支持这些善的"文化结构"过程中所蕴含的人类利益,仅仅在以下意义上是一种"集体"利益(公正):(1)这些善是每一个集体成员的真正利益所在,(2)离开了合作、共同努力和共同约束,这样的文化结构是不可能存在的。仅仅在下述意义上它是一种"共同"的利益,也是一个是共同善的问题,即它能为所有人共同分享,并且能够通过共同行动得以保存和推进。值得注意的是,在那些提倡通过反色情立法来保存和推进自身利益的人中,如果色情作品可以自由地获得他们也会倾向于使用这些作品。性关系(以及支持性的文化结构)中的尊严和美感对他们而言也是一种善,这一点丝毫不亚于任何其他人。在其所能服务于这些(真正共同的)善的意义上而言,反色情立法并不会给他们带来伤害,反而既会保护与增进他们自身的利益,同时又会保护与增进其他每一个人的利益。

当然,如果人类利益最终是欲望满足的问题,那么情况就不会如此。在此情形下,反色情立法将代表着那些正好偏爱性关系中尊严和美感的人的利益(欲望),而不是那些喜欢和渴望色情之人的利益。那么,很明显我们可以将集体利益看作是一种集体性问题:任何得到最大满足的欲望(或者最能得到满足的大多数人的欲望),都体现在集体利益之中。个人权利,如果存在的话,将会限制人们对集体性欲望满足的追求。他们会被赋予豁免权,这实际上会让个人获得某些类型的欲望满足感,即便这样会以牺牲整个集体的欲望满足为代价。

然而,一旦我们将与人类善相关的利益理解为不可被还原为欲望满足的东西,[①]那么就不必认为个人权利在根本上会与集体利益发生冲突。反色情立法在某种程度上是有效的,它抑制了那些倾向于使用色情作品的人的(或潜在性)欲望,但是这么做确实符合其他人的利益。就此而言,只要不把他们的利益看得比其他任何人的利益更低,就不会做不到对他们进行平等地关照和尊重。

[①] 一些后果主义者通过将价值视为欲望满足的问题,从而试图避免不可通约性的问题。参见:詹姆斯·格里芬(J. Griffin),"存在不可通约的价值吗?"(Are There Incommensurable Values?),载《哲学与公共事务》(*Philosophy and Public Affairs*),1977年,第7卷,第39—59页。然而,另外一些后果主义者(更不必说反后果主义者)却注意到,任何这样的价值观念都是令人难以置信的。参见:唐纳德·里根(D. Regan),"权威的价值:对拉兹《自由的道德性》的反思"(Authority and Value: Reflections on Raz's *The Morality of Freedom*),载《南加州法律评论》(*Southern California Law Review*),1989年,第6期,第1056页。

沃伊斯切·萨德斯基(Wojciech Sadurski)并不同意这个结论。他似乎认为家长主义式法律可以平等地关照所有人（对此我在前文已经提出过一些根本性的理由），但他否认这些法律可以平等地尊重每一个人，在他看来，平等地尊重"需要承认个人自主的选择是有效的"。① 萨德斯基继续批评菲尼斯的主张，即家长主义可以平等关照和尊重每一个人。萨德斯基承认，这一主张有效地把关照和尊重视为不可区分的整体。萨德斯基提出了他自己对德沃金语境下"尊重"概念的看法，即"这与自尊、赞扬或者荣誉无关，而仅仅指避免干涉个人及其自主性选择"。② 他认为，自己对"'尊重'一词所持有的观念是一种正当的、价值中立的观念，……正如'尽管并不同意你的决定，但我尊重它'"。③

萨德斯基对"尊重"的解读，以及他（我认为是错误地）归之于菲尼斯的解读，从一开始就切断了对"道德许可"（以及允许范围）的探究，通过定义一个关键术语来要求判罚对

---

① 沃伊斯切·萨德斯基,《道德多元与法律中立性》(*Moral Pluralism and Legal Neutrality*),克鲁维尔学术出版社(Kluwer Academic Publishers)1990年版,第118页。几乎不值得一提的是,欧洲大陆的道德哲学可能会转向讨论萨德斯基在这个关键表达中所提及的"效力"到底意指什么。

② 同上。

③ 同上。

方获胜,他从一开始就停止了对家长主义"道德许可"(以及许可范围)的探讨。进行家长主义式立法的愿望当然可以从关心他人的福祉中萌生。因此,要求法律平等地关照每一个人,并不会对家长式法律造成很大的障碍(关照并不意味着尊重:比如说,人们可以关照红杉和海牛)。但是把"尊重"等同于"关照",就等于没有把人当作是人,而仅仅当作是热切关照的对象(此外,不管"尊重"在上下文中的确切含义是什么,它都必须包含着"关照"以外的某些东西,否则在制定标准时就不需要这种双重的要求)。

然而,萨德斯基对"尊重"的定义也好不到哪里去。根据他在前述引文中想要"表示"的含义,他要么把"尊重"等同于"不干涉",要么在不经任何论证的情况下就干脆断言,"尊重"蕴含着不干涉。第一种可能性是荒谬的。如果尊重被有意义地说成是在"尊重"波尔布特及其选择。另一方面,如果尊重(尽管与不干涉并不完全是同一回事)要求不干涉作为一个定义性问题,那么就会让这个问题又重新回到了出发点,而对于家长主义式法律是否能让受其约束的人获得平等的尊重也难以展开争论。所有的家长式法律都会被定义为不尊重(甚至德沃金在他的最新著作中,也可以说为合法的道德家长主义提供了一些空间,因此便不得不拒绝萨德斯基对"尊重"的解读)。①

在德沃金的提法中,"尊重"对我而言是一个最有意义的概念,在所认可的范围内,这个概念落在了萨德斯基所拒绝的"敬重"(esteem)和他所接受的不干涉原则(我尽管并不同意你的决定,但我尊重它)相一致的"中立"(indifference)之间。我认为,以平等的尊重对待他人,就是从尊重他们作为人的平等价值角度来行动,作为一种独特的人类善,这种平等对待的价值拥有理性能力进行自由的自我决定,但要从充分的理性出发,不仅不能根据错误的判断来选择,而且也不能从习惯、薄弱的意志、零碎的情感、欲望和其他情感性因素来选择。各国政府有义务平等地尊重"人之为人"的根本性地位,而不是将此种义务扩展至人们的所有行为和选择。从这个角度来看,尊重既不等同于关照,也不等同于不干涉。平等地对待人们既不是仅仅关心他们的福祉(在任何意义上都比不上完整的人类繁荣),也不只是简单地避免干涉他们所有与己相关的行为和选择。

---

① 罗纳德·德沃金,"自由平等的基础"(Foundations of Liberal Equality),载《1989年丹纳人文价值讲座》(*1989 Tanner Lectures on Human Values*),犹他大学出版社(University of Utah Press)1989年版,第11卷。

五、德沃金近期对道德家长主义的批判

在其最近的作品中,德沃金努力找到了一个论点,从而用以指责大多数形式的家长主义都是自我摧毁的。① 在构建这个论点时,如果读者要理解德沃金最新的观点和我的回应,就需要注意,他在很大程度上依赖于一个专业术语,对此我必须(在我总结其论点的背景下)加以简要地概括。

德沃金提出了人们可能在两种意义上使用的利益概念,并由此拥有两种不同的利益,分别是"意愿性利益"(volitional interest)和"反省性利益"(critical interest)。当一个人的愿望(在欲望而非缺陷的意义上)得到满足时,他的意愿性福祉就会得到改善;而一个人只有拥有或实现那些想要的东西,他的反省性福祉才会得到提升。② 在这两种利益的基础上,德沃金区分了两个种类的家长主义:"意愿式家长主义"使用强制手段来帮助人们"实现他们想要实现的东西",而"反省式家长主义"则使用强制手段来"为人们提

---

① 罗纳德·德沃金,"自由共同体"(Liberal Community),载《加州法律评论》(California Law Review),1989年,第77卷,第479—504页;以及,同上,"自由平等的基础"。

② "自由共同体",第484—485页。

供比他们自己现在认为的还要好的生活"。① 作为意愿式家长主义的一个例子,德沃金引用了安全带法(seat-belt law),他坚持认为这是设计用来强迫人们获得国家认为他们想要的东西——即发生事故时对身体进行保护。② 一个反对自愿性鸡奸的法律大概就是一个批判家长主义的范例。

德沃金提出的另一个区分是关于什么是美好生活的两种观点。一种他称为"添加性的生活"。这种观点认为各种"事件、经验、社会联系和成就"具有独立的价值,而这些成就了个人的生活,同时也形成了个人对其生活是否有价值的判断(这是一种肯定性的判断,被德沃金称之为一种"认可")。③ 关于美好生活的对立观点,德沃金称其为"构成性的"。它拒绝如下这种观点,即认可是一种附加性价值,它可以作为一种主观价值的收益,而凌驾于生活中可能固有的任何客观价值之上。构成性观点认为,"离开了认可,生活中的任何一部分内容都将会失去意义"。④

德沃金也勾勒出了两种伦理模式。他的"作用模式"(model of impact)认为,"生命的伦理价值完全取决于其对

---

① "自由共同体",第484页。
② "自由平等的基础",第77页。
③ "自由共同体",第485页。
④ 同上文,第486页(着重符号由笔者所加)。

世界其他方面所产生的后果的价值,同时也依靠这些价值来衡量";而他的"挑战模式"(model of challange)则认为,"事件、成就和经验即使没有影响到生活之外的东西,也仍然具有伦理价值"。①

德沃金赞同伦理的"挑战模式"和对有价值的生活的"构成性观点"。从挑战模式的标准以及构成性观点来看,他认为很多(如果不是绝大多数)反省式家长主义是自我挫败的,因为它试图强迫人们以某种方式生活,而生活如果未经认可,那么就没有人类价值。德沃金确实在他所认为的批判家长主义中区分了四种不同的形式:"粗暴式家长主义"(crude paternalism)、"认同性家长主义"(endorsed paternalism)、"替代性家长主义"(substitute paternalism)以及"概念性家长主义"(conceptual paternalism)。

根据德沃金的说法,"粗暴式家长主义"试图简单地通过强迫一个人"做一些他认为毫无价值的行为"来"改善"他的生活,而这种家长主义是绝对不允许的。②"认同性家长主义"试图强迫一个人做他目前并不重视的行为,但是该行为最终会导致或有助于他"转而"相信它具有价值(即表示"认同"),这种家长主义有时候是允许的。依德沃金之见,

---

① "自由平等的基础",第55、57页。
② 同上文,第78页。

"如果家长主义足够的短暂和有限,尤其是当认可永不出现时将会严重地限制选择,此种情形下随后的认可便能补救缺乏认可的原始缺陷"。①

替代性家长主义"并不是通过指出其所禁止的内容的坏处,而是指出它所能提供的替代生活的积极价值",来证成这些禁止。② 德沃金通过他所选择的例子(一个具有坚定信念使自己进入宗教秩序的人,被施以强制手段转向了其政治生涯)来说明,替代性家长主义不仅可以用来试着强迫人们喜欢美好事物而不是糟糕的或无价值的事物,还可以(通过设置一些美好事物等级的家长式机构)用于试图强迫人们喜欢更好的事物而非不那么好的事物。总而言之,德沃金拒绝接受替代性家长主义。

最后,还有"概念性或文化性家长主义",它不是依靠刑法的强制力,而是依靠"教育性的手段与决策可以将糟糕的选择从人们的观点与想象中移除"。③ 文化性家长主义的主要影响似乎体现在了未来世代的身上,他们在下面这样的一种文化氛围中成长起来,即"人们集体筛选出糟糕的或颓

---

① "自由平等的基础",第78页。我在这段引文中所提供的"不是",似乎是迫于德沃金论证的清晰性所强加的。我所得出的结论是,它在文本中的省略完全是在准备或印刷文本时出现的一个错误。
② 同上文,第79页。
③ 同上文,第83页。

废的生活,从而使每个人的决定都来自于一个有意限制的目录"。① 只有当正义的利益得到实现时(比如从文化目录中消除种族主义),德沃金才会诉诸于文化家长主义,否则就会拒绝这种家长主义,因为它允许其他人事先"缩小、简化及删改"对一个人生活的"挑战"。②

德沃金所提出的反对家长主义论点的最新版本,就其复杂性和对一种专业术语的精细结构的依赖而言,并没有很好地显示一个聚焦于辩论的中心问题。尽管我会质疑德沃金的很多假设、论点和结论,让我在这里从四个方面说明德沃金的论点无法反驳一种完善的道德家长主义理论。

首先,为了反对道德家长主义,德沃金所提出的并不是更好的、更精细微妙的例子,就此来说他时常会犯一些错误。例如,与德沃金的作用模式相反,对于(某些形式的)道德家长主义来说,它并不是反道德家长主义论点的必要元素——事实上,菲尼斯明确拒绝这样一点,即对他人的影响是衡量有价值生活的唯一标准。菲尼斯发现当道德家长主义促进了那些受到家长主义法律约束的人(无论是个体还是作为共同善的参与者)的繁荣,它便是能够站得住脚的。

---

① "自由平等的基础",第84页。
② 同上。

再举一个例子,德沃金认为(一些?许多?)道德家长主义者会有一些有关最佳可能生活的超然性观念,他们认为人们应该遵从这些观念。① 恰恰相反,道德家长主义的当代精致捍卫者认识到人类善的多样性,以及在不同的美好生活中可能出现的无数种可能的善的实例。引领当代自然法的理论家,诸如菲尼斯,拒绝了亚里士多德式有关人类生活的单一至高或至善形式的观点。

其次,德沃金认为,离开了认可的话,人类生活的组成内容将失去价值。应用到基本人类善的这一命题将失去意义。基本人类善是人类福祉的内在方面;因此,它们为选择和行动提供了终局性理由。无论它们自身还是其价值都不能被简单地化约为欲望的满足(欲望可以激励行动,但无法构成行动的理由)。对于人们参与或实现基本人类善的普遍满足,在某种意义上构成了其完善的部分内容,因此也被追求这些善的人们恰当地渴盼。尽管如此,即便欲望的满足并不附随着它的实现,基本善仍然是人类福祉的内在方面,并且也是行动理由。而且,即使人们(有时是我们所有人)偏离了对它们价值的全面珍视,它们仍然是善和理由。

一旦我们在基本人类善和欲望满足之间作出区分,并

---

① "自由平等的基础",第84页。

且认识到即便一个人并未重视某些东西但它对该人而言仍然是有价值的。但显而易见的一点是，诸如生命和健康等实质性的善，无论一个特定的人在选择或采取行动反对这些善时所可能经历和屈服的任何无价值感，这些善都具有内在的人类价值。同样地，知识也是一种内在善，即使是对那些可能激烈辩论这个命题的最公然的反知识分子来说也是如此。应该强调的是，一个人自己对一种基本善的珍视，就像通常附随于他参与的那种善中得到的满足一样，是那种善的完美的一部分，但这种珍视的缺失并没有剥夺其价值之善。在反思性的善的情形中，例如宗教，认可（用德沃金的话来说）是基本善所固有的内容；认可的缺点并不会剥夺明显的宗教行为和价值选择作为宗教行为和选择，即并不会阻止它们成为宗教行为和选择。①

再次，德沃金的进路依赖于一个可疑的描述性判断，即在那些道德立法最通常涉及的领域，人们出于（何种东西对自己有价值的）深刻和坚定信念采取行动。可能同性恋是

---

① 德沃金假想的对手(straw men)之一是一个所谓的道德家长主义者，他承认，"如果被迫接受祈祷，那么人们的生活将会变得更好，因为在那种情况下，即使他们是无神论者，他们也许会更多地讨好上帝，从而给自己的生活带来更好的影响"。（"自由平等的基础"，第78页）很难想象上帝会愚蠢到被这种佯装的祈祷所欺骗或取悦，也很难想象一个现代人会愚蠢到相信天底下存在这样的上帝。

个(甚至有问题的和部分的)例外,但这并不是普遍的情况。更多的时候,我认为,使用色情作品、光顾妓女、从事吸毒的人,这么做并不是抱持一个根深蒂固的信念,即相信这些活动对他们的人类繁荣而言是有价值的。相反,他们是出于情绪感染、期待满足零碎的欲望以及习惯等所吸引从事某行为或长期维持某行为。即使他们对这种行为持赞成态度(而不仅仅从事这种行为,尽管他们认识到这是不道德的、恶毒的,而且终究对他们自己是有害的),他们的观点也不太可能是反思性的或具有坚定信念的。

因此,当德沃金在提出其反对大多数形式的家长主义的最新理由时,他指出我们不能强迫一个人在有违其最深刻的道德信仰的环境下生活,从而在根本上改善这个人的生活。德沃金主张,强迫同意几乎很难适用于明智的道德家长主义者试图阻止的大部分行为。正如克里斯托弗·沃尔夫所建议的,对于道德家长主义的典型实践,需要提出的更为恰当的问题是,人们是否能够通过"强迫一个人生活在一种与其矛盾的或非反思性的观点相悖的环境下或者有违其强大激情的环境下",来从根本上改善他的生活。①

---

① 克里斯托弗·沃尔夫,"德沃金论自由主义与家长主义"(Dworkin on Liberalism and Paternalism),该文曾提交于1991年美国公共哲学研究院年会论文集(未发表),第21页。

最后，德沃金随后采纳的基本概念"认同性家长主义"似乎具有相当大的潜力，可以作为各种家长主义式法律的依据，这些法律植根于如下这样一种判断中，即认为被禁止的活动不仅在道德上是错误的，而且也是足够诱人的，此外还习惯性地破坏一个实践者指导自己在这种活动中的实践合理性能力。如果家长主义式法律的劝告可以强有力地抑制人们从事此类活动，并且如果一段时期对该活动的禁止削弱了强有力的习惯、情感驱动等易于让个人堕落的活动，那么法律似乎可以服务于一个有价值的目的。它最终会帮助个人针对不道德行为作出自我建构性（self-constituting）的选择，即使他最初不为败德之举仅仅是出于对法律的尊重或对其制裁的恐惧。

如果（随后采纳的）"认同性家长主义"能够以这种方式发挥作用，那么将很难看出对德沃金的那个附条件的证成，即"认同性家长主义的推行，必须是'足够短暂的'，以便获得正当性"。如果转换时间较短或较长，则要使用相同的技术，并且要满足人们同样的受法律辅助的重要利益。沃尔夫敏锐地指出，即使一个人同时接受德沃金的"认同性家长主义"概念和它的附加条件（其实践要"足够的短暂"），那么这个人的下述判断便是有意义的，即多快认同才算得上是足够的快，取决于每种情形中的几个变量：

考虑我们不确定是否会得到认同,然而对家长主义式行动的证成与所获得的(最终认同的)利益的重要性以及最终认同的可能性成正比;而与认同之前的时间长短、强制的深度、短期成本及机会的大小成反比。①

然而,在德沃金的标准如此多变地适用的情况下,而与此同时其他条件并不改变,来自于针对核心道德问题的家长主义式法律的潜在利益的重要意义,在于它会使得那些逐渐发挥作用的家长主义式法律获得正当性。后来的这种认同,相较于为针对或多或少琐碎问题(就像父母强迫孩子练习钢琴)实施家长主义提供一个狭窄根据,它能为针对重要道德问题实施家长主义提供一个更加广泛的理由。②

六、结论

德沃金积极尝试从"平等地关照和尊重"的原则中推导出"道德独立"的权利,这一努力尽管在各个方面都具有启发性,但它已经失败了。既已正确地指出了一些法律用以反色情的方式,比如说,通过帮助维护社区的道德环境来服

---

① 克里斯托弗·沃尔夫,"德沃金论自由主义与家长主义",第23—24页。
② "自由平等的基础",第78—79页。

务于共同善时,他未能表明这样的法律必然不那么关照和尊重那些受其限制的人(这些人偏爱的行为往往是不道德的,并且得不到法律的支持)。他为反对这种家长主义式法律所提出的论点,尽管很复杂,但却没能吸引精明的道德家长主义支持者提出强有力的论据。因此,尽管道德性法明显就是家长主义式法律,但是他的论点几乎没有对这些法的道德效力提出质疑。

尽管像罗纳德·德沃金这样娴熟的辩论者所做的这般努力,道德性法还是不能在原则上表现出违反了平等的基本权利,那么它们是否可能因为其他原因而出现错误?不同派别的自由主义者都普遍认为,道德性法侵犯了自由权或个人自主的基本权利。在转向第五章的主张之前,让我们考虑一下杰里米·沃尔德伦关于道德性法是否在原则上是错误的观点,一种对"权利"功能的有意义理解要求我们认识到,人们有时候拥有一种"在道德上做错事的道德权利"。

第四章　认真对待权利:沃尔德伦论"做错事的权利"

一、对与错

在与亚伯拉罕·林肯(Abraham Lincoln)的那场著名争论中,史蒂芬·道格拉斯(Stephen Douglas)将蓄奴是对或错的问题与共同体是否享有权利决定应否允许蓄奴的问题区分开来。至于蓄奴的道德性,道格拉斯坚决地拒绝表明这样做到底是对还是错。他坚持认为,奴隶制在道德上的对或错与各州或联邦地区的大部分人在其管辖权范围内是否享有蓄奴的权利这一问题是完全无关的。他继续指出,那个权利来自于政治道德的一个基本原则,他将这个原则称为"人民主权"。根据该原则,不同共同体中的人们享有权利通过民主政治过程确定调整自身社会关系的条款,从而掌握他们共同的命运。道格拉斯坚持认为即使在那些道德和正义的基本问题处于危急状态的地方,大多数人仍享有决定这些条款内容的道德权利。道格拉斯由此总结道,尽管人们声称蓄奴是不道德的,但是各州和地区仍有权允许这种行为。

最后,道格拉斯公开表示,自己并不关心当地社会是决定许可还是禁止蓄奴。为了回应这个观点,林肯发表了他的著名反击:

道格拉斯法官说自己"并不在乎人们对奴隶制投赞成票还是反对票"……但是他不能由此合理地认为,如果自己发现其中有任何不对之处,便不能说自己很快就会看到投赞成票或反对票的错误。当道格拉斯法官说任何人或者任何社会共同体想要拥有奴隶时,他们就享有一项蓄奴的权利,如果这种制度中不存在什么错误的话,那么道格拉斯的主张在逻辑上便是完全自洽的;但是如果你承认它是错误的,那么道格拉斯就无法再合乎逻辑地主张任何人都享有做错事的权利。①

林肯对某人能享有做错事的权利这个主张的反对在于它具有不合逻辑性。他声称,道格拉斯在下面这两个观点中隐含着自相矛盾:(1)奴隶制是错误的,(2)共同体有权去构建或维持蓄奴的制度。林肯坚持认为,"奴隶制是错误的"这个观点包含了对如下主张的否定,即共同体有权选择适宜于自己的蓄奴制度。

显而易见,林肯和道格拉斯之间的争论和道德上的对与错是有关的。林肯并不认为,某人能够享有一项做道德上错误之事的法律权利这个主张,存在任何不合逻辑之处。在这场争论的初期,尽管林肯和许多美国人都认为蓄奴在道德上是错误的,但他仍然宣称美国许多地方的白人在法律上有权将某些黑人蓄为奴隶。实际上——从林肯臭名昭著的观点看——这片土地的至高法律授予了那些在法律上有权蓄奴的人们某些额外的法律权利,让他们以此来管理

---

① 罗伊·巴斯勒(Roy P. Basler)编,《亚伯拉罕·林肯文集》(*The Collected Works of Abraham Lincoln*),罗格斯大学出版社(Rutgers University Press)1953年版,第256—257页;援引自哈德利·阿克斯,《首要之事:对道德和正义首要原则的探究》(*First Things: An Inquiry into the First Principles of Morals and Justice*),普林斯顿大学出版社(Princeton University Press)1986年版,第24页。

和保护自己的财产。①

当然,就人们能够享有做某些道德错事的道德权利这个主张不合逻辑而言,在英语世界中林肯既不是第一个也不是最后一个提出这一观点的道德家。比如,18 世纪晚期的功利主义家威廉·戈德温(William Godwin)断然声明,"没有比认为存在做错事的权利更荒唐的主张了"。② 在我们的时代,戈德温以及其他思想家们之间的观点彼此都不一样,正如康德政治理论家哈德利·阿克斯和休谟分析哲学家约翰·麦基(John Mackie)所辩护的那样,对于道德权利的解释很显然并没有为做道德上错事的权利留下任何合理的空间。③

然而,如今许多人相信,存在某些不道德的行为,并且人们享有一项道德权利去从事这些行为。当然,今天几乎

---

① 《美国宪法》第四条第二款规定:"凡根据一州之法律应在该州服兵役或服劳役者,逃往另一州时,不得根据逃往州的任何法律或规章解除该兵役或劳役,而应依照有权得到劳役或劳动的当事人的要求,将其交出。"直到 1865 年 12 月 6 日第十三修正案(废除奴隶制和强制劳役,唯用于业经定罪的罪犯作为惩罚者不在此限)获得批准,该条款才失效。

② 威廉·戈德温、柯德尔·卡特(K. Codell Carter)编,《关于政治正义的探究》(*Enquiry Concerning Political Justice*),牛津大学出版社 1971 年版,第 88 页;援引自杰里米·沃尔德伦:"做错事的权利"(A Right to Do Wrong),载《伦理学》(*Ethics*),1981 年,第 92 卷,第 23 页。

③ 阿尔克斯:《首要之事:对道德和正义首要原则的探究》,特别是第 2 章;约翰·麦基:"存在一种以权利为基础的道德理论吗?"(Can There Be a Right-based Moral Theory?),载《中西部哲学研究》(*Midwest Studies in Philosophy*),1987 年,第 3 卷,第 350—359 页。

没有人会在奴隶制的情形下再为做错事的道德权利做辩护了。然而,设想一下堕胎的例子。很显然,很多公开提倡堕胎合法化的美国人却相信大多数堕胎在道德上是错误的。事实上,似乎有相当大比例的一部分人,他们相信女人在怀孕的任何时候都享有堕胎权,他们也认为大多数堕胎与谋杀在道德上并不存在区别。① 无疑,比起相信有权进行谋杀,再也找不到比这更精美的关于存在做道德上错事之道德权利的例子了。

1984年,纽约州州长马里奥·科莫(Mario Cuomo)在堕胎的例子中为假定的有做道德错事的道德权利提供了一个正式的辩护。在圣母大学发表的一场广为人知的演讲中,科莫表明了自己的信念:在大多数情形下,堕胎是极其不道德的。然而,他认为这个信念与他如下另一个信念是完全一致的,即在一个信仰多元和多样的社会中,作为个体的孕妇在道德上有权自己决定是否堕胎。②

科莫并没有为自己关于堕胎权的信念提供详实的辩

---

① 比如,沃斯林(Wirthlin Group)最近进行的一次全国民调显示,45%的受访者赞同"堕胎是谋杀"的提议,与此同时46%的人同意"堕胎不是谋杀"的提议。在那些赞同前种提议的人中,有9%的人还表示他们认为在怀孕期间的任何一个时间节点,法律都不应对堕胎加以限制。

② 州长的讲话已以题为"宗教信仰和公共道德:一个天主教州长的视角"(Religious Belief and Public Morality: A Catholic Governor's Perspective)得以发表,载《圣母院法律、道德和公共政策杂志》(*Notre Dame Journal of law, Ethics and Public Policy*),1984年,第1卷,第13—31页。

护；他所简单讨论的只是一个复杂地建构起来的论点，它包括堕胎规制面临的种种实践困难，诸如在缺乏关于堕胎具有错误性的社会共识的情况下实施限制堕胎的法律所面临的难题。然而，根据对其评论所做的合理解释，科莫将从类似于乔尔·范伯格称之为"个人主权"的政治道德原则中推导出在堕胎情形下存在做错事的权利。① 在科莫的判断中，堕胎权是一项更普遍的权利（人们根据自己的良知规划生活，尤其是有权决定在自己的身体上和身体内发生什么事情）的一种具体实例。

很多当代的哲学家，不管在堕胎这个特定问题上是否与科莫的观点一致，他们都赞同州长的下述观点，即人们享有做道德上错事的道德权利。正如我们所看到的，比如罗纳德·德沃金，为一项阅读色情作品的假定性道德权利进行了辩护，他坚称，即便是对色情作品的制作、传播和使用在道德上是错误的，这项权利仍然是有效的。② 约瑟夫·拉

---

① 在《伤害自己》(*Harm to Self*)一书中（牛津大学出版社1986年版，这是"刑法的道德界限"四卷本系列中的第三本），乔尔·范伯格对"自由主义的立场"进行了辩护，这种辩护部分地建立在如下这个命题的基础之上，即"个人主权"几乎总是能够压过那些支持将不道德行为（其并不会直接伤害或不当地冒犯那些未加同意的其他任何人）入罪的理由。

② 参见：罗纳德·德沃金，"我们享有欣赏色情作品的权利吗？"，收录于《原则问题》一书。回想一下，按照德沃金的说法，欣赏色情的权利可以从一种更具一般性的道德独立的权利中衍生出来，而这种权利反过来又可以从一种更具一般性的公民权利（即要求政府给予平等的关照和尊重）中推导而出。

兹(根据我对他的理解)虽然并没有引用此类权利的一个具体实例,但是他指出,"表明某人有权利实施某种特定的行动,就是表明即使该行为是错误的,他仍然有权实施这个行为"。① 此外,杰里米·沃尔德伦在1981年发表的一篇特别精彩的论文中,为了回击不合逻辑或不融贯的指控,他为存在做道德上错事的道德权利进行了正式的辩护。他极力地争辩,任何正确地理解道德权利之功能(认为道德权利能够保护人类重要决定领域中的个体选择)的人,都必须承认错误行为和正确行为与中性的行为一样都能够成为道德权利的主体。②

值得注意的是,当代那些为存在做道德上错事的假定性道德权利进行辩护的人,通常并不将错事限定在他们相

---

① 约瑟夫·拉兹,《法律的权威:法律与道德论文集》(*The Authority of Law: Essays on Law and Morality*),牛津大学出版社1979年版,第274页。
② 沃尔德伦,"做错事的权利",第37页。《伦理学》也发表了威廉·盖尔斯敦对沃尔德伦的一个简短回应,"论所谓做错事的权利——对沃尔德伦的回应"(On the Alleged Right to Do Wrong: A Response to Waldron),载《伦理学》,1983年,第93卷,第320—324页。虽然我基本上对盖尔斯敦的立场持同情式的理解,但我认为他有点过于草率地以逻辑理由打发了沃尔德伦的主张,并且没有认识到一个虽然很弱但有意义的观点,它认为人们所享有的道德上做错事的道德权利与下述主张可能是一体两面的,即要求他人(比如政府)负有一种独立且基本的不去干涉这里所讨论的败德行为。我认为盖尔斯敦并没有充分注意到沃尔德伦对于做错事的权利所做的那种解释,即将其解释为一种人们不能干涉他人所为的败德行为。

第四章　认真对待权利:沃尔德伦论"做错事的权利"

信人们拥有道德权利做"与自己相关的"或"无害于他人的"这类错事上。以科莫为例,他可能会认为堕胎在道德上是错误的,因为这种行为是在杀害胎儿。而德沃金明确承认,在法律上承认一个人有享受色情作品的道德权利,很可能损害他人正当的和重要的利益。① 此外,他们并不认为那些支持存在做错事权利这种观念的论点,只会说服那些赞同某些版本的密尔伤害原则的人。因此,比如说沃尔德伦,在他的文章中就以七个做错事权利的具体例子来开启讨论,其中至少有六个例子明显包含了"与他人相关"的道德错事。②

对于做道德上错事的道德权利这一概念,如何评价支持者和反对者的观点? 正如林肯所言,对于这种权利的坚持是否是不合逻辑的? 或者正如沃尔德伦所提出的,做道德上错事的行动能够成为道德权利的对象(这种主张实际上包含了一种对权利功能的正确理解,即在某些重要的决

---

① 参见《原则问题》,第349页。
② 沃尔德伦,"做错事的权利",第21页。有六种涉及与他人相关的做错事的情形:(1)买彩票中了一笔大奖,过上奢华的生活之后拒绝帮助那些需要帮助的人;(2)加入或支持种族主义政治组织;(3)故意迷惑一个头脑简单的选民,从而试图影响他的投票;(4)一个运动员与来自种族主义国家的参赛者进行比赛,并且由此有意地削弱那些为这个国家的解放而斗争的士气;(5)反战主义者于荣军纪念日在纪念仪式附近组织了一场嘈杂的游行;(6)一个人拒绝陌生人在大街上对话的请求,或者冷漠地回绝火车上陌生人的对话请求。

定领域能够保护个人选择)吗?

115　　不同于最严格的林肯式主张,我将说明在某种意义上人们能够毫无逻辑矛盾地讨论一种个体所享有的不被禁止或干预的从事某种行为的道德权利,而人们在道德上有义务不去从事这类行为。然而,与沃尔德伦式的主张也不同,我将说明在某种意义上这些作为政治道德而存在的权利的意义是非常弱的。我将主张,这些权利并不是政府不干预某些不道德选择的理由;相反,它们只是作为政府不干预的义务的"影子"而存在,这些义务自身并不是以个体有权利采取不道德行动为基础的。此外,我还将说明,那些主张"认真对待权利"的人不需要在任何更强的意义上相信存在做道德上错事的道德权利。我将主张,那些否认道德错误的行动能够成为强道德权利之对象的人,可能仍然能对道德权利之功能持有一种健全的观念,即道德权利能保护个体在涉及个人选择的重要领域中慎重地考虑以及决定该如何行事。最终,我将表明,人们能够否认存在做道德错事的强道德权利,但同时承认可能存在具有说服力的理由以使法律容忍某些不道德的行为,或保护个体免于强制性的私人(如非政府组织)限制从而可以从事某些不正义或其他不道德的行为。换言之,人们可能会同意阿奎那的观点，①即无须假定存在着某些道德错事，并且人们在道德上享有从事此类行为的权利，便可直接主张法律不应禁止每一种道德错事。

二、"权利"与不干涉做道德错事之义务的基础

正如沃尔德伦所公开承认的，声称人们能够享有做错事的道德权利听起来好像自相矛盾或含糊其辞。然而他认为，这种自相矛盾或含糊其辞仅仅是表面的，并且是由下面这两个主张结合而成的：

（1）P 有做 A 的道德权利

以及

（2）P 做 A 在道德上是错误的

所结合而成的主张并非不符合逻辑，但确实展现出了一个单一融贯的主张，这个主张对逻辑上严谨的人开放，该人主要从道德的立场出发做判断。② 沃尔德伦指出：(1)包含了：

---

① 回想一下，在《神学大全》第1集，第2卷，第95问，第2条中，阿奎那的结论是，人类法并不禁止所有那些为有德之人尽力避免的恶行，"而通常只是禁止一些为大多数人所尽力避免的较为严重的恶行，尤其是主要禁止那些对他人有害的恶行，如果不对这些恶行加以禁止社会将难以为继"。

② 沃尔德伦，"做错事的权利"，第22页。

(3) 某人干涉 P 做 A 在道德上是错误的。

因此,我们当中的林肯式主张可能会受诱导错误地得出如下这一结论,即(2)包含了：

(4) 某人干涉 P 做 A 在道德上是可允许的。

然而,问题的真相在于,(2)并不包含(4);由此(2)和(3)之间并不存在逻辑上的不相容之处。

沃尔德伦从这个分析中得出结论,认为我们能够合乎逻辑地说,在某人干涉他人做道德错事的行动属于一种道德错误的情形下,人们拥有一种做道德错事的道德权利。比如说,如果法律禁止堕胎在道德上是不被允许的,那么我们可以有意义地讨论人们的道德权利,即纵使堕胎行为在道德上是错的,法律仍然不应禁止人们从事这种行为。又或者说,如果联邦政府在那些承认奴隶制的州及其辖区内废除奴隶制的做法在道德上是不允许的,那么即便是奴隶制在道德上是错误的,我们仍然可以论及那些共同体所享有的一种允许蓄奴的道德权利。

当然,支持任何做错事的假定性道德权利的人,都需要为下述主张提供一些理由,即法律禁止上述不道德行为或废止上述不道德制度在道德上是不被允许的。并且时至今日,这个权利的理由是在道德上不允许禁止不道德行为或废除不道德制度,它将不会果敢地把从事此类行为或维持此种制度的道德权利当作是这种道德禁止的理由。否则的话,那种对做错事的强道德权利的证成必将陷入一种严重的恶性循环。政府禁止某种不道德行为或废除某种不道德制度的做法在道德上是不允许的,这个事实使我们没有理由认为在那种行为或制度的情形下,存在一种强意义上的做错事的权利,并且这种权利本身就是"禁止那种行动或废除那个制度是错误的"这个结论的前提。

在这里暂停一会儿,思考一下为什么(2)不包含(4)可能是很有益的。我认为,这个问题的答案在于当一个行为的错误(比如它的不公正性)可能为干涉某人从那类行为提供理由(也就是一个潜在的合理动机)时,人们可能同时拥有不去干涉的竞争性理由。在特殊的情形下,它们中的一个或多个可能在道德上具有决定性的意义;这些理由将会击溃一个人干涉他人行为的理由。一个人享有不干涉他人采取某种行动(不管这种行动是不公正的甚至是不道德的)的道德上的决定性理由,那么干涉这种行动在道德上就是不允许的。

一个人可能持有什么类型的理由不去干涉他人采取一个不道德的行动?尝试干涉可能阻止某人履行一项更加具有不可推卸性的义务。或者这个尝试可能是弄巧成拙或甚至是适得其反的类型。将干涉或不公平地将某些第三方置于严重的伤害危险之中可能是不理智的。在政府做出干涉举动的地方，这些努力可能引诱警察、检察官以及法官腐败。或者它可能会以某种其他方式损害共同善：比如，通过危险地扩大政府的权力，从而将高贵的自由置于危险的境地；或者，在某些情形下，通过鼓励过度的因循守旧，进而导致人们奴性地和盲目地服从权威。

因此，沃尔德伦有充分的理由主张"P 做 A 在道德上是错误的"与主张"在道德上不允许干涉 P 做 A"二者在逻辑上是相容的，我认为这么说是公允的。然而，他已经为做道德上错事的道德权利这一观念确立了逻辑上的一致性了吗？

威廉·盖尔斯敦坚持认为他并没有做到这一点。根据盖尔斯敦的观点，正如我到目前为止所看到的那样，沃尔德伦的论点"完全是不确定的，因为它太过泛化"。盖尔斯敦注意到：

> 对于错事的每一种情形而言——不仅仅是那些被宣称应由权利来加以保护的事项——干涉的许可性问题必然会出现。比如说，即使只能通过一种严厉的格杀勿论政策来平息频繁爆发的抢劫现象，然而采用这样的政策是否恰当远远是一个不够明确的问题。但是

第四章 认真对待权利:沃尔德伦论"做错事的权利"

我们对许可性的疑虑显然并不是源自如下任何质疑,即抢劫者是否有权利做他们所做的任何事情。①

盖尔斯敦的观点是合理的。一个行为是对还是错的问题,以及政府(或者,从另一个角度来说,一些私人团体)干涉某人的行为是对或错的问题,始终是两个有区别的问题。说明政府(比如说)有时候拥有强有力的理由不去干涉某人从事不道德之举,并没有办法证明在任何强烈且有趣的意义上,做错事之人有权采取那种在道德上被认为属于错误的行为。在某种强烈而又有趣的意义上,确立一种做错事的权利,就有必要说明不干涉的强有力理由恰恰正是做错事之人所享有的做错事的权利。

正如盖尔斯敦所提出的,沃尔德伦的观点可以分为两部分:正如主张"P 做 A 是错误的"在逻辑上与主张"干涉 P 做 A 是错误的"可以相容那样,因此后一个主张在逻辑上与"P 没有做 A 的权利"这个主张也是相容的,对于并不存在一种权利可以使干涉 P 做 A 成为错误,就更不必多说了。

值得注意的是,沃尔德伦将做错事的权利视为一种对抗干涉他人在做错事的权利。尽管他将其限定在"做"错事

---

① 威廉·盖尔斯敦,"论所谓做错事的权利——对沃尔德伦的回应",第321页。

的权利上,但他仍然能够连贯地为下述这种假定性权利作辩护,即其他人(比如政府)不干涉一个人做错事的权利。那么,在沃尔德伦的权利观中,做错事的权利当然不属于霍菲尔德(Hohfeld)所称的"特权"(privilege),也不是霍菲尔德的追随者所称的"自由"(liberty)或"自由权"(liberty right)。① 我们至多只能说,并且对于盖尔斯敦所设想的抢劫者说起来似乎也很奇怪,即人们有时候享有霍菲尔德式的"主张权",也就是享有他人(比如政府)不得干预自己从事道德上错误之事的权利。

我们习惯于把权利视为一个个体与一个对象或行为描述之间的关联项关系。因此,比如说,我们可以谈论"言论自由权""信仰自由""隐私权"和"财产权"。然而,在霍菲尔德的框架下,我们能将所有权利主张转化为个体、行为描述和第三者之间的关系。在霍菲尔德的术语中,权利主张能够被毫无保留地还原为四种权利类型中的一种(或者某些结合),即"主张权""自由""权力"和"豁免"。这里我们不需要关注后两种权利类型,在法律关系的语境中分析权利主张时,它们拥有自身的重要意义。然而,尽管在法律语境中发挥着同样重要的意义,霍菲尔德式的"主张权"和"自

---

① 参见:霍菲尔德(W. N. Hohfeld),《基本法律概念》(*Fundamental Legal Conceptions*),耶鲁大学出版社 1919 年版。

由权"概念在分析道德权利的主张方面也能发挥同样重要的作用。

P 对 X 做(或阻止做) A 有一个主张权,当且仅当 X 对 P 负有一项做(或阻止做) A 的义务。

X 有做(或不做) A 的自由权(它与 P 相对),当且仅当 P 无权主张对 X 不应做(或做) A。

主张权与义务是相关联的;自由权与无主张权是相联的。由此我们能够将道德主张权与法律主张权、道德义务与法律义务、道德自由与法律自由区分开来。

严格来讲,一个主张权(不管是道德的还是法律的)不可能成为做(或不做)某事的权利。主张权是要求其他人做(或不做)某事的权利,从而与其他人做(或不做)某事的义务关联起来。比如说,P 能够享有不受 X 干涉做 A 的主张权(道德的或法律的)。这个主张权包含 X 不干涉的义务(道德的或法律的)。相较而言,霍菲尔德式的自由权,是做(或不做)某事的权利。一个人有做(或不做)某事的自由权(道德的或法律的),且这个人没有义务(道德的或法律的)不做它(或没有义务做它)。比如说,X 有干涉 P 做 A 的自由,与此同时 X 并不负有不去干涉的义务;X 享有这样一个自由,而 P 没有权利主张自己可以不受这种干涉。

显而易见的是,在霍菲尔德的术语中,一个人无法享有做某些他有义务不去做的事情的自由权。一个人至多只能享有不受他人(或事实上是任何其他人)干涉做某事的主张权,而他人并不负有这样做的义务。在这种主张权中存在一些逻辑空间,因为"某人做 A"和"他人干涉某人做 A"是两种不同的行为描述,它们中的任何一个都能挑出一组不同的霍菲尔德式的关联项。

同样值得注意的是,特定的霍菲尔德式自由权和主张权可能会获得另一个主张权的支持,也可能不会获得另一个主张权的支持。比如,如果某人拥有做 A 的自由权,那么这个自由权可能会(也可能不会)与要求他人不得干涉自己做 A 这样的主张权发生关联。如果某人享有反对政府干涉自己做 A 的主张权,那么不管该人是否享有做 A 的自由权,其主张权可能会(也可能不会)获得一个进一步的主张权的支持,即主张政府阻止私人干涉自己做 A。即使在某人享有主张权阻止私人干涉自己做 A 的情况下,该人的主张权也可能会(或者可能不会)获得政府阻止私人干涉这种进一步的主张权的支持。

在道德探求和论证中,霍菲尔德式分析的效用在如下这个重要的方面是有限的:霍菲尔德的义务总是对应享有相应主张权的主体;并且,存在着这样一个人,这是无法从道德上错误的行为中推断而出的。霍菲尔德式的分析企图解释所有权利主张；然而，他们并不旨在分析所有道德义务的主张。一个人可能负有（或者据说负有）不做道德上错事的义务；然而一个人不做该行为的（假定性）义务可能并不会（或据说会）成为他人相应地享有要求该人不得从事那一行为的主张权。在霍菲尔德的术语中，这种类型的义务恰恰是无法得到分析的。①

由于我希望使用霍菲尔德的术语来分析做错事的假定性权利主张，因此在本章剩下的篇幅中，我将聚焦于假定性权利的例子，这些例子中包含"涉及他人利益的不道德行为"，这些行为之所以是不道德的，原因在于它们涉及违反了对他人负有的义务，并且侵犯了他人所享有的相应的权利。在霍菲尔德的术语中，人们从来都不可能正当地说某人享有道德自由权做他在道德上有义务不去做的事情。"P享有做 A 的道德自由权"，意味着 P 没有道德义务（对某人或任何其他人）不做 A。"P 负有道德义务（对某人或任何其他人）不做 A"，意味着"P 没有道德自由权做 A"。

然而，与此同时"P 没有道德自由权去做 A"，下面这个有关 X 的道德义务的命题可能是真的："X 负有一项不干涉

---

① 这绝对不是说，通过使用霍菲尔德的术语来分析权利，人们便会含蓄地表达这样一种看法，即所有的道德义务都是"关涉他人的"，或者只有"关涉他人的"行为才有可能违背道德义务，或者不道德性只存在于对他人权利的侵犯中。

P 做 A 的道德义务"。后面这个命题,包含着"P 享有 X 不干涉他做 A 的道德主张权"。

因此,比如说,如果"P 对 F 负有不堕胎的道德义务",那么"P 就没有堕胎的道德自由权"。无论如何,"政府负有不干涉 P 堕胎的道德义务",或许这是事实。如果是这样的话,"P 享有主张政府不干涉其堕胎的权利"。然而,在抢劫者的情形下亦是如此。如果"L 对 M 负有不抢劫其商店的义务",那么"P 则没有自由权去抢劫 M 的商店"。然而,P 所负有的这种义务,在逻辑上与政府负有不干涉 P 抢劫的道德义务是相容的(亦即,任何这么做的努力都可能会与不公正地将生命,包括 P 自己的生命,置于危险之中)。所以,当我们说 P 享有阻止政府不干涉其抢劫的道德主张权,这听起来多少有些奇怪。这种主张权实质是要求政府不得阻止他抢劫的道德义务的一个侧面。

当某人确实没有做某事的道德自由时(因为他处于不做那一行为的道德义务的约束之下),然而有可能的是,政府负有道德义务创造或尊重该人做某种(不道德)行为的法律自由,甚至用一项法律上的主张权进一步支撑这种法律自由,这项主张权要求政府阻止他人干涉该人做此种行为的决定。此外,宪法制定者可能享有道德上强有力的理由去创造一个司法上可执行的法律主张权,亦即主张政府不得干涉该人从事该行为。但是认可做不道德行为(以及创造法律主张权来支撑这种法律自由)的道德理由需要与任何个人做该行为时关心的假定性道德权利撇清关系。

我认为,沃尔德伦想要捍卫的这种假定性权利("做"错事的权利)的框架,更像是霍菲尔德的自由权而不是主张权。然而,如果他将提出的权利当作是一种道德自由,那么便会陷入一个逻辑困境:如果 A 在道德上是错误的,那么 P 负有不做 A 的道德义务;但是如果 P 负有不做 A 的道德义务,那么从逻辑上来讲 P 可能无法享有做 A 的道德自由权。尽管我们必须回想,沃尔德伦将假定性道德权利想象为一种干涉他人做道德错事的权利。如此一来,他并非主张某人可以享有霍菲尔德自由权意义下的做错事的权利。他的主张可能更温和一些,某人可以享有一种霍菲尔德式主张权,要求政府(或任何其他人)不得干涉其决定做某种不道德行为的选择。这样的主张是存在逻辑空间的;虽然比起某人可以享有做道德错事的道德自由权这种明显逻辑不连贯的主张,该主张显得更加的温和,但这并不意味着沃尔德伦的例子就没有破绽。他想确立的是这样一个观点,即这种权利并不是一个弱权利——一个仅仅是政府所负义务的影子,它构成了权利的基础——相反而是一个强权利,意思是说它能够构成义务的理由。

三、认真对待权利：道德权利与人类重要的选择

沃尔德伦认为，人们所宣称的做道德错事的道德权利，为"不干涉个体决定采取某种不道德行动提供了特殊的理由"。换言之，他想要主张，在某些情形下，政府不得干涉人们从事不道德行为的义务，来源于或创设于做错事的人不被干涉的权利。在这些情形中，即使不存在其他不干涉的理由，政府仍然可能不会干涉。这个权利本身即构成了不干涉的理由——通常至少是道德上的理由。一个权利自身即是不干涉的理由，且不仅仅是独立的（政府性或非政府性）义务的影子，而这正是我所说的强权利。

正如我所理解的，沃尔德伦想要主张的是，人们享有道德权利（比如）加入纳粹党或者传播关于他人的错误性及有害性的（尽管并不具有致命性）报道，而不必说在政府具有强道德理由（也就是道德义务）企图不阻止抢劫者抢劫的情形下，抢劫者享有抢劫的道德权利。他想主张，比如政府负有道德义务不禁止人们参加纳粹党或者散布谣言，原因在于人们享有道德权利做这些事情，而不管做这些事情是否是不道德的。

他所提出的主张是，通过在道德理论中对一种有关权

利功能的特定理解所做的辩护,以及通过对由此所理解的权利的一般性给予的特别关照,共同确立的强权利就是此处所论及的做错事的假定性权利。他认为,诸如加入纳粹党这样的权利,或者散布关于他人并不具有致命性谣言的权利,是更具一般性的权利(亦即政治结社或言论自由权)的一个具体实例。他说,"我们可以将特殊的权利描述(即加入纳粹党或散布谣言的权利)设想为由一般性权利描述所代表的权利束(如被称为政治结社自由或言论自由的特定权利束)"。① 随后,他将权利概念发展为在生活的重要领域对个体选择的保护:

> 如今,更概括地审视这里是如何进行证成的,对于理解做错事的权利这个概念是相当重要的。正如我们所看到的,一项主张权的边界体现在如下这样一种观点上,即对权利享有者所选择的行动进行干涉是错误的。所以当一项一般性权利存在争议的时候,我们所辩护或争辩的是,在一定范围内所做的选择是不受干涉的。反过来,这一主张通常是基于所涉范围内的选择所具有的重要意义得以辩护的,而这一选择涉及此

---

① "做错事的权利",第34页。

人重要的生活领域。在一个权利理论所关注的行动范围内,个人选择被视为保持人格完整性的关键所在。在某种意义上,在这些领域做决定,就是决定自己想成为怎样的人。存在着一些类型的选择,一些要做出决定的关键领域,对于人格完整性和自我建构而言具有相当重要的意义。根据以上这些讨论,我们很容易看到,我们为什么不能排除个人享有做某些道德错事的权利。①

124　然而,我认为这些考虑让人们"很难看到",人们在一种强意义上能够拥有做道德上错事的道德权利。人格完整性和自我建构这两种人类善依赖于是否有重要的机会做出实践衡量、判断以及选择,尽管这一主张看似是有道德的,但仍然不清楚的是,这些善取决于是否依赖于特定的不道德选择的有效性,而这些选择又不受政府或其他主体的干涉,因为它们关心的是对人们具有重要意义的事情。

　　当然,没人基于种族、血统或者宗教等考虑,主张任何人都不享有杀害他人的道德权利。这是因为以此为基础选择杀人对于人格完整性和自我建构是不重要的吗?如

---

① "做错事的权利",第34页。

第四章　认真对待权利:沃尔德伦论"做错事的权利"

果是的话,那么我们很难看到,对于一个深信不疑的纳粹分子而言,他的自我构建如何远逊于其选择加入纳粹党的举动。

在我看来,真实的情况是,具有重要价值且值得担忧的人格完整性和自我建构,在任何一种情况下都不会陷入危险。① 当一个人被法律(或者他的父母,或者他的领导)禁止加入纳粹党时,我们并没有因此否定他的内在人格,也不会剥夺他作为一个自我构建的人的地位。当然,可能存在其他一些原因(即审慎性理由),它们并不禁止这个人加入(或不授予政府权力禁止他加入)纳粹;但是一个人即便在不假定自己不应被禁止加入纳粹(因为他享有加入的道德权利)的情况下,仍然能够承认这些理由(并且由此承认他享有一种弱的道德主张权,这体现为政府负有不干涉其

---

① 尽管,相比于讨论"自主性"[在我看来,自主性自身并不是一种基本的善,而是整全性的一个条件,并且由此构成那种复杂的、作为基本善的整全性以及选择方面的个体真实性(一些哲学家也将此称之为"实践合理性")的一个条件。参见《自然法与自然权利》,第88—89页]的善,我更加喜欢讨论"人格完整性的善",但是在我看来,约瑟夫·拉兹的如下判断从根本上来说是正确的,即"只有以追求善为目的,自主才是有价值的"(《自由的道德》,第381页),因此自主本身"没有理由规定或支持无价值的选择,就更不用提那些糟糕的选择了"(第411页)。事实上,拉兹甚至指出,"当一个人自主地选择了邪恶时,他的生活要比那些相对不自主的生活还要邪恶"(第412页)。正如拉兹所认识到的那样,我们可能还拥有其他一些理由去忍受不道德的选择。

125 加入纳粹的义务)。① 就像抢劫者没有权利抢劫一样,他也没有权利加入纳粹,尽管考虑到这一事实,在道德上仍然能够找到一些强有力的理由不允许禁止他加入纳粹。

就散布非诽谤性谎言的假定性道德权利而言,同样也是如此。假设存在一项关于言论自由的一般性道德权利。是否有理由认为诽谤性言论并不属于这项一般性权利的具体实例,而非诽谤性言论(即使是虚假的、具有破坏性的)依然属于其具体的实例吗?我们是否可以这样说,诽谤他人的选择对人格完整和自我建构这两种善来说并非必需品,而选择散布非诽谤性却有害的谎言虽然在道德上是错的,但在某种程度上对于这两种善而言却是必要的?我对此表示怀疑。大部分司法管辖区十分合理地将诽谤性和非诽谤性的谎言区别开来,不允许对非诽谤性的撒谎行为进行公开起诉或者私人对抗。然而,我不认为任何司法管辖区都能根据如下命题作出上述区分,即与诽谤性谎言不同,非诽

---

① 如果说强制执行道德义务的企图必将是自我摧毁的,那么人们就有决定性的理由不去这么做。考虑一下对自己的过失行为进行悔过的义务,或者考虑一下那个蒙冤之人去宽恕真心悔过的违法者的义务。考虑到这些义务所具有的独特性质,故而不能强迫他们去履行这些义务。如果一个人是在强制威胁的重压之下被迫"悔过"或"宽恕"(或者,就此而言,抱着被奖赏的希望),那么,他的所作所为根本就称不上是在悔过或宽恕。此外,任何企图要求(通过法律或其他手段)悔过或宽恕的举动都会造成道德伤害,诸如会放纵伪善和不真诚在个体之间的蔓延。

谤性谎言对人格完整性和自我建构是至关重要的。我的意思并不是说，这些司法辖区缺乏充分的理由来区分诽谤性言论和不允许公开起诉或者私人干涉的非诽谤性言论。① 谨慎的关注将严格地限制（高度易于滥用的）政府管制言论的权力，同样的道理，合理地渴望能够确保百家争鸣地公开讨论政治、哲学、美学和其他文化问题，可能导致一个明智的立法者或宪法制定者认为，通过容忍非诽谤性谎言，这会让整个社会共同体的共同善得到最大限度的实现。但是人们能够在不假定他们享有任何一种散布非诽谤性谎言的强道德权利的情况下，认识到存在着一些容忍非诽谤性谎言的强大理由。

沃尔德伦担忧的是，"通过将权利限定为在道德上所允许的行为，这么做将会使权利理论的内容变得贫瘠"。② 他认为，在这种情况下，所有保留给个体进行自我决定的选择和行动将是"人类生活中平凡和琐细的事情"。

---

① 当然，这里我是在假定，没有人能够在道德上要求政府禁止人们在背后散步一些关于他人的非诽谤性言论，也就是说，政府（仅仅）有权力不去禁止非诽谤性言论。这种霍菲尔德式的关系式与单独的霍菲尔德关系式（在我看来，大家是同意它的存在的）是相容的，依照后者，每个人在道德上享有要求他人不散布哪怕是非诽谤性言论的权利，也就是说，每个人都负有一项不在私底下散布此类言论的义务，并且任何人均没有散布此类言论的自由。依我之见，后一项权利主张并不以前一项权利主张为支撑。

② "做错事的权利"，第36页。

决定从下巴而不是脸颊开始刮胡子,在草莓和香蕉味冰淇淋之间做选择,为晚宴而穿戴以及避开人行道上裂缝的行为,所有这些都将是留给权利的道德来关切的行为。但是,这些行为将是最不可能被恰当地当作权利的合适的对象。在这个层面上,则很多做决定的领域都将被远远抛出上述范围,而我们通常将这些领域与权利关联起来。这些领域是如此的重要,使得我们将其当作是权利的对象。与此同时,这些做决定的领域也必然会被其他道义论的道德所要求,由此也必然会被从与道德无关的领域(权利在这些领域中发挥着有限的作用)中排除出去。换句话说,如果仅将权利限定为与道德无关的行为,亦即其他道德理论对其无发言权的行为,那么权利随之就会失去与特定个体性决定之重要性的联系,而正如我们所看到的,这种联系对权利的辩护是至关重要的。①

然而,这种观点建立在某种误解的基础上。道德考量排除了一些选择的可能性;实际上,在人类努力的任何领域——他们都留下了广泛可能的选择空间。在这些道德上

---

① "做错事的权利",第36页(需要说明的是,此处参考了朱万润博士的译文,在此表示感谢,但一切可能的错误皆由译者本人承担。——译者)。

允许的选项之中做选择,对人类而言具有十分重要的意义。我们经常有理由去做两种或更多相互排斥的行为,但难以找到任何决定性的道德理由支持我们偏向其中一种具有合理根据的选择而不是另一种。在这样的选择情形下,一个人可以行使实践慎思和判断的能力,并做出沃尔德伦所担忧的这种自我建构的选择,若不是拥有一项在道德上错误的可能选项之间做选择的道德权利,那么这种选择将失去可能。

即使在对个人道德要求相当严格的理解下,在大多数情形中,将某些选择当作是不道德的选项加以排除,这种做法在道德许可的诸选项之间开放出了一个绰绰有余的选择空间,它能用重要的自我建构性的选择来填充人们的整个一生。比如说,那些严格遵守传统基督教或犹太教道德戒律的人,他们在各种道德允许的大范围承诺中深思熟虑并作出选择,通过这些选择,他们可能会实现并分享一系列不同而又不可通约的人类善。经过深思熟虑并在这些可能性中作出选择,他们进一步慎重地思考,作出额外审慎的和其他类型的判断,并在不同的具体选项中作出选择,借此他们能够落实各种大范围的承诺。通常,他们会偏向于一种特定的可能选项而非其他道德上允许的可能选项,这主要是因为某种特定的选择最好能够与他们过去的选择相协调,并且与他们通过基本承诺和选择所部分地塑造的鲜明个性和性格保持一致。为了达到这种一致性或完整性而做的选择,他们将自己的生活视为一个完整的整体,并确保自己的这种一致性既稳定又独特。

综上所述:鉴于(1)为行动提供基本理由的不可通约的善具有多元性;(2)人们实现并分享这些基本善所依赖的可能的大规模承诺具有多样性;(3)一些特定的项目具有多样性,在这些项目中,人们具体地履行自己的承诺并将这些善具体化,很明显,就许多对人们而言重要的、自我建构的以及道德上允许的选择而言,实践慎思和判断是必要的。

盖尔斯敦已经正确地指出了沃尔德伦误解的"根源"了:

沃尔德伦含蓄地将"道德上的允许"(morally permissible)和"道德上的不相关"(morally indifferent)与"道德中立"(moral indifference)等同起来。但这种解释是错误的。说 A 和 B 在道德上是允许的,实际上是在主张:

(a) A 和 B 都不违反任何义务;

(b) 影响我们对 A 和 B 进行评价的道德考量,不足以在他们之间作出一个明确的判断。

因此,道德很可能对道德上允许的选择有很大的发言权,而且它们很可能占据人类相当重要的领域。道德上的容许性排除了只能明确一种最优选方案的可能性。①

我认为,我们可以承认,尽管在道德允许的选项中有一系列可供选择的重要选项,但人们从来都没有机会去做出不道德的选择,在此情形下,人格完整性以及自我建构的某些重要机会将会丧失。然而,这一让步并不意味着必然存在一种强意义上的做道德错事的道德权利。选择做不道德之事的机会,深嵌于人类社会之中。在某种意义上,它们是不可根除的。只有通过破坏人类的自由选择能力才能根除它们,而这种选择能力构成了在道德上允许的可能性之间进行实践慎思、判断及选择的条件。此外,正如我们所看到的,尽管事实上人们并不享有强意义上的道德权利去制造不公正或沉溺于其他不道德之举,但我们仍然有强有力的理由来容忍某些不公正和其他形式的不道德之举。为了确保人们可以获得宝贵的机会来检验他们的道德勇气,并(进一步)发展他们的道德品质,人们不必抱着一种任何意义上的做错事的道德权利不放。

---

① 威廉·盖尔斯敦,"论所谓做错事的权利——对沃尔德伦的回应",第322页。

第五章 反至善论与自治性:罗尔斯和理查兹论中立性与伤害原则

一、两种类型的自由主义

许多采取非后果主义自由立场的现代理论家认为,道德的法律强制与对个体自治的适当尊重是不一致的。从自治性出发的论证可以分为两大类:一类是反至善论(anti-perfectionism),主张将自治性作为一种非轴向的(non-axial)(道义论的)政治道德原则来加以尊重,该原则不允许政府出于使人们在道德上变得更好的目的而限制人们的自由;另一类是至善论,主张从自治性出发,并将自治性本身作为一种政府应该保护和促进的内在人类品质,基于此,在通过强制力的形式来鼓励人们过道德上有价值的生活方面,政府应该受到限制。

反至善论者认为,政府需要在关于怎样会促成或偏离一种道德上好的生活这些有争议的问题上保持中立,就政治道德性而言,就涉及人类福祉及繁荣的争议性信念而言,政治权威必须避免以此为基础采取行动①,他们尤其捍卫严格版本的伤害原则,其隐含着政府中立性和排除理想的要求。

至善论的自由主义者拒绝政府的中立性和理想的排除,主张尊重个体自治性的内在价值极大地限制了政府能够正当行使权力的手段,它们用这些手段来履行促进道德上有价值的选择、承诺和生活方式,并且用以抵制无价值或不道德的东西的义务。至善论的自由主义者(perfectionism liberals)在反对政府的中立性和排除理想的同时,就原则而

---

① 约瑟夫·拉兹区分了反至善论的两种形式,但分别都进行了猛烈地批判:一个致力于中立性,另一个致力于理想的排除。中立性的支持者主张,在鼓励或限制关于道德上好生活的相互竞争的观念上,政府必须一碗水端平。排除理想的拥护者宣称,政治权威一定不能把一种关于道德上好的生活的观念是对是错作为行动的理由。然而,在拉兹看来,"中立性与理想的排除之间的区分很少被任何一方的支持者意识到"(《自由的道德性》,第108页)。

言特别反感使用强制力去左右人们"只与自己有关的"或"无害于他人的"不道德行为。因此,自然而然,至善论的自由主义者所捍卫的那个版本的伤害原则就不如反至善论所捍卫的版本更严格。

这一章将考察反至善论的自由主义对道德立法的批评,特别是由理查兹所提出的那个批评。由于理查兹(像许多当代反至善论者一样)受到罗尔斯《正义论》(*A Theory of Justice*)中关于反至善论的论述和证成的极大影响,我将以那一论述和证立来开始批判性的讨论。与理查兹和罗尔斯的反至善论相反,我认为政府的中立性和排除理想的原则在道德上是难以保证的,并且在实践中也是难以维持的。理查兹对道德立法的反对因罗尔斯式反至善论的内在结构性缺陷而被削弱,同时需要与他在政治道德理论中输入的关于人类动机和道德生活的主观主义观念相妥协。

下一章将分析拉兹以自治性为基础对道德立法的至善论批判。尽管我发现拉兹的至善论在很多方面是牢固的和有价值的,但我还是认为他的下述观点是有误的,即作为人类善的一个方面,对自治性的价值在道德上的适当尊重,隐含了某种版本的伤害原则,它基本上排除了对道德的法律强制。

二、罗尔斯式的反至善论

在《正义论》的一个重要段落中,罗尔斯写道,"作为社会的基本结构而存在的正义诸项原则是……(那些)处于平等的原初状态下关心切身利益的自由和理性的个人将会接受的原则,用以界定他们之间相互联系的基本形式"。① 罗尔斯建构出了"原初状态"的概念,这种状态下的人不知道自己将来会处于怎样的地位,拥有怎样的自然禀赋(natural assets),以及当他们走出"无知之幕"进入社会之后将具有怎样的宗教信仰、道德和非道德的观念,他们在建构适合一个"组织良好"的社会的正义诸原则方面达成了一致意见。这些处于原初状态的各方都同意的原则就是正义的原则,更普遍地说,也是"正当的"原则。与这些原则相冲突的政治选择(包括法律)便是不公正的。

在罗尔斯的"平等的自由原则"看来,即两个基本的正义原则中首要和优先②的那个,"每个人都拥有平等的权利,

---

① 约翰·罗尔斯,《正义论》(A Theory of Justice),哈佛大学出版社 1971 年版,第 11 页。
② 平等的自由原则优先于罗尔斯的第二个基本正义原则(该原则规定了经济和社会方面的不平等),也就是说(设定了一个财富的门槛)它要求我们"在实现第二个原则之前满足第一个原则的要求"(《正义论》,第 43 页)。在罗尔斯看来,"实际上这意味着社会的基本结构就是以与第一原则所要求的平等的自由相符合的方式分配财富和权威"(同上)。

它能最大限度地与其他人类似的基本自由相符合"。① 他认为处于原初状态下的人将会在"至善论者"提供的备选项中选择平等的自由原则。这些选项将授权或允许政府基于以下理由限制自由,即某些行为与人们的真正利益相冲突,因为比如说,它们可能是卑劣的、可耻的或不道德的。在至善论看来,如果政策与平等的自由原则是相矛盾的,那么就不能制定和实施这些政策。

在《正义论》中,罗尔斯看上去是在主张,他对至善论的拒绝并非植根于道德怀疑主义或主观主义,或关于道德性和人类善的任何一种强形式的文化相对主义。② 他不否认人们能够作出有效的价值判断,包括关于一些自由选择的行为真的是卑劣的、可耻的或不道德的判断。事实上,他承

---

① 约翰·罗尔斯,《正义论》,第60页。罗尔斯的"平等的自由"原则受到了哈特的极大批评(与下面将要阐述的内容相一致),参见"罗尔斯论自由及其优先性"(Rawls on Liberty and Its Priority),载《芝加哥大学法律评论》,1973年,第40卷,第534—555页。

② 不清楚的是,同样的观点也适合于罗尔斯后期的著作,特别是他的"作为公平的正义:政治而非形而上学"(Justice as Fairness: Political Not Metaphysical),载《哲学与公共事务》,1985年,第14卷,第223—251页,同样可以参见:帕特里克·奥尼尔(Patrick O'Neal),"作为公平的正义:政治的或形而上学的"(Justice as Fairness: Political or Metaphysical),载《政治理论》(Political Theory),1990年,第24—50页。

认,"人们显然是可以在内在价值之间进行比较的。"① 并且,他不仅相信原初状态下的人拒绝采纳至善论的原则,而且也相信在无知之幕的笼罩下他们将会拒绝任何(走出无知之幕之后)为了挑选至善论原则而设定正当程序的提议。在罗尔斯看来,他们将会完全和永久地排除至善论。

但是如果人们能够作出关于怎样会过上或偏离一种道德上好生活的有效判断,为什么基于这些判断采取政治行动对人们来说就是不公正的?罗尔斯回应道:

> 虽然原初状态下的人不关心他人的利益,但他们知道他们具有某些使其不会限于危险境地的道德和宗教利益以及其他文化追求。再者,他们被假定去致力于善的不同观念,并能够向其他人提出要求以促进他们各自的目标。从对他们的权力实现或愿望满足的评价来看,各方没有分享一种善的观念。他们没有一个一致认可的完美标准,可以作为在不同制度间进行选择的原则。实际上,承认任何这样的标准就是接受一种导致更少宗教性或其他自由的原则,如果不是彻底失去提升个人精神方面的许多追求的自由……他们不

---

① 《正义论》,第 328 页。

能冒失去自由的风险,通过界定一种目的论的正义原则最大化的东西来颁布价值的标准。①

比《正义论》更早,罗尔斯就曾强调原初状态下的各方"不能以他们的自由为赌注,通过允许占统治地位的宗教或道德原则迫害或压迫其他人,如果它打算……用这种方式赌一把,以表明个人没有真的忠诚于他的宗教或道德信念,或高度重视对其信念进行检验的自由"。②

关键是要注意罗尔斯并没有主张原初状态下的各方因为它们是不公正的而拒绝接受至善论的原则。罗尔斯的主张是,至善论是不公正的,因为原初状态下的各方将会拒绝它们。他们对至善论的拒绝不是由道德考量(例如对正义的考量)所导致的,而在于对个人利益的精打细算。无知之幕的要点不是从道德慎思中消除不道德的自利偏见。它的功能是消除正义原则选择过程中的偏见,其中个人的选择可能会受到自利性慎思的指引。在不知道他们将来会成为怎样的"深度塑造的自我"(thickly-constituted selves)这一事实面前,各方作为"无拘无束的自我"(unencumbered selves)

---

① 《正义论》,第 327 页。
② 同上书,第 207 页。

盘算着他们现在和将来的个人利益。①

罗尔斯把原初状态作为选择正义原则的工具,我们对此也许可以从两个相关的角度来展开批评:第一,通过超出个人对"自身目的"的关注剥夺原初状态下的人所拥有的任何意愿和立场,不管他们会成为怎样的人,罗尔斯在他的明显微弱和不容辩驳的论证前提中预设了强烈的自由的个人主义。第二,虽然罗尔斯原初状态的建构对消除个人之间的偏见是成功的,但这个概念本身不能逃离伴随个人观念之间因而也是关于善的观念的相互竞争而来的偏见。原初状态下的"人"选择自由原则,是因为他们作为自由主义体现出来的一种特定形式相信这些原则。但是这个关于人的独特观念是有争议的,这种争议体现于罗尔斯希望从政治理论中祛除的相互竞争的善的观念之中;这种独特的和有争议的人的观念催生出一种独特的和有争议的善的观念。它根本就不能在相互竞争的善的观念中间保持"中立"。

《正义论》已经引发了大量的关于以下问题的批判性文献,即对于相互竞争的有关人类善的观念,罗尔斯是否成功

---

① 我从迈克尔·桑德尔那里借用了这些术语[《自由主义与正义的限度》(*Liberalism and the Limits of Justice*),剑桥大学出版社 1982 年版,第 182 页],他从一个不同的角度使用了它们。

地展现了一种与其自身要求相符合的政治道德理论。① 我在这里不想重复大量有力的批评,它们已经指向了罗尔斯的理论,在这方面不仅有保守主义、共产主义以及自由主义的激烈反对,也有至善论的自由主义者的批评。相反,通过证明他的论证没能考虑什么是理由的"穿透性"(transparency),② 我试图对罗尔斯的反至善论提出进一步的怀疑。

现实世界中的理性人关心他们的信念,其理由并不是因为这些信念是他们的,而是因为他们的信念是(他们认为的)正确的;理性人关心他们选择去追求的最终目的(与单纯的工具性目的相对),不是因为这些目的是他们的,而是因为它们是(他们认为的)有价值的。③ 理性人一旦认识到

---

① 最近关于这方面有价值的参考文献,可参见:威廉·盖尔斯敦,《自由主义的目的》,剑桥大学出版社 1991 年版,第 306 页。

② 穿透性是指:"我判断 P 是正确的"对于"P 是正确的"来说是可穿透的,反过来,对"P"也是可穿透的。因此,"我判断"对于被判断是正确的命题来说总是可穿透的。例如,"我判断'奴隶制是错误的'"对于"奴隶制是错误的"来说就是可穿透的。

③ 我并非意指每个正直的人都必须追求有价值的目的。终极性目的(比如非工具性的)有两类:一些就道德性而言必须被(每个人)追求;其他的可以但不是必须被追求。即使从后一种目的的类型来看,理性人基于他们自身价值性的判断而选择了它们(不是说他们对这些本来被认为是无价值的相互竞争的目的进行判断),尽管他们不是处于一种优先的道德义务之下而选择它们。当然,对工具性目的(比如非终极性目的)来说,一个人对目的的接受由于其有理由关心它而可能成为一个必要条件。

第五章　反至善论与自治性:罗尔斯和理查兹论中立性与伤害原则　231

他的信念是错误的,就不会因为这个信念是他们自己的而再选择坚持它;相反,他将抛弃该信念转而支持一种他现在认为正确的不同观点。他们不会将发生在自己身上的错误信念(比如就是他们自己所持有的信念)这一事实作为继续坚持该信念的理由(他们甚至不会将其作为一个可被击败的理由)。他们将其错误地理解为放弃该信念的不被挑战的理由。类似地,选择追求最终目的的理性人意识到该目的是没有价值的,在理性可以控制的程度上,将会放弃该目的。即使他们还继续保有亚理性的诉求(比如情感上的),他们也不会认为发生在自己身上的无价值目的构成了追求该目的的理由。它的无价值性是一个阻止追求它的不被挑战的理由(不被其他理由挑战的理由)。①

信念和价值的这种穿透性特征说明了人们在理由的压力下改变他们的信念和价值的意愿。但罗尔斯在建构原初状态时明显遗漏了这一特征。在无知之幕的背后,各方不关心信念是否正确或目标是否有价值,他们以一种彻底的自利姿态行事;他们关注变得明确的信念,原因在于他们知

---

① 约瑟夫·拉兹更加强调了这一点:"人们追求目标并对理由拥有愿望。他们相信自己愿望的对象或追求是有价值的……目标和愿望的这个理由依赖的特征表明,假如具有最低限度的理解能力,任何人拥有一个目标或愿望就会相信,如果他开始相信没有追求这个目标或愿望的理由,他就不再拥有它们"(《自由的道德性》,第140页)。

道那是他们的;他们关注变得可欲的(非具体的)目标,仅仅是因为他们知道那是他们的。由于无知之幕背后的各方根本不知道他们的信念和目标将会变成什么样,他们就对它们是否正确或有价值没有任何看法;因而,他们也就不关心它们是不是正确或有价值的。缺乏穿透性,处于原初状态下的人们就不会考虑这些信念和目标,这些人拥有麦金泰尔所恰当地归之于好理由(例如对行动来说)的"非个性化"特征。①

一位罗尔斯主义者也许会作出这样的回应,原初状态下的人不仅知道他们将变得拥有(并且关心)信念和目标,而且他们也变得关心信念是否正确以及目标是否有价值。也就是说,他们认为,自己将会"认真对待宗教和道德信念"。因此,一位罗尔斯式反至善论的捍卫者可能会说,在无知之幕背后甚至是原初状态下的各方也会关心(即便这是一时的冲动)他们的信念是否正确以及目标是否有价值。

然而,超出无知之幕承认信念和目标的穿透性对消除无知之幕中的穿透性于事无补。作为原初状态下的一方,我有动力去保护自己将拥有的信念和目标并不是因为我"认真对待它们"(例如,我相信它们是正确或有价值的),而

---

① 阿拉斯代尔·麦金泰尔,《谁之正义? 何种合理性?》,圣母大学出版社 1988 年版,第 339 页。

第五章　反至善论与自治性:罗尔斯和理查兹论中立性与伤害原则

是因为我认为要"认真对待它们"。现在我保护将来会拥有的任何信念和目标的愿望不能与现在认真对待这些信念和目标相混淆,因为我不可能知道那些信念和目标会是什么样的。所以说,从我的实际信念和目标以及持有这些信念和目标的理由来抽象地考虑的话,我的欲望强烈要求进行自我保护。在无知之幕背后,在下述极端的意义上,我是关注自身利益的,不关心信念本身是否正确或目标本身是否有价值,而只是关心作为自己行动根据的信念和目标。虽然我主张自己将从无知之幕背后走出并根据理由行事,即认真对待我自己的信念和目标,在无知之幕下以亚理性(自利)动机(谨慎地并且合理地)行事方面我还是会受到限制。①

在没有穿透性的情况下,原初状态下各方试图保护(通过确保自由)的信念和目标就缺乏非个人性,这种非个人性对于他们在思考正义原则的问题上能够作为理由而发挥作

---

① 行动理由(犹如信念的理由),尽管有时是与主体相关的,不包括恰当的名称;像这样对"我"(RPG)自身之善的优先性考虑一定是亚理性的。这一点并不能引出一个人从来都没有偏爱自身之善的命题;而只能主张这样的理由不能被"我之善是我的"这样的简单事实所提供。我没有理由去认为,因为那是我的所以我的善优越于其他人的善。然而,正如约翰·菲尼斯所言,"我自身的福祉当然是我的兴趣、关切以及努力所首先关注的对象……(仅仅因为)通过在基本善方面的自我决定和自我实现的参与,我能够做理性所建议和要求的事情,即支持和实现体现在实践理性第一原则中各种形式的人类善"。(《自然法与自然权利》,第107页。)

用。原初状态不是一个道德慎思的场景，这一点并没有什么奇怪的。由于道德慎思是基于行动理由（也即是说基于人类目标或善）的思考，原初状态的建构使得（原初状态下的）道德慎思变得不再可能，并且反至善论会成为实际发生在原初状态下慎思的不可避免的结果。甚至就连自由或自治性都无法成为原初状态下行动的理由。公平也不能成为这样的理由（尽管对公平的考虑能够成为原初状态之外的人的行动理由，他们通过走出无知之幕寻求对正义原则的检验）。由于被禁止基于理由而行动，也就是说事实上基于亚理性的自我利益而行动，考虑到这么做会增加他们一旦走出无知之幕就会相信什么是正确的以及追求什么是有价值的可能性，如此一来便会致使原初状态下的各方无法确定政治道德原则。而只会确定以下原则，即能够保证他们希望拥有的任何观点以及追求他们向往的任何目标的自由。

　　的确，原初状态的设计能够很好地消除个人间的偏见。但现在的问题是，罗尔斯的建构自身都难以逃脱关于个人的相互竞争的不同观念所带来的偏见。从关于个人的不同观念的可能范围来看，罗尔斯选择了关于个人的自由主义观念，这种观念是产生自由的个人主义正义原则的理想观念。现在原初状态下的各方当走入社会生活时想确保探寻的自由(freedom of enquiry)，这并不是因为他们关心真理，不是因为他们关心自由，甚至也不是因为他们认为公平要求确保探寻的自由，所有这些(尽管可能是有效的)都是不被允许的(因为至善论)理想。他们想确保探寻的自由，因为他们知道当自己走出无知之幕时将会支持探寻并希望参与其中。他们"不能用自己的自由来赌一把"。为什么？因为他们关心自己想得到的东西。在这种意义上他们是自利的。他们倾向于那种能够保护自己想得到的探寻之自由的原则。他们看重这些需求，它们是每个人都会认同的行为动机，正如反至善论的自由主义的批评者所主张的那样，(像这样的)需求从来都不是终极的(内在的、不仅仅是工具性的)行动理由。①

原初状态下各方的实践理性是一种明显的反至善论的自由主义的实践理性：这种实践理性把需求看作是理由。原初状态下的"个人"具体是那些反至善论的自由主义所确信的个人。被如此确信的个人将会(至少能够)这样行动，他并不是基于赤裸裸的需求，而是基于反至善论的自由主义所主张的基本理由(不能被还原为各种需求)采取行动。这样的个人将会(至少可能)与罗尔斯在原初

---

① 例如，参见《自由的道德性》，第 389 页。

138 状态下所设想的他们作出不同的实践推理。对于反至善论的批评者来说,行动的基本理由是由那些可理解的好处(从个人的视角来看从事或预想行动能够实现的就是可理解的目的)所提供的,它们能够满足个人的需要,因而就构成了人类的善。这些好处(或目的)不是(单纯的)需求;它们必须是在智识上可欲的目标。就智力对欲求作出有价值的判断而言,它们必须是能够被理解的。它们能够提供理由从而对个人的需求进行具体的适应或调整,因为它们是接受和追求目的(在人们看来是能够实现的)的理由。

罗尔斯关于个人的观念的偏颇立场显示出其相应地在理解人类利益上的偏颇,而这必然会在原初状态下由各方作出的选择中表现出来。罗尔斯眼中的个人相信他们能够理解作为拥有这些利益的他们自己。他们以获得他们想要的以及能够自由地追求何种目的的方式理解他们自己。但是,"对一个人来说获得他所想要的东西总会是好的吗?"这个问题是一个真正的问题(并且不需要使用更狭窄的关于善的"道德"意义)。因此,罗尔斯的批评者是正确的,他们主张他的正义理论,除了其反至善论志向,在人类善的问题上绝不可能是中立的,托马斯·内格尔(Thomas Nagel)指出,原初状态"看上去不仅预设了一个善的中立理论,而且还预设了一个自由的、个人主义的观念,即对个人而言最好的事情是不受阻碍的追求自己的生活方式,只要这种追求不干涉其他人的权利"。①

罗尔斯关于个人的独特(反至善论)观念催生了一个相应的关于个人利益的独特(自由的个人主义)观念。但是一个关于个人利益的观念要么就其自身而言是一个关于善的观念,它可能会与各种替代性观念相竞争,要么如果它是作为一种纯粹的主观主义观念,便构成了一种人类利益的观点,而这与存在一种人类善的观点相竞争。以完全构成他们想得到的东西为基础的个人利益的观念(并且自由地追求他们能够拥有的任何目标)是有争议的。它与各种(可选择的)人类善的观念存在竞争。

从罗尔斯关于个人以及人类善的观念的争议性特征来看,我们不应该对原初状态能够消除个人间的偏见抱有太大的希望。罗尔斯看上去是在主张,因为原初状态下被选中的原则将是公正的(也即不是不公正的),任何没有在无知之幕中被选中的原则就不会是公正的(即一定是不公正

---

① 托马斯·内格尔,"罗尔斯论正义"(Rawls on Justice),载《哲学评论》(Philosophical Review),1973年,第82卷,第220页,该文收录于丹尼尔(N. Daniels)主编,《阅读罗尔斯》(Reading Rawls),牛津大学出版社1975年版。

的)。约翰·菲尼斯正确地指出,除了这种推理上的谬误,"罗尔斯的论证……对以下主张是无益的,即适用'至善论'原则符合每个人的最佳利益,甚至对那些被强迫避免损害自身最佳利益的人来说也是如此"。①

三、反至善论与自治性

罗尔斯《正义论》的目标是"要展示这样一种正义观念,对出现于洛克、卢梭和康德中的类似于社会契约的理论进行普遍化并将其提升到一种更高水平的抽象程度"。② 他将这种观念称为"作为公平的正义",并主张如此构想的正义理论"在本质上是高度康德式的"。③ 更具体地说,他认为,"追随对作为公平的正义的康德式解释,我们可以说,通过(从正义原则而来的)行动,个人是自治的:他们据以行动的原则是他们在最能表达作为自由和平等的理性主体的条件下所接受的原则"。④

---

① 约翰·菲尼斯,"'对自己义务'的法律强制:康德与新康德主义的对阵"(Legal Enforcement of 'Duties to Oneself': Kant v. Neo-Kantians),载《哥伦比亚法律评论》,1987年,第87卷,第436页。
② 《正义论》,第11页。
③ 同上书,第viii页。
④ 同上书,第515页。

审视他最近的著作,①一些罗尔斯的当代解释者宣称,甚至在《正义论》中罗尔斯的政治理论进路比他对该书的评论具有更少的康德色彩,而这些评论是他想让读者相信的。理查德·罗蒂(Richard Rorty)特别地提到,罗尔斯的关键性主张与其说是诉诸了康德的普遍实践理性,不如说是诉诸了杜威的实用主义。② 但是,一些对罗尔斯抱有同情心的解释者继续强调康德在他的正义理论中所扮演的核心角色。他们认为原初状态被用来使得实践理性原则的验证成为可能,这些原则的道德力量不仅仅来自于它们能够使具有多元道德信念和善观念的人们达成实用的一致意见,在这种社会中人们生活在一种特定类别的政治群体中并且愿意为了由此带来的好处而继续这样做。他们认为,从这些原则出发就是依据普遍适用的道德合理性规范而行动:在康德

---

① 上文引述的罗尔斯的"作为公平的正义:政治学的而不是形而上学的"是非常明显的。也可参见"道德理论中的康德式建构"(Kantian Constructivism in Moral Theory),载《哲学杂志》(*Journal of Philosophy*),1980 年,第 77 卷,第 515—572 页;"重叠共识的观念"(The Idea of an Overlapping Consensus),载《牛津法律研究杂志》,1987 年,第 7 卷,第 1—25 页;以及"权利的优先性和善的观念"(The Priority of Right and Ideas of the Good),载《哲学与公共事务》,1988 年,第 17 卷,第 251—276 页。

② 参见:理查德·罗蒂,"民主对哲学的优先性"(The Priority of Democracy Over Philosophy),皮特森和沃恩(M. Peterson and R. Vaughan)主编,《弗吉尼亚宗教自由法令》(*The Virginia Statute of Religious Freedom*),剑桥大学出版社 1987 年版。

的意义上,就是"自主地"行动。

本章只是顺带涉及对罗尔斯所做工作的解释。眼前的问题不在于罗尔斯的理论(在得到恰当解释的情况下)是更多的属于杜威式的还是康德式的。相反,问题的关键在于就任何一种解释而言,罗尔斯式的论证能否为支持道德立法具有内在的不公正性提供好的理由。本章的最后部分将表明,罗尔斯对至善论的拒绝以及由此引申出来的"平等的自由原则"遇到了使自己站不住脚的缺陷。那么,其他的反至善论者在罗尔斯跌倒的地方成功了吗？这部分将考察理查兹雄心勃勃的努力,他是一位新康德主义——罗尔斯主义的杰出阐释者,试图在以尊重自治性原则为核心的罗尔斯式契约论版本的范围内说明道德立法的不正义性。

罗尔斯自己既没有这般地主张伤害原则,也没有从他的正义理论出发批评具体形式的道德立法。尽管他的平等的自由原则看上去在最低限度上是要排除道德家长主义(moral paternalism),[①]他并没有正式和明确地表达这种观

[①] 罗尔斯说道,"作为公平的正义要求我们注意行为规范在受到限制之前是否侵犯了其他人的基本自由或者侵犯了其他的一些法律义务或道德义务。"(《正义论》,第331页)因为对罗尔斯来说,"义务"是公平的义务(同上,第112页),"自然义务"是指向其他人的义务(同上,第115页),也许可以合理地得出结论,罗尔斯自己知道他的理论隐含了伤害原则的一个版本,它在最低限度上排除了道德家长主义。

点,即道德立法不可避免地是不公正的。另一方面,理查兹试图反复表达道德的法律强制是内在的(也是严重的)不公正的。他主张,道德立法的不正义性体现在它未能尊重对那些选择受其限制之人的"自治性"。由于缺乏对自治性的尊重,它们也就缺乏对个人的尊重;因为自治性是道德个性的核心。

理查兹宣称"(平等地)尊重自治性(或人格)的原则"是基本人类权利的基石。他提出了一种人类权利和公民自由的一般理论,它建立在这种道义论和推定的反至善论原则之上。他主张,至善论者对人类权利和公民自由的说明——无论他们是否将自治性作为一种受权利(诸如言论自由、宗教信仰自由和集会自由)保护的人类善——从根本上说是不充分的。① 他接着认为,约瑟夫·拉兹以自治性为基础的至善论自由学说被"高度直观的美德观及其所具有的相应分量(它削弱了其宽泛的自由主义结论的说服力)"玷污了。② 理查兹从自治性来组织自己的反至善论论证,从而避免了那些争论不清的善的观念。

然而在一些重要方面,理查兹自己的论证具有一种对

---

① 关于理查兹对言论自由的至善主义说明的反对,可参见理查兹,《对法律的道德批判》(*The Moral Criticism of Law*),迪肯森出版社(Dickenson Publishing Co., Inc.) 1977年版,第47页。

② 理查兹,"康德的伦理和伤害原则:对约翰·菲尼斯的回应",第463页。

至善论的决定性偏爱。在批评反对色情作品、卖淫、娱乐毒品、同性鸡奸、自杀以及其他形式的协助自杀的法律中,理查兹主张,法律所禁止的这些活动至少对作出这些选择的人来说可能是有价值的。他编织了大量的心理学理论以及心理学和社会学方面的证据来表明这些活动能够被人们合理地选择。他强烈否认这些活动的内在不道德性,将那种认为它们是不道德的并被普遍接受的观点归之于宗派的意识形态、错误知觉和偏见。他还坚称,反对人们自由地使用色情作品或毒品或进行卖淫的道德立法,不仅剥夺了人们的自由,也剥夺了他所强烈主张的客观上合理且道德上可接受的活动和生活方式的价值。

理查兹捍卫了人们对色情作品、卖淫、娱乐毒品以及类似东西所享有的权利,不是将其作为道德上的恶,因为从道德上的理由来看,法律必须对它们的禁止作出限制,而是将其作为一些人发现很有价值并因此合理地构成生活重心的活动和实践(或者附属于活动和实践的素材)。作为人类生活的有价值部分,这些被假定的恶,远远不是我们不能忍受的恶,而是"实证道德之善"(positive moral goods),我们应该将其看作基本人类权利的对象。因此,即便是试图通过非强制的手段制造限制人们观看色情作品、光顾(或从事)卖淫活动或滥用毒品的条件也是错误的。

第五章　反至善论与自治性：罗尔斯和理查兹论中立性与伤害原则　　243

尝试确立这些活动和实践的道德价值构成了理查兹反对道德立法的一个重要特征。例如，看一下他对反色情作品立法的批评。自由主义者特别反感这些立法，而却闭口不提色情作品的危害性。他们认为色情作品是一种不会造成不正义因而法律不能禁止的恶。① 他们将从事色情的权利看作是一种做错事的权利。但是，理查兹拒绝对色情作品进行道德谴责。他主张就连"赤裸裸描写性行为的色情作品在许多美国人的生活中也发挥着一种重要的和有价值的功能"。② 他接着就为这一主张提供了一种解释：

　　色情可以看作是对性进行透视的独特媒介，"色情场景"是一种在身体的性欲展示中引起性兴奋的视角，一个可以任意表达没有后果的概念，一种无数次重复自我放纵的幻想。与以一种过规律和有节制生活的老生常谈的严格方式狭隘地理解正当的性功能的维多利亚式观点相对，色情建立起了一种在性方面可塑的多样性和过分欢愉的模式。与忧郁的天主教将性作为繁殖的不幸以及在精神上浅薄的伴随物予以打发相对，

---

① 比如，可以参见德沃金的论证，"我们有享受色情作品的权利吗？"，第177—212页；该文收录于《原则问题》，第335—372页。
② 《对法律的道德批判》，第71页。

色情作为一种深度的和令人吃惊的入迷状态,为性的独立地位提供了可选择的观点。①

还可以看一下理查兹对反毒品滥用的法律(以及"毒品滥用"这个概念)所进行的攻击:

> 在美国,对于许多年轻的沉迷者来说,吸毒引起的精神亢奋,从他们自身环境的角度来看,并没有造成他们的生活和人生目标的混乱。相反,隐含在毒品滥用这个概念下的道德指责没能认真对待沉迷者的视角和环境,经常以植根于这些批评者自身背景和个性中的能力和志向来要求他们形成一种自我尊重的社会认同,也许这种社会认同正好要求他们使用毒品……甚至精神上对毒品的依赖并不表明一种精神上的奴役状态,而是个人的反思性利益所在。实际上,正是对毒品使用的禁止看上去才构成了对个人自由的任意克减,而这在我们将毒品使用作为一种内在的道德奴役状态进行谴责时就是某种道德上的不正当。②

---

① 《对法律的道德批判》,第71页。
② 《性、毒品、死亡与法律》,第176—177页。

最后再来看看理查兹对"清教徒视角"的攻击,他主张,这种视角要求法律禁止卖淫。

> 我们必须揭露以下这种残酷观点:它并非是一种反思性的道德判断而是一种镶嵌在有情感婚姻的道德理想之中的宗派意识形态的残留物,它对卖淫的谴责可以使这种婚姻神圣化。对这种清教徒视角残酷和道德上模糊的特征的描绘完全可以与莎士比亚笔下的安吉洛相媲美,以理性人类利益和追求的名义不允许继续放纵卖淫,隔离并否定他的一般人性……对卖淫的道德谴责依赖并表达这样的孤立和否定情绪,丑化我们生活中关于各种性形式的合理观念,在体面和不体面之间划分出泾渭分明的道德界限,事实上,在性表达和性实现的个人模式方面存在一个变化的连续带……当我们将卖淫放在作为人的平等性这样的关切和尊重上时,我们就能看到之前的错误观念是怎样发生的。未能看到卖淫生活的道德性和人性尊严,是一种想象力和反思性自我评估的道德失败。①

---

① 《性、毒品、死亡与法律》,第126—127页。

至少现在看来,理查兹关于色情、滥用毒品和卖淫的道德性的观点是有争议的。就算不是明显错误的,至少也是可质疑的。替代性的观点,也即认为这些活动对个人来说是破坏性的(败坏和腐蚀人格、奴役性的、不合理的和不道德的)也许可以并且已经获得了许多论证的支持——必须指出这些论证中的大部分内容遭到了理查兹的讽刺,甚至有时候还被他简单地忽略了。但与理查兹关于这些活动道德性的观点是否可辩护一点也不相干的是,考虑他能否在决定政治问题上通过依赖这些观点而与他的反至善论达成妥协却是有意义的。如果证明理查兹反对道德立法的主张依赖这一观点,即被这些法律所禁止的活动在人性上是有价值的和在道德上是可接受的,那么我们可以认为他在犹豫以关于道德上好生活的各种争议性观念为基础作出政治选择(例如,歧视这些活动或开始并不禁止它们的选择)时会孤立他自己的反至善论。

在《性、毒品、死亡与法律》(该书出版于 1982 年,汇集了理查兹批评道德立法的最有影响力的论文)中,他主张对人权的恰当解释伴随着对传统价值的"重新评价"。

(色情、卖淫等权利的)支持者相信关于权利的事情,不是作为其他人应该不屑一顾的人性脆弱或可排除的缺陷,而是作为一个人想要和实施自己应得的实证道德之善。相应地,关于隐私的宪法权利(例如,就性、毒品、自杀等而言在《美国宪法》中所规定的"自治"权利)就可以部分地理解为一种重新评价:行为的某些领域,传统上被认为是道德上错误的并因此成为公共管制和禁令的恰当对象,现在被看作是积极的善,对它们的追求不会引起严重的道德问题,因此也不再是公众批评声音的恰当对象。①

鉴于受传统道德所谴责的活动事实上并非罪恶而是"实证道德之善",如此一来,理查兹此处是在宣称人们有从事这些活动的权利了吗?或者反过来说,因为人们有从事它们的权利,它们就不再是罪恶而是"实证道德之善"了?

理查兹的许多表述显示出他所持有的是前一种观点,即人们有权利去表达、制造、出卖和使用色情作品,因为色情作品在道德上是有价值的。在这种观点看来,(从事色情的)权利来自于(色情的)"善"。正如之前段落中所引用

---

① 《性、毒品、死亡与法律》,第35页。

的,理查兹频繁地为色情、卖淫和娱乐毒品(甚至是那些容易上瘾的)的使用以及因此为选择这些活动作为目的的合理性而辩护,并且这一辩护活动独立于任何尝试从自治性原则或任何道义性原则中推导出这些活动的道德性的做法。他有时又认为,道德立法侵犯了"人权",因为它们剥夺了人们的"实证道德之善"。

至善论的政治道德理论突出地将权利建立在善之上。如果某种活动或生活方式真的是一种"实证道德之善",以它是邪恶的或败坏的信念为基础而将其从人们那里剥夺显然就是错误的。说"人们有做某事的权利"与"剥夺它就是错的"存在概念上的关联。再者,如果一项权利的基础建立在它作为一项权利的价值之上,这项权利就不是任意的。它的可理解性植根于它所保护或提升的人类善的可理解性之中。沿着这一方向我们现在可以指出,对于任何想知道实际上是否存在一项关于某些道德上有争议的活动或生活方式的权利的人来说,这个问题就等于该项权利背后的所谓利益是否真的是一种"实证道德之善"。权利主张的有效性将依赖于该主张所得以建立其上的价值判断的有效性。比如,有一项从事色情的权利吗?从这种观点看来,它完全建立在色情是否就是理查兹所说的"实证道德之善"。这个主张在其最基本的层面上不是关于自治性或自由或"隐私",而是关于色情的道德性。①

然而,从某东西有价值推导出人们有做这件事情的权利,这种策略是至善论的。因此,它不适合于理查兹。后者在有争议的信念基础上作出政治判断,这些信念是关于某些有助于过道德上好生活的行动能力的。即使他的价值判断(例如,他主张色情和卖淫都是"实证道德之善")被证明是正确的,在政治理论中赋予价值判断以一种决定性角色方面他也违反了自己的道德前提。反至善论将价值判断视为政治行动的不正当理由:如果这些判断不能作为限制像使用色情作品这样的自由的理由,那么没有任何判断能够被视为建立或维护那种自由的理由。

如果我们这样来理解理查兹,色情和其他被推定的恶是受到基本人权保护的,因为事实上它们都是"实证道德之善",那么他的主张就直接被其反至善论标准所击败了。因此,让我们尝试一下另外一种解释,即色情、娱乐毒品的使用、卖淫以及类似的恶都是"实证道德之善",因为人们有权利去从事它们。在这种解释之下,理查兹将主张,比如说色情的"实证道德价值"来自于从事色情的"权利"。道德性是

---

① 依循该路径,如果证明色情作品在道德上是有价值的,那么不仅仅是出于自治性、自由和隐私,而且更重要的是出于人类福祉、幸福和成就的充分关注,将会要求法律承认使用色情作品的权利。但是,如果证明色情在道德上是恶的,那么就不能以理查兹的论证为基础而断定消除人们使用色情作品的法律会侵犯人权。

"以权利为基础的"。与至善论观点(将人们理解为拥有道德权利是在道德上好的选项中做选择,但这不必然是选择道德上坏的选项)和更加熟悉的自由主义观点(人们有时拥有做道德错事的道德权利)相反,理查兹的主张,在解释成与其反至善论相一致的情形下,只要人们拥有这样做的道德权利在道德上就是正确的。

但是假如权利不是来自于善,那又是来自于何处呢?假如权利主张不是建立在对人类福祉的关切之上,如何能够避免那种表面上的恣意?

理查兹提倡从对道德人格的"以自治性为基础"的理解中得出基本人权,包括从事色情、卖淫和娱乐毒品的权利。他解释到,如果自治性是道德人格的核心,那么道德性自身就要求对自治性的尊重。没有尊重自治性就是以与作为人的地位不一致的方式对待人。因为他们是人,也就是说,作为自治性之主体的人才拥有权利。并且因为权利紧紧地与道德人格联系在一起,它们就不是恣意的。最基本的权利,作为其他权利的最终来源,是对自治性的平等尊重的权利。理查兹认为,道德立法和其他至善论政策所侵犯的以及中立性和伤害原则要保护的正是这种权利。

当然,在道德和政治理论文献中,"自治性"这个术语缺乏唯一不变的含义。用典型的现代用法来说,"自治性"就是具有做任何事情的能力去主宰自己的生活。当一个人能够选择他自己的目标、作出自己的选择、设计自己的生活以及自我定位时,我们就说这个人是"自治的"。约瑟夫·拉兹把这种自治性的观念称之为"个人的自治性",并与有间接联系的被称为"道德的自治性"的康德式理念的自治性相区别。① 从最极端的形式来看,个人的自治性理念就是选择与自己的主观标准相符合的目标。在这种形式下,作为一种理念的个人的自治性就完全与道德自治性的理念不一致了。在康德哲学那里,后一种理念要求作出与道德的客观标准相一致的选择。②

康德认为一个人"自治的"行动就体现为他从对自身义务的理性掌握而不是从性情或一些其他的他律(heteronomous)动机出发做出行动。他的自治性理念与选择符合自身的主观标准没有任何关系。实际上,正如拉兹所言,它与"设计自己的生活"没有任何关系(尽管与"个人的自治性"理念并不是不一致的,从拉兹的哲学来看,这种

---

① 《自由的道德性》,第370页。
② 约翰·菲尼斯在对康德的自治性观念进行简要总结时指出:"一个人是自治的,就是说他出于对道德性要求的尊重事实上作出了自己的选择。"参见:约翰·菲尼斯,"'对自己义务'的法律强制:康德与新康德主义的对阵",第441页。引自康德,《道德形而上学奠基》(Groundwork of the Metaphysics of Morals),H. J. 佩顿(H. J. Paton)译,巴尔纳出版社(Barner)1950年版,第433页。

理念并不能被理解为隐含主观性的选择标准)。

道德自治性意味着作出与诚实的标准相符合的选择,就这些标准而言,一个人可以验证并自由地使其选择与这些标准和谐共处,但不能为他们自己而"创造"或通过自己的意志行为而改变。这些实践理性的标准在"与自己相关"和"关涉他人"的事项上规定着选择和行动(因此使得自治性成为可能),随后体现在康德坚定和连贯的教导中,即一个人对自己也对他人负有义务。

在康德看来,一个人也许不会,比如说,单纯地把自己的身体作为满足性欲或其他愿望或性情的工具。一个人不仅必须尊重①他人的人性,而且还要尊重自己的人性。一个人必须把他人作为目的来对待;一个人也不能在任何行动中将自己降为单纯的工具。因此,在他"绝对命令(categorical imperative)"方案的再版中,康德强调一个人必须"以尊重人性的方式行动,不管是对他自己还是对另外一个人,永远不是单单作为工具,而总是同时作为目的"。②

在思考"对自己的义务"原则的含义时,康德捍卫禁止

---

① 在康德于1780—1781年关于伦理学的演讲中,他的学生曾听他说起过,一个人确实必须既"敬畏"自己的人性,又敬畏他人的人性。参见:康德,"对自己的义务"(Duties to Oneself),《伦理学讲义》(Lectures on Ethics),因菲尔德(L. Infield)译,世纪出版社1930年版,第124页。

② 《道德形而上学奠基》,第429页。

性邪恶、吸食毒品以及自杀的严格道德规范。他的自治性原则绝不允许考虑一个人在性、毒品和死亡这些事情上作出正当选择时背后的目的。从他在伦理学方面的最早期和最晚期的作品来看，康德谴责各种形式的性邪恶、毒品滥用和自杀，由于这些对自治性能力的培养（即与对道德律法的理性掌握相一致的生活）是无价值的。再者，正如约翰·菲尼斯提到的，"康德对刑法禁止那些看上去属于'与自己相关的'（例如对其他人无害的）行为没有表现出不满意"。① 事实上，康德允许"对自己的义务"的强制执行，不是将道德性法作为自治性原则的违反而是作为教育和鼓励人们自治地行动的手段。②

---

① 菲尼斯，"'对自己义务'的法律强制：康德与新康德主义的对阵"，第447页，引自《正义的形而上学要素》(The Metaphysical Elements of Justice)，约翰·莱德(John Ladd)译，鲍勃—梅林出版社(Bobs-Merrill)1965年版，第363页。在该处，康德将犯罪"称为不自然的，因为它们与人性自身相对抗"，并指出"强奸、鸡奸和人兽杂交就是例子"。菲尼斯指出，"鸡奸"不一定限于与儿童的性交行为。然而，即便如此，还是能够发现康德提到了人兽杂交，这是与动物的性交行为，并且就其本身而言对其他人没有危害。康德认为将犯有人兽杂交恶行的人驱逐出文明社会是一种适当的惩罚措施。参见《正义的形而上学要素》，第366页。

② 在《正义的形而上学要素》一书（第239页）中，康德说，由于"美德的义务"与"法律的义务"相对，"不能成为立法的对象，因为它们指涉一种目的同时也是一种义务（或目的的接受），没有外在的立法能够影响目的的接受（因为那是一个意识的内在行为）"，然而，"外在的行为能够被命令导向这个（目的），不用主体自身使其成为他们的目的"。康德承认，法律能够强迫人们使他们的行为符合道德性的要求，但不能强迫道德行为自身（因为它是一种"意识的内在行为"）。通过命令外在行为，法律能够有助于美德。因此，康德认为对自己的义务就是法律义务，这一主张并没有什么矛盾之处。同上书，第239—240页。

理查兹声称,他自己的自治性(以及道德人格)学说是真正的康德式的。虽然主张自治性观点已经被后康德主义尤其是弗洛伊德学派的洞见所"加深",① 但他还是认为自己所传授的自治性的核心内容忠实于康德的理念。但在这里他混淆了个人自治性的最极端形式和道德自治性的康德式理念。在某种极端的意义上,我们发现理查兹的自治性观念被后康德主义思想"加深"了:具体说来,它是现代的和主观主义的观念。在康德的道德严苛性和理查兹的容许性之间存在的鸿沟只是反映了两种自治性的差异,一种自治性被认为是在对道德性法要求的理性理解之上进行选择,这种道德性法施加于没有主权的地方;另一种被具体当作来自客观的选择的自由,这赋予了某人对自身经验品质的主导权。②

理查兹在许多地方出于各种不同的目的表述了他的自治性观点。他也详细解释了自治性不是什么,从而将自治性从因果决定论、意志论和利己主义中区别开来。③ 然而,理查兹的"自治性"所要表达的意思依然模糊不清。有些时候他说自治性由某些能力所"构成"(例如,使用语言、自我

---

① 参见:理查兹,"权利与自治"(Rights and Autonomy),载《伦理学》,1981年,第92卷,第10—11页。
② 《性、毒品、死亡与法律》,第177页。
③ "权利与自治",第11—17页。

意识、记忆、逻辑关联、经验推理和规范性原则的能力)。①另外一些时候,他又说自治性自身就是一种"能力"。② 还有一些时候他说自治性是一种关于个人的"理论"③和一种关于某些能力的"复杂预设"。④

然而,理查兹对自治性的讨论展现出来的连续性特征是这样一种观点,即一个人是自治的,当他能够自己选择自己的目的,而不管选择的目的是什么。值得注意的是,他将"自治性的(位于各目的之间的)'道德中立性目的'"这一观点归之于康德。比如,当提到作为一种"能力"的"理性自治性"时,他说道:

> "人权"的观点尊重这种出于理性自治性的个人能力——用明显带有康德色彩的术语来说就是成为目的王国中自由和理性主权者的能力。康德将这种对可改变的目的选择的终极规范性尊重描述为自治性的尊严,这与个人可能做出的选择中他律的、更低层次的目的(愉悦、天赋)是相对的。因此,考虑到好的生活的许

---

① "权利与自治",第7页;以及参见《性、毒品、死亡与法律》,第8页。
② 参见《性、毒品、死亡与法律》,第9页。
③ 参见"权利与自治",第7页。
④ 同上书,第6页。

多不同版本,康德表达了道德中立性的基本自由主义命令:人权并不是要最大化对任何特殊的低层次目的的主体追求,而是要尊重更高层次的主体能力,使其在选择和修正他的目的(不管这些目的是什么)方面运用理性的自治性。①

在提到"自治性的观点在卢梭和康德那里有经典的表达"时,他认为,"这个(自治性)观念在个人接受的特殊的目的(如利己主义或利他主义)之间是中立的"。② 当其他的反至善论者只坚持政府必须出于道德上的理由在好的生活的目的和观点之间保持中立,理查兹接受的是极端的观点,即道德性自身在好(的生活)的目的和观点之间是中立的。这种立场所隐含的意思是一个人不太可能在可能的目的之间作出不道德的选择。一个人只有通过侵犯权利才能作出不道德的选择;并且,如果道德性在各种目的之间是中立的,那么这个人就对自己不负有义务(或者与此相关的权利)。

---

① 《性、毒品、死亡与法律》,第9页,引自《道德形而上学基础》(*Foundations of the Metaphysics of Morals*),贝克(L. W. Beck)译,1959年,第51—52页。菲尼斯指出:"认为康德支持《性、毒品、死亡与法律》的'显著段落'……显然在康德的著作中并没有出现,不管是理查兹声称来自于其中的段落,还是其他任何地方"("'对自己义务'的法律强制:康德与新康德主义的对阵",第440页)。

② "权利与自治",第14页。

因此,理查兹"以权利为基础的"道德性理论把道德义务理解成专门"关涉于他人的"东西。一个没有侵犯其他人权利的选择在道德上就是正确的。这样一个选择在道德上不会是错误的。在《容忍与宪法》(*Toleration and the Constitution*)一书(出版于1986年)中,理查兹表达了他的元伦理立场:

> 善是我们审慎理性的目标;权利是我们道德合理性的目标……我们关于正当行为的思索……限制我们对审慎理性之善的追求。①

在任何地方他都指的是"表达道德合理性的道德原则,也就是说,这些限制……作为对人际间行为的普遍可适用的限制,是自由、理性和平等的个人能够提出和接受的"。②这些论述表明理查兹虽然拒绝密尔的功利主义,却接受了密尔具有高度争议性的观点,"自我指涉的"行为也许是轻率的,但不会是不道德的。自我指涉行为的不合理性仅仅在于阻碍或挫败个人目的的(充分)实现,无论是怎样的目的。这不包括选择那些内在不道德的目的。用理查兹自己

---

① 理查兹,《宽容与宪法》(*Toleration and the Constitution*),牛津大学出版社1986年版,第73页。
② "康德的伦理和伤害原则:对约翰·菲尼斯的回应",第461页。

的话来说,"只有那些挫败主体自身目的系统的行为才是非理性的,无论这些是怎样的目的"。① 这种非理性或不合理性不会是不道德的一种形式。

我们已经看到康德将他的自治性学说理解为不仅与承认自我指涉行为的强有力道德限制保持一致,而且它也要求这样。康德的道德自治性学说绝不是"目的中立的"。在康德的意义上自治性地行动(也就是说,依据在道德律法之下对个人义务的理性领悟来行动)不仅仅是限制不正当地伤害其他人。对康德来说,一个人唯有通过违反个人的责任去追求作为一个自治性(在他的意义上)主体的自我实现,并且一个人违反了这种义务,例如通过进行人兽杂交或其他性堕落行为、酗酒或使用毒品以及自杀,才能做出不道德的举动。我们也看到,康德不仅拒绝接受今天以理查兹为代表的信念,个人对自己不负有道德义务,而且明确否认以下命题,即对自己的义务理所当然地超越了刑法的正当范围。理查兹试图通过指出康德是一位伟大的哲学家但却是一个糟糕的诡辩家,从而来说明他关于性伦理、毒品使用和自杀的传统观点,也试图说明他所主张的至少一些自我指涉义务能够被法律强制实施的这一观点。在理查兹看

---

① 《性、毒品、死亡与法律》,第57页(着重符号为笔者所加)。

来,康德完全没有注意到在性、毒品、死亡和法律这些领域中他的基本道德理论所具有的含义。他认为,康德的自治性观念意味着,色情、卖淫、毒品使用以及其他的类似现象都并非是不道德的,不应该当作是非法的;康德自己没有抓住这个真理,因为他对"传统清教徒式道德性的未加反思的接受蒙蔽了他自己"。①

存在于康德和理查兹之间的差异越来越深,这不仅仅是偶然的。康德的道德和政治学说与理查兹的学说之间存在根本性的区别,因为康德的自治性因此也是道德人格(和道德性)的观念包含了理查兹观念中所明显缺乏的关键性因素。存在自我实现的客观标准以引导自治性主体作出道德上正直性选择的实践推理,这对康德的道德理论来说是非常重要的。因为道德性法会延伸到(因此使自治性成为可能甚至是考虑到)"与自己相关的"行为,康德坚持认为存在对自己的义务(不管它们是什么),它不仅仅包括不能挫败自身的目的体系。对于康德来说,自治性地行动就是理性地行动,也即,依据理由而不仅仅是依据性情(在这里康德没有与理由相混淆)行动。实际上,仅仅依据性情行动就站在了自治性选择的对立面;以性情而不是理由为基础的

---

① "康德的伦理和伤害原则:对约翰·菲尼斯的回应",第460页。

选择和行动展现的就不是自治性而是他律性。当依据性情和其他亚理性的动机而不是理由来行动时,这些人就是他律的;只有依据理由作出行动,人才是拥有自治性的。

康德与理查兹自治性观念的对立是彻底的。对理查兹而言,"自治地"行动就是能够按照个人主观性的标准来选择和修正自己的目标,"而不管它们是什么"。因此,理查兹距离用"比科(德拉·米拉朵拉)—萨特[the Pico (della Mirandola)-Sartre]传统"*来确认自己的道德观点并没有多远。① 但是这一传统中体现出来的自由、理性和自治性的观念与康德的道德哲学中阐发的理念不在同一个维度之上。康德的伦理理论(包括他的自治性和自由的理论),当涉及在"与自己相关的"以及"关涉于他人的"行动中肯定理由(即客观性)的角色和规则时,不管从亚里士多德主义、托马斯主义还是其他传统道德主义的观点来看具有怎样的缺陷,② 是处于主流的传统之中的,并且这与萨特和理查兹

---

* 有关人在世界秩序中的位置问题存在两种对立的立场,人文主义和科学主义,比科和萨特都是人文主义的典型代表,这种人文主义态度认为人在世界秩序中的位置不是固定的,对行为意义的理解独立于自然科学。——译者

① 《性、毒品、死亡与法律》,第274页。

② 来自当代托马斯主义立场的对康德伦理理论的简短批评,可参见:约翰·菲尼斯,《伦理学的基础》,牛津大学出版社1983年版,第120—134页;一位自觉地站在主流传统中的哲学家更多对康德(以及对康德道德理论的发展)持有同情的理解,可大致参见:艾伦·多纳根(Alan Donagan),《道德理论》(*The Theory of Morality*),芝加哥大学出版社1977年版。

的观点是针锋相对的。没有比理查兹的"重新评价"更属于"非康德主义"的了,这种观点是个人为自己所选择的任何目的,只要是自治性地选择出来的,就因此(只要对这些目的的追求没有侵犯他人的权利)是道德上正确的。

罗尔斯的契约主义,其中政治道德原则是在无知之幕背后为人们所达成的一致意见,这被用来服务于理查兹的目的,因为它阻止各方将他(而不是罗尔斯)认为仅仅是主观性的标准作为政治行动的理由。但是,在这一点上,理查兹使罗尔斯式的反至善论走向了极端,并且同时(进一步)使其主张朝着中立性的方向妥协。罗尔斯拒绝至善论原则,因为它们不是在原初状态下被选择出来的。虽然没有好的理由,他认为不是在无知之幕背后选择出来的原则就不会是正当的。然而,理查兹赞同原初状态,因为它排除了至善论的原则。他主张,从个人能够做他想做的任何事情这一明显的非康德主义观点看来,人们在道德上被授予了做他们想做事情的法律自由,只要他们的行为没有伤害到其他人,也没有侵犯其他人的权利,这些做法都是允许的。

理查兹确实说过"自治性是一种二阶(second order)的能力,对需要和计划进行理性的自我反思性评价"。① 但是,

---

① "权利与自治",第13页。

在理查兹意义上用来批判和修正目的的"理性"是一种受约束的、单纯的工具性(和"审慎的")理性。就判断所选择目标的适宜性而言,它所诉诸的并非完全非个人化和客观性的标准(它们能够被当作是理由),而是诉诸了亚理性的并且因此是主观性的标准。在理查兹对理性的描述中,这种主观性是很明显的,他说道:

> 包含在生活选择中的理性观念被当作主体目标的基本依据,是由他或她的嗜好、欲望、志向、能力以及类似的东西所决定的……选择在以往能够满足主体的目标这种程度的意义上被评估。①

理查兹主张,如果一个特殊的目的将会挫败整个目的规划,我们便能以此为由修正我们的目的,这是因为按照我们自己的标准我们自己就能决定它们,而并非因为它们本身所具有的不合理性。对理查兹来说,实践理由(practical reason)无法最终决定我们的目的。最终,我们并不是出于(客观的)理由而是出于欲望、嗜好、志向和其他主观心理的满足而非基于(客观的)理由做出选择。在理查兹的论述

---

① 《性、毒品、死亡与法律》,第 58 页。

中,实践理由正是休谟所说的一种工具,它服务于欲望或嗜好,是"激情的奴隶"。

假如理查兹赋予理性一种非工具性地位——如果他能承认识别基本行动理由(与欲望、嗜好和其他低于理性的行为动机相对)的可能性——那么价值的主观性将会消失,并且他的自治性和道德人格的观念也将会崩塌。理查兹道德理论的核心建立在如下这种前提之上,即可以不基于道德理由(尽管可能基于审慎的理由)而作出一种不会侵犯任何其他人权利的选择。"理性"是指按照自己的标准在可能的目标中作出选择的能力;目标自身不能建立在选择时依赖理性的客观的公正原则之上。因而,从理查兹的选择现象学(phenomenology of choosing)来看,就个人运用"理性自治性"的"更高级位阶"的能力而言,目的自身就是"更低位阶"和"他律的"。

在性伦理领域,康德——与他的自治性观念保持一致——看到了个人将自己降为手段的地位以满足自己(或其他人)的欲望并因此他律地和不道德地行动的可能性,在这里,理查兹是这样来看待性行为的,即它的正确与否在任何基本的意义上不能被理性所决定;相反,它们属于"个人口味"的事情。① "非理性"(但不是道德上的错)是指有意

---

① 《性、毒品、死亡与法律》,第39页。

选择个人发现不愉快或不满意的行为,或将会挫败个人已经选择的目的体系的行为。在性方面个人的选择最终是性情、欲望或嗜好,并且由此都是主观性的事项;个人不能在以终极(非工具性的)理由为基础的性行为方面作选择。

当然,证明理查兹将其自治性和道德性观念归到康德那里是错误的,这并不能由此证明他的自治性和道德性观念也是错误的。然而,与康德哲学的对立却揭示出了理查兹的道德人格观念(不管正确与否),具体在主观主义方面都是具有高度争议性的,这隐含在其保持目的中立的道德性观点之中。并且正是这种主观主义对他的自治性理念非常关键,催生了他在性取向、吸食毒品和自杀问题上的宽容性观点。如果不存在非工具性的行动理由,那么理性驱动的行动就是不可能的。在那种意义上,理性必须服务于一些亚理性的动机,以及一些主观性的目的体系。一个人可以有不在色情或毒品或自我毁灭方面放纵欲望的"理由",放纵这些欲望将会毁掉个人的整个目的体系。如果放纵这些欲望能够服务于个人所碰巧拥有的目的,比如说整合围绕在这些欲望周围的个人目的(正如理查兹所举的年轻人吸食海洛因的例子),那么个人将会认同色情、毒品和自杀作为一种"实证道德之善"。

在理查兹看来,道德性法,尤其是那些对传统道德拒绝人类无价值的性行为加以禁止的法律,"对许多人的道德完整性造成了某种精神暴力,对这些人来说,那些行为确证了喜好、依恋和相互的爱慕,它们构成了完美人类生活的最佳观念"。① 从这种视角来看,这种法律显示出"对亲密的私人生活的粗鲁和无情的非个人化操纵"。② 当然,如果某人与理查兹一样假定传统道德主张存在道德上的理由不去从事某些性行为是错误的,即使这些行为是各方都同意的,因为这些行为是内在低劣的、可耻的以及损害作为道德主体的自身完整性的(对在道德上有价值的婚姻和家庭的组织也是破坏性的),那么他就会认为,对任何种类的自愿性行为的法律禁止就是一个根本错误,从而应该被废除。那些正好分享理查兹关于性道德或毒品使用的有争议前提的人,就有各种理由反对针对色情、卖淫、乱伦、通奸、成年兄弟姐妹和父母子女的乱伦、鸡奸、性虐待、与动物或尸体的性交、自杀、自愿的嗜食同类以及娱乐性使用硬毒品(hard drugs)的法律;事实上,这样的人有各种理由反对旨在甚至通过非强制的手段限制这些活动的政策。如果这些活动被认为是令人满意的并且对那些选择它们的人来说在道德上是无害的,那么做出这一判断的仁慈之人(humane persons)将会促

---

① 《宽容与宪法》,第272页。
② 同上。

进一种宽容这些活动的文化。

然而,对于做出不同判断的人来说,理查兹口口声声所说的"精神暴力""麻木无情"和"残暴"就是不成立的。如果色情、卖淫、毒品滥用等真如传统道德论者所说的那样深刻地摧残了人的人格和福祉,并且破坏了他们能够形成的道德上有价值的协作,那么正是那些明显对这些不道德行为(以及为了愉悦或满足而开发它们)推波助澜的人才应该对麻木无情和残暴感到愧疚。如果法律和公共政策帮助人们避免堕入性邪恶和毒品滥用的毁灭世界,他们就远离了"精神暴力"对他们试图维护的道德完整性和良善生活的威胁。

对理查兹而言,对选择所进行的道德限制仅仅存在于以下情形中,即一个人所追求的某种碰巧想要实现的目的伤害到了其他人。没有任何东西能够享有一种像不以满足个人欲望为目的的理由所拥有的那种道德地位,因为个人所拥有的不追求这种满足的唯一"理由"就是对其他(或更广、更深或更全面的)满足的考虑。由于不相信存在某些非工具性(即终极性的和基本的)理由选择某些目标而回避其他目标的可能性,理查兹就无法理解涉及性、毒品和死亡的道德标准的可能性;何况,他也不能理解以这些道德标准为基础或实施这些道德标准的法律之价值。据他所言,涉性、毒品和自我毁灭的非许可性道德标准以及包含和反映这些至善论标准的法律,"完全建立在对偏离其他人行为的生活方式的厌恶之上"。① 因为理查兹相信所有的行为最终都是由亚理性的因素所驱动的,发现他主张对色情、卖淫、毒品滥用以及与此类似的行为所作的道德和法律谴责最终并不是基于理性而是受情感(如"厌恶")激励也就不足为奇了。因此这些针对他认为包含"实证道德之善"的活动的谴责,就不仅是误导性的,而且也是"粗鲁的""麻木的"和"不人道的"。②

理查兹对客观的人类善以及理性激励行为可能性的拒绝,给他的道德理论带来了严重的问题:在道德要求的东西(即不得侵犯他人的权利)与道德激励人们的东西(即欲望、嗜好等)之间撕开了一条裂缝。因此,这个问起来有意义但回答起来却不可能的问题,就是"为何要成为有道德的人?"

这个问题并不是对道德理论家提出来的,他们主张通过识别能够为人类选择和行动提供终极性理由的客观人类善,从而使得(并由此表明)理性地行动是可能的。他们把权利和与之对应的义务植根于基本的人类善之中,这些人类善为"与自己相关的"和"关涉他人的"行为设定了各种条

---

① 《性、毒品、死亡与法律》,第62页。
② 《宽容与宪法》,第272页。

件。然而,这个问题的出现给理查兹所造成的代价是,通过否认人类善的客观性从而消除"与自己相关的"不道德行为存在的可能性。

当然,理查兹可以指出,就其他人不得侵犯自己的权利而言,人们能够享有"主观性"利益。然而,这些利益自身并不能为那些想要增进或保护主观性利益(也即满足自我欲望)的人提供理由,并且这些人为了达到目的,往往会选择侵犯他人不做此事的权利(而对此无论是借助于私下的行动还是公开压倒性的强力,他们都能侥幸地逃避惩罚)。从理查兹关于人类动机的观点来看,人们没有(非工具性的和非审慎的)理由,也就是说没有终极的理性动机去关心(和尊重)其他人的权利。当然,在某些情形下,尊重另一个人的权利也许通过审慎的考虑或作为纯粹的工具理性体现出来(侵犯某人的权利可能招致有效的反击或惩罚,或者会阻止侵犯者实现他认为比目前被侵犯的权利所保护的目标更重要的目标)。自然而然,关心他人权利的人们,就其特殊的欲望、情绪、感觉等而言,不得侵犯他人这并不需要任何理由。但对具有不同脾气秉性的人来说,却是需要理由的;然而,在理查兹的理论中,却不需要任何的理由。

最终,理查兹对中立性和伤害原则的辩护建立在如下这种观点之上,即人类的目的是主观性的和内在的不受理性决定的,该观点对他的反至善论作出了妥协。如果理查兹对法律中立性的理性观所表达的就是下面这样一个命题,即价值是欲望、嗜好或口味等主观性事项,那么他为容忍其他人眼中恶的政策提出的主张就建立在关于人类善的很有争议的立场之上。它直接与以下替代性观点相冲突:(1)就选择和行动而言,存在为实践慎思提供可理解起点的客观人类善;以及(2)对这些善的反思使识别客观性道德原则成为可能,即那些原则能够(有时)提供作出某种选择(或限制选择的作出)的终局性道德理由,即使是在一个不道德的选择并不会直接伤害他人的地方也是如此,尽管这会伤害自己的福祉和道德完整性。这一道德性和人类善的替代性观点包含在理查兹所拒绝的关于个人和政治道德性的传统思想中,也包含在以他所厌恶的那些思想为基础的法律中。

威廉·盖尔斯敦注意到,"任何以许诺不提供一种善的实质性理论而开始的当代自由理论最后都以背叛这一诺言而结束"。① 理查兹的政治道德理论也不例外。它轻易地犯了反至善论的自由主义的典型错误:它试图错误地证立一

---

① 威廉·盖尔斯敦,"自由主义和公共道德"(Liberalism and Public Morality),阿方索·达米科(Alfonso J. Damico)主编,《自由主义者的自由》(Liberals on Liberalism),罗曼·利特菲尔德出版社1986年版,第143页。

种在怎样才算道德上有价值的生活(以及从根本上说许可个人的行为,至少就没有对他人引起伤害而言)这一问题上保持严格中立的法律体制,而它自身并没有在这一问题上预设任何特殊的立场。理查兹为一种极端自由主义的法律体制所作的辩护,惊人地预设了一种有关人类动机的主观主义(Pico-Sartre)观点的有效性,其隐含之意绝不是要在关于怎样算是道德上有价值生活的相互冲突性观点之间保持中立。人们只要准备承认其"与自己相关的不道德性"这一观念的争议性基点和道德前提,就会发现他关于法律中立性的主张只是花言巧语。

一个理查兹式政治社会的制度和政策,将会反映和包含一种人类个性和道德生活的明显具有高度争议性的观点。它在产生之初就不是中立的。而且,这些制度和政策像任何其他社会中的一样,将不可避免地促进和支持一些选择、诺言、机制和生活的方式,而且会限制和取消其他的方式。某些活动、实践和生活方式在理查兹式法律体制之下将会繁荣起来;其他的则相反。这样一种体制在实践中并不是中立的。我们不希望接受理查兹式的制度和政策,除非我们准备认同这些制度和政策所支持和鼓励的活动、实践和生活方式的道德价值(或者至少是道德豁免)。但是没人会(大规模地)认同这些活动、实践和生活方式,也没有人会接受隐含在性、毒品和自杀之下的理查兹式的主观主义。至于他对道德立法进行的所有道德色彩浓厚的谴责，即所谓的"麻木无情""残暴"和"不人道"，对于任何拒绝他有关个人道德性这一主观主义观点的人们，理查兹并未为接受他关于政治道德性的反至善论观念提供任何的理由。

第六章　多元至善论与自治性：拉兹论"实施道德的正当方式"

一、至善论的自由主义

罗尔斯的正义理论之所以享誉盛名,乃是因为他在自由主义的道德和政治理论家中间树立了反至善论的正统地位。然而,我们还是听到一些分歧性的声音。几位自称在自由主义传统内从事研究的当代著名政治道德理论家不仅拒绝反至善论,而且自身也面临着一些最强有力的批评。比如,威廉·盖尔斯敦、威尼·哈卡萨、卡洛斯·尼诺(Carlos Nino)和

第六章 多元至善论与自治性:拉兹论"实施道德的正当方式" 273

约瑟夫·拉兹各自都发表了对政治中立性和排除理想原则的重要批评,并且以他们自己提出的至善论自由主义政治理论来替代基于这些原则所形成的各种形式的自由主义。

这些理论试图发现自由主义的政治道德原则,比如伤害原则,它们很明显是关于人类善的自由主义观念。所有的至善论者都否定罗尔斯式的主张,即"正当"优先于"善"在任何意义上都要求政府在人类善方面保持中立以及在关于怎样才算(和构成偏离)道德上有价值生活的争议性理解方面保持克制。至善论主张,在不考虑什么有利于(和阻碍)人类的福祉(包括道德福祉)和自我实现的情况下,就不要指望人们能够弄清楚政府做的什么事情是对的(和错的),由此(作为一个政治道德问题)也难以搞清楚人们将会拥有怎样的权利。自由主义至善论也加入了至善论对自由主义的批评之中,其主张政府对人类善所持的中立性这种反至善论的理念只是一种幻象。他们同意政府肯定不可避免地依据一些有争议的人类善的观念做出行动;同时他们也看到政府在相互竞争的观念中间作出明智选择的首要责任。自由主义的至善论者声称,明智的和道德上正直的政府将会选择一种彰显作为人类善基本方面的个人自治性和自由的观念。

至善论的自由主义者对反至善论的警告(即当政府基于人类善的有争议的观念而行动时公民自由必定受到威胁)

无动于衷。相反,他们主张,公民自由值得我们关心,是因为自由(或自治性)本身就是一种善——甚至它就是一种自身善(good-in-itself)——同时也是一种其他人类善得以实现或获得的重要条件。他们还指出,对于成熟的政治道德而言,尊重公民自由是必要的,具体来说是因为个人的自我决定(比如主宰自己的生活)是完满的人类生活的一个核心要素。同时,由于没能充分地认识到个人自治性和自由的价值,他们就误解了非自由主义的政治道德理论。他们基于某种道德立场,即自由主义原则能够最好地保护和促进被正确理解的人类福祉,主张自由主义相对于它的竞争者具有一定的优越性。

二、约瑟夫·拉兹的至善论

最全面且最具影响力的至善论的自由主义者当数约瑟夫·拉兹了,他在1986年出版的《自由的道德性》①一书中提出了这方面的政治道德理论,并且他在近期文章中也对该理论作了一些辩护。② 就批判而言,拉兹的主张试图削弱

---

① 约瑟夫·拉兹,《自由的道德性》,牛津大学出版社1986年版。
② 具体参见,"迎难而上:一个回应"(Facing Up: A Reply),载《南加州法律评论》,1989年,第62卷,第1153—1235页;以及"自由主义、怀疑论和民主"(Liberalism, Skepticism and Democracy),载《爱荷华法律评论》(*Iowa Law Review*),1989年,第74卷,第761—786页。

第六章　多元至善论与自治性：拉兹论"实施道德的正当方式" 275

反至善论以及与此相关彰显更加正统的自由主义政治理论的个人主义。在建设性方面，他试图表明保护和支持有价值的社会形式（比如一夫一妻制的合理化政府行动）远远不会消除个人的自治性，而是通过保护道德上有价值的选择来促进自治性。拉兹宣称作为内在的人类善（尽管绝不是唯一一个）的自治性价值要通过人类在道德上善的选项之间作出选择而实现。他否认在追求邪恶或无价值的目标时自治性拥有任何价值；随后，他得出了这样一个结论，即自治性的价值没有为政府保护这些选项提供任何理由，对使这些选项变得（或保持）有效也没有多大帮助。然而，他坚信至善论对自治性的考虑，虽然不要求在相互竞争的善观念之间保持政府中立，但确实要求政府限制他们在追求至善论目标的过程中对强制力的使用，从而与一种排除将"无害"或"无害于他人"的不道德行为予以犯罪化的伤害原则视角保持一致。

当前部分聚焦于拉兹的至善论自由主义。在简短勾勒了一下他对反至善论和自由主义的批评（在我看来是非常成功的）和整理出他的至善论主张——政府应该努力使道德上有价值的选择接近人们并阻止他们追求无价值或邪恶的选择（我认为也是值得注意的）——之后，我解释了他对自治性的至善论理解，并且也分析了他的以下主张，对自治性价值的关注排除了作为原则问题的道德立法。

与反至善论相对,拉兹拒绝接受一种"中立关注的政治学(politics of neutral concern)"是可欲的或者可能的。虽然他为罗尔斯提供了"近年来对那些中立性学说最丰富和最精细的辩护"而表示赞赏,①他仍然还是出于各种原因反对罗尔斯式的反至善论。其中最根本的原因是,他主张罗尔斯自己提出的为获得正义原则所依赖的程序完全无法排除至善论的结论。拉兹注意到,原初状态下的各方也许同意"无论何时只要能够获得这方面的讯息便能建立一种很有可能导致追求基础牢固的理想的宪政框架"。② 他指出:

> 在选择至善论原则的方法之间所达成的协议,不能在评价不同理念的方法本身就具有评价争议的基础上被排除出去。它们既不比一些各方具有的心理事实……和对建立在自由的优先性基础上的自尊的考虑更有争议性,也不更具评价性。③

尽管承认反至善论"关注个人的尊严和完整性"这一论

---

① 《自由的道德性》,第134页。
② 同上书,第126页(注释省略)。
③ 同上书,第126—127页。

断的正当性,①并且由此也承认个人的自治性,他仍然认为这种关注不需要中立性或排除理想。相反,它要求的是道德多元主义:"存在许多道德上有价值的生活形式,这些生活形式相互之间是不相容的"。② 他主张,在个体的人类生活中(拉兹认为的)作为内在人类善的自治性的实现依赖于一系列道德上可接受,并且因此也依赖于有价值的选择的

---

① 《自由的道德性》,第162页。
② 同上书,第161页。很重要的是,要明白拉兹所说的"道德多元主义"与道德怀疑主义、主观主义或相对主义之间没有任何关系。拉兹的道德多元主义甚至与认知主义的道德现实主义的最强形式也是完全吻合的。主张存在许多彼此不相容的道德上有价值的生活方式,并不意味着没有什么生活方式可以被认为是道德上无价值的。拉兹捍卫多元主义,承认"善的许多形式被看作是各种各样有价值的人类本性的表达,但是……允许善的特定观念是无价值的和有损人格的,以及政治行动也许并且能够消除或至少缩减它们"(同上书,第133页)。在表明"道德多元主义"方面,拉兹仅仅指出存在道德上有价值的可能性(例如,选择、承诺、生活方式),选择其中一种与选择其他某种在道德上有价值的可能性是不相容的。比如,个人不能一方面承认蕴含于婚姻和家庭生活领域的不可通约的价值,同时另一方面又承认神圣的独身生活中的不可通约的价值。然而个人可以承认这些不相容的选择可能性的道德价值,而不用得出结论说沉迷于吸食海洛因或鸡奸也是道德上有价值的。按照拉兹式道德多元主义,与朋友们通宵促膝长谈的选择尽管在道德上是有价值的,这却与朋友们一起外出看展览或坐在一起静静地反思人生苦短或人类的愚蠢或祈祷智慧的选择是不相容的(这些例子是我自己提出的而不是拉兹的),虽然不得不承认这些活动也是道德上有价值的这一事实。这些活动中每一个的价值都提供了人们选择它们的理由;然而可能的一点是,这些理由中的每一个都没有被其他理由所击败。也许没有决定性的道德理由(它能击败选择其他可能性的理由)去选择其中的任何一个。同时,个人的选择虽然是以理性为基础的(例如出于一种理由)并且在那种意义上也是非任意性的,却是理性不能决定的。关于在道德上好的但却不相容的选择中间作出选择的理由的非决定性特征。参见:同上书,第388—389页。

165 可获得性。①

针对个人主义,拉兹试图展现有价值的选择和被他称作"社会形式"的自治性的依赖性。社会形式包含社会选择和承诺,它们自身依照其道德坚固性而被判断。拉兹借助于婚姻的社会形式来分析这一点。

> 我们假定,一夫一妻制(婚姻的社会形式)是唯一在道德上有价值的婚姻形式,它不能单独地被个体所实现。它依赖于这样一种文化,该文化认同一夫一妻制,并且通过公众的态度和正式制度来支撑这一制度。②

我认为拉兹主张的是,没有这种社会的承认和支持,一夫一妻制的(独特的有价值的)选择对某一社会中大多数人来说将是不可能的。一个社会对一夫一妻制观念的承诺(或承诺的匮乏),将会决定性地型塑一种期望和理解的框架,这一框架会深刻地影响一个社会的个体成员及其相互之间的关系。当然,"只有一个配偶"的选择在一个不承认

---

① 《自由的道德性》,第378页。
② 同上书,第162页。

一夫一妻制或没有通过公众态度和社会正式制度获得支持的社会中也可能是行得通的；但是在这些情形下"只有一个配偶"的社会意义就与作出一夫一妻制承诺的社会所体现出来的社会意义完全不同。正如拉兹在解释特定行动的象征性意义时所敏锐地观察到的那样：

> 配偶间的关系依赖于……社会惯习的存在。这些惯习对配偶间的关系而言是构成性的。它们决定其典型形态。它们部分地通过为特定行为模式分配象征性意义来实现这一点。①

再者，一夫一妻制独特的选择价值性（choice-worthiness）将会受到得不到社会认可和支持的遮蔽，就滋养一夫一妻制繁荣兴盛的宗教或其他亚文化而言，它们能够在缺乏更大范围的认可和支持的情形下帮助社会成员认识到一夫一妻制婚姻的独特价值。

拉兹的观点是，对某一社会形式（比如一夫一妻制婚姻）的文化承诺和支持的出现或缺失将会深刻地影响人们自身深有体会的选择和他们将会（在生活中具有道德重要

---

① 《自由的道德性》，第350页。

性的方面)实际作出的选择。从拉兹的例子来看,对一夫一妻制的文化承诺和支持不是个人能够解决的问题。这些承诺和支持都是社会选择。作为社会形式之间的一种选择,它们(逻辑上)不能留给个人来决定。① 一旦人们认识到社会必须作出的关于社会形式的选择(诸如婚姻)难以逃离相互冲突的道德理想,拉兹对反至善论的批评和对自由主义的指责来自于一个共同的视角并且因相互强化就变得清晰了。

这一概括很难公正地处理拉兹对自由主义流行性教义的批评。他的批判性主张使得反至善论者和自由主义者多年来疲于应付。在这里,我关心的是拉兹的建设性主张。他为至善论者接受自由主义的政治道德原则提供了好的理由吗?对于支持一种强大到足以排除道德立法的伤害原则版本,他提供了引人注目的理由吗?

一些更加正统的自由主义者怀疑拉兹的理论能否算得上是一种自由主义理论。我们已经分析了理查兹对拉兹至善论的拒绝。然而,拉兹本人却明确宣称他试图提出一种完全符合自由主义政治传统的观点。他提到《自由的道德

---

① 拉兹对反至善主义以及相关的个人主义的反对使其用建设性的主张全面阐述了不同形式的友谊和群体的内在价值,因此使得贴在他身上的自由主义标签免于众所周知的"社群主义批评"。

性》这本书作为"关于自由主义政治道德的论文集"。① 总体来说这本书可以看作是对自由价值所进行的持续思考和辩护;并且,正如他在其他一些地方所论述的那样,"从定义来看,一个自由主义者就是一个相信自由的人"。②

但是,对自由价值的信念尽管肯定是必要的但却不足以使一个人在当代的学术争论中成为"自由主义者"。也许一些自由主义的哲学上的反对者会对斯蒂芬·霍姆斯的控诉感到汗颜,霍姆斯控诉的对象是"对顺从、权威和屈尊体制的怀念"。③ 遗憾的是,很多人并没有感到惭愧。在对自由主义的保守和激进批评中间,可以发现对个体自由的严肃和认真的辩护者。在我看来,将自由主义政治理论从重视个体自由和支持多元主义的非自由主义理论相区别的东西是这样一种自由观念,即存在严格的道德规范(并且不仅仅是审慎的限制)原则上排除道德家长主义以及用以阻止道德伤害的强制力行使。拉兹的理论虽然与德沃金、罗尔斯或理查兹的理论相比具有更少的自由主义或个人主义色

---

① 《自由的道德性》,第1页。
② 约瑟夫·拉兹,"自由主义、自治性和中立关心的政治"(Liberalism, Autonomy, and the Politics of Neutral Concern),载《中西部哲学研究》,1982年,第7卷,第89页。
③ 斯蒂芬·霍姆斯(Stephen Holmes),《本杰明常数与现代自由主义的形成》(*Benjamin Constant and the Making of Modern Liberalism*),耶鲁大学出版社1984年版,第253页。

彩,但却符合一种政治道德的"自由主义"理论的要求。尽管拉兹把(成熟的)道德理想作为政治(包括政府的)行动看作正当的理由,但他还是在原则上排除了对"无害于他人的"不道德行为的法律禁止,将其作为对自治性价值的部分加以尊重。①

虽然拒绝反至善论,拉兹主张存在至善论根据以限制用来追求至善论政策的手段。但是赞同这一主张并不必然会支持自由主义(作为一种政治道德观点,它排除了就原则而言所有或大多数的道德立法)。所有政治类型的非后果主义者都承认以邪恶手段追求良善目标的可能性以及认可针对这一行为的道德原则的强制。然而,自由主义的非后果主义反对者会拒绝以下观点,即政府在制定和实施针对像色情、卖淫和毒品滥用这些恶的法律时侵犯了这一原则。在强调自治性的重要性方面,至善论的自由主义者告诉了我们一个重要的道德真理。但是从拉兹本人所提出的理由来看,自治性的善并不要求公民有机会去作出不道德的选择。对自治性和相关善的适当尊重,要求政府尊重和保护

---

① 沃伊斯切·萨德斯基从一种反至善主义的视角批评《自由的道德性》,他明确指出"拉兹的这本书与'传统的'自由主义理论之间的主要汇聚点就是对将伤害原则作为限制政府强制力行使的基础的接受"["约瑟夫·拉兹论自由的中立性和伤害原则"(Joseph Raz on Liberal Neutrality and the Harm Principle),载《牛津法律研究杂志》,1990年,第10卷,第122—133页]。

个人在正确的道德选项之间所选择的人类利益。涉及这些选择的人类自由权利主要(但不是排他性的)建立在实践合理性的人类善之上——这是一种只能在作出选择中才能实现并且因此要求有效的选择自由的善。

拉兹的主张是高度抽象的。可以确信,他捍卫伤害原则的一种版本,但他对该原则作出的修正是如此的根本以至于看上去至少会允许某种形式的道德立法。如果政府能够使用强制性的手段阻止个体可能对自己施加的伤害,如果个人通过沉浸于为道德立法明确禁止的一系列邪恶之中来腐蚀和伤害自己,那么似乎可以说拉兹的主张将会为许多相似形式的道德立法进行背书。他指出"在有限的范围内,对个人自治性的尊重要求容忍坏的或邪恶的行动"。① 然而,拉兹没有对可能接受和在原则上拒绝的道德立法的种类做任何暗示。不过清楚的是,他至少会拒绝一些形式的道德立法,这并不是因为它们贯彻了一种彻底错误(wrong-headed)的道德,也不是因为它们通过剥夺应该由人们自己作出的选择的自治性,而是因为这些法律用来贯彻正确道德规范的强制性手段侵犯了自治性。

排除道德立法这一方案的问题是,在这些法律侵犯自

---

① 《自由的道德性》,第 403—404 页。

治性方面的考虑肯定与在所有其他刑法侵犯自治性方面的考虑之间无疑没有什么差异。并且,对在其他法律领域中运用强制力(即阻止伤害)的证成,或许也同样适用于道德立法的情形,至少当我们认真对待"不道德的行为是有害的"这一至善主义的观点时是这样。拉兹认为,当强制力被用来阻止"不道德但无害于他人的行为"时,便错误地侵犯了自治性。① 然而,按照拉兹自己的至善论假定,不道德性原则上是有害的:所有的不道德性包括侵犯合理性的规范,它指出什么可以作为人类善在道德上归之于人类个体(自身或其他人)。在不合理地损害、忽视或减损人类福祉和自我实现的完整性方面,不道德的选择是有害的:它们总是伤害选择者自身并且通常也会伤害到其他人。每个不道德的选择,除了它在其他方面所展现的实践不合理性,都会腐蚀选择者;每个这样的选择都会将道德上的恶注入选择者的意志之中,因而会对选择者自身的福祉造成不合理的破坏,这些福祉包括建立和维护一种正直的道德人格。如拉兹所言,在某种程度上,个体一旦实现了其不道德的目的,便会使得自己的处境变得更糟②("道德上的恶"和"腐蚀"并不

---

① 《自由的道德性》,第419页。在"自由主义、怀疑论和民主"一文中,某种程度上通过指出他对"无害的"不道德行为普遍进行刑法化的反对,拉兹阐明了他所拒绝的道德立法的范围。

② 《自由的道德性》,第412页。

仅仅指形式上的表征，比如反对上级的意志或不服从一些规则甚至是理由；它们对构成人类福祉内在方面的人类善明显是破坏性的）。在寻求保护人类善的良好品质从而防止各种邪恶形式的腐蚀性影响方面，道德立法像其他刑事法律一样，试图阻止一种显而易见的并且确实是非常重要的一类伤害。

拉兹有关政治道德的结论，"建立在对个人道德性的考虑之上，在程度上超过了许多当代政治哲学著作中常见的类型"，①他把《自由的道德性》描述为"一本关于伦理学的书，专注于某些道德问题，因为这些问题具有高度的政治意味"。② 但是在那本书中，他展现了一种自由的道德理论，它建立在道德性的一般理论基础之上——就其适用于个体道德性问题和政治道德性问题而言它是一般性的——而并没有正式提出和捍卫那种一般性的道德理论。因此，为了更加充分地理解拉兹的政治道德理论，我们必须了解这种一般性的道德理论建立在何种基础之上；并且这项工作不可避免地包含着一些推测。目前清楚和明确的一点是，拉兹与自由主义的流行性教义分道扬镳，该教义认为存在"一个道德原则的相对独立的实体，主要针对政府并且构成一种

---

① 《自由的道德性》，第4页。
② 同上。

(半)自治性的政治道德"。① 在拉兹看来,政治理论不能完全割裂个人道德性的问题——不能简单地把个人道德性留给个人。政治道德原则紧紧地与建立个人行动的道德正直或罪过的原则联系在一起。他没有得出结论说,国家能够确保实施每一种道德规范;但是他确实主张国家不能对这些规范采取一种中立的立场。

一些了解反至善论内在缺陷的自由主义者试图通过求助于最弱版本的至善论来维护他们政治理论的"自由"品格。然而,对于接受至善论而言,拉兹一点也不含糊或软弱。用他的话来说,"使得个人能够追求善的有效概念和限制邪恶或空洞的概念是所有政治行动的目标"。② 主流自由主义者很可能主张,通过赞同实际上属于核心传统政治理论的关键前提,拉兹完全背离了自由主义。反至善论的自由主义普遍主张,将自由主义同古典的和中世纪的政治思想相区别的东西具体而言就是自由主义对以下信念的反对,即至少以某种直接的方式,政府应该关心公民的道德福祉。对他们来说,自由主义的构成性原则包括,对道德品格的关注并不是政治行动的一个正当理由。无论我们怎样看

---

① 《自由的道德性》,第4页。
② 同上书,第133页。

第六章　多元至善论与自治性:拉兹论"实施道德的正当方式"

待拉兹关于"使人成为有德之人属于政府的目标"的这一观点,在他们看来,这一观点都不可能被刻画为一种自由主义的观点。

沿着这些进路的批评貌似是有道理的,这仅仅是因为反至善论在当代自由主义的道德和政治哲学中所占据的正统地位。当考虑到政治思想中像密尔这样典型的自由主义者的彻底至善论时,这些批评就会失去力量。① 拉兹在拒绝密尔的后果主义的同时支持至善论,这一事实也没有什么好奇怪的。大约八十年之前,霍布豪斯(L. T. Hobhouse)在他那具有影响力的阐述和对自由主义政治道德的捍卫中做了同样的事情。② 至少在罗尔斯之前的世界里,关于非后果主义和至善论的自由主义,没有什么看上去是显著的。

---

① 乔尔·范伯格坦承他自己的写作可以算作是自由主义的,因为它们试图展现自由主义的最可信版本,"并且没有从根本上偏离自由主义这一标签的传统用法或偏离过去自由主义作者——以约翰·斯图亚特·密尔为代表——的*激励精神*"[《无害的不法行为》,牛津大学出版社1988年版,第 x 页](强调符号系原文所加)。

② 拉兹关于通过法律实施道德的立场被证明是非常接近于霍布豪斯在他的经典研究——《自由主义》[(*Liberalism*),亨利霍尔特出版社(Henry Holt 8 Co.),1911年]——中捍卫的立场。霍布豪斯拒绝接受人们对自己施加的伤害(包括道德伤害)与更大的共同体无关这一命题。然而,他一般性地反对道德立法的法律实施,理由在于"试图通过暴力形成这样的特征就是在形成过程中摧毁了它"(第76页)。同时,他还指出"在醉鬼情形下——并且我认为该主张适合于强烈的冲动倾向于压倒意志的所有情形——那是……基本的义务去消除引诱的来源,并在最高程度上将所有从人性脆弱、不幸和错误行为中获利的企图都看作是反社会的"(第81页)。

当时使霍布豪斯成为自由主义者以及现在使拉兹也成为所谓的自由主义者的东西是一种进行严格（限制）的承诺，即施加于政府促进美德和限制邪恶的手段之上的原则性限制。拉兹主张，可以找到许多明显的例子来说明，对政府来说在追求成熟的至善论政策的过程中使用暴力在道德上就是不正当的。他还指出，从政府必须限制暴力手段（因为这些手段是不正当的）的方面来看，主要的至善论理念就是自治性的理念。对这一理念的适当尊重隐含着一种修正版本的密尔式伤害原则。但是，正如我们所看到的，对这个伤害原则所作的修正是极端的：在拉兹那里，该原则并未将人类行为分为"与自己相关的"和"关涉于他人的"两类；也没有辨明一种纯粹私人道德性和不道德性的范围。在拉兹出于自治性的考虑不允许政府使用暴力来消除或限制邪恶的地方，他没有坚持这些邪恶并不在政府管辖的范围之内。他也很少主张，由于某些道德上的恶属于普遍隐私权的范围或者构成了人权或公民权利，因而政府应当容忍它们。他相信政府能够采取行动与邪恶作斗争，但是必须限制在不能使用暴力的手段之内。

拉兹完全否定反至善论用行动理由来辨明欲望或愿望的做法。他断言，"想要拥有某事物不是做这件事的一个理由"。① 他不仅仅是说赤裸裸的欲望作为理由通常会被其他理由所击败；他想说的是这些压根儿就不是理由。在激励行动的能力上欲望与理由相似；但是，与理由不同，欲望不能通过诉诸理智也即理性来激励行动。不像理查兹，后者主张在最基本的层次上，实践推理是从胃口、愿望和其他主观性因素而来的推理，并且他还认为不同的选择在它们满足主体的任何目标这一程度上被评价，而拉兹不仅主张欲望本身不是理由，而且认为欲望自身是"依赖于理由的"。② 虽然承认人们有时具有非理性的渴望甚至会据此行动，他还是指出人们经常出于理由而渴望拥有某些事物并且能够在最终是理性的考虑（例如基于理由）之上改变他们的渴望。③ 他认为，通过"欲望的渴望性概念，因为不能满足个人的欲望而造成失望，就像由一种受挫的渴望引起的痛苦一样"，④ 这一点变得模糊不清了。对拉兹而言，价值不像欲望，它们是行动的理由，并且因此是客观的（或者用他的话来说是"非相对性的"），⑤ 人类的选择和行动是能够由理性激励和引导的；因此，从其是否有助于实现主体的有

---

① 《自由的道德性》，第389页（注释省略）。
② 同上书，第140—143页。
③ 同上书，第141—142页。
④ 同上书，第142页。
⑤ 同上书，第397页。

效和道德上善的目标的贡献程度来看,不能促进道德上善的目标的选择是无价值或者糟糕的,据此我们可以来评价主体的选择。实现主体不道德目标的选择会使该主体的处境变得更加糟糕。① 总之,从拉兹的考虑来看,存在"一些个人最好不要去拥有的选项"。②

然而,如果自治性是一种拉兹所主张的内在价值,那么所有能够提供自治性证明的选择不都是有价值的吗?甚至是邪恶的选择也能实现自治性价值并因此是表面上有价值的和值得免于法律的禁止,这一观点展现出同情自由主义脉络的至善论,它提供了一条直达自由主义政治结论的诱人捷径。这条捷径是拉兹所拒绝采纳的。他明确地指出,"对道德上讨厌之事的追求不能从以作为一项自治性选择授予它任何价值为基础的强制性干预来辩护"。③ 我认为这个主张是正确的;但是这样做的代价是削弱拉兹自治性本身是有内在价值的这一信念。为探明缘由,有必要回头考

---

① 《自由的道德性》,第412页。
② 同上书,第410页。拉兹在其他地方提到,某人相信自治性的价值也许会合理地反对将更大的选择延伸到那些选择可能是有害的生活领域。例如,在指出"避孕、堕胎、收养和体外受精以及类似措施的广泛出现确实增加了选择但也影响了父母和子女之间的关系"之后,拉兹立即表示,"认为那些像我一样相信个人自治性的价值需要在所有的关系和追求中延伸个人的选择,将是错误的。他们也许会与个人自治性的信念保持一致,希望结束这一进程,或者甚至回到从前"(同上书,第394页)。
③ 同上书,第418页。

虑一下拉兹通过自治性所要表达的东西以及为什么他总是认为它是有价值的。

三、自治性的价值

按照拉兹的观点,"自治性是好生活的构成性因素"。①从拉兹的至善论视角来看,自治性是人类福祉和自我实现的关键方面。缺乏自治性的生活,虽然可能在任何其他方面都是富足的和充实的,但却失去了某些人性中有价值的东西。但是拉兹所说的非自治性生活缺失的东西到底是什么呢?"自治性"又是什么呢?拉兹将他的自治性理想解释为,"如果一个人在相当的程度上成为自己的创造者,那么他的生活就是有自治性的"。② 因而更清楚地说他是在现代意义上谈论自治性的——他给"个人的"贴上自治性的标签并且(恰当地)与康德式"道德"自治性理念相区别。③

---

① 《自由的道德性》,第 408 页。
② 同上。
③ 然而,关键是注意到,拉兹并不赞同理查兹极端的自治性学说。尽管拉兹将自治性理解为与"自我创造"有某种关联,他认为自我创造有时"被夸大为一种任意性自我创造的学说,它建立在以下信念之上,即所有价值来自于其自身不能被价值引导的选择并且因此这些选择是自由的"(《自由的道德性》,第387—388 页)。拉兹没有提到任何名称,但这一分析明显区分了他自己的自治性观念和任何植根于"萨特—比科传统"的观念。

在个人的自治性理念背后的主导观点是人们应该安排自己的生活。自治性的个人是自己生活的(部分)主宰。个人的自治性理念就是人们在某种程度上控制自己的命运和通过生活中的成功决定改变命运的观念。①

他说,"自治性与被强制作出选择的生活相对。它与没有选择的生活或随波逐流而不运用个人选择的能力相对"。② 在拉兹看来,自治性的个人是"这样的主体……他们能够安排个人的计划,发展关系和接受有理由根据的承诺(commitments to causes),借此可以使他们的人格完整性和尊严感得以具体化"。③

拉兹的自治性理想主张"目标和关系的自由选择(是)个人福祉的一个基本要素"。④ 因而自治性要求多元主义:"在个人能够自由做出的选择中间,一定存在着大量分歧巨大的追求。"⑤ 但是拉兹清楚地表明,自治性并不要求对每一

---

① 《自由的道德性》,第 369 页。
② 同上书,第 371 页。
③ 同上书,第 154 页。
④ 同上书,第 369 页。
⑤ 同上书,第 381 页。

个目标和关系的选择都是自由的。为了成为"自治性的行动主体",个人必须自由地创造自己的生活"以达到一种相当的程度"。个人必须控制自己的命运"以达到某种程度"。个人必须是自己生活的"部分"主宰。虽然拉兹认为"所有强制通过使意志臣服于强制之下都侵犯了自治性",① 他并不认为施加于自由之上的所有限制都是对自治性的不正当侵犯。相反,他主张"自治性只有在一种受限制的框架内才是可能的"。② 因此,在拉兹看来,"完全具有自治性的个人是不可能存在的。离开了完备的生物学和社会的实质(它们能随之而来创造行动者自身),至善的存在主义理念就是一种异想天开"。③

拉兹意义上的自治性突出了个人生活的完整性。它要求生活中一系列选择是可获得的,但是"它不要求任何特殊选择的存在"。④ 很明显的一点是,它也不要求不道德选择的可获得性。在拉兹看来,虽然自治性是内在地有价值的,但它的价值还要依赖于正确的使用,也就是说,这体现在对道德上有价值的目标和关系的追求之中。"只有在被

---

① 《自由的道德性》,第155页。
② 同上。
③ 同上。
④ 同上书,第410页。

用来追求善的情形下,自治性才是有价值的。自治性的理想只要求那些在道德上能够被接受的选项具有可获得性。"①

对拉兹而言,一个不道德的选择也许是自治性的,但它完全是没有价值的。他并不认为这样一个选择从自治性的角度来看会使选择者的生活变得更加富裕或更好,相反它在道德善方面会变得更糟。选择一个不道德的选项使得选择者在道德上处境更糟;但在自治性看来选择者在这一过程中并未获得任何价值。在提到"以自治性为基础"的自由学说时,拉兹将他的立场总结如下:

> 它并不适用于道德上的恶和厌恶。由于自治性只有在导向善时才是有价值的,它没有为此提供任何理由,也没有任何保护性的理由,只要是坏的选择就是无价值的。可以确定的是,自治性本身与被选中的选项品质是无关的。一个人即使选择了坏的(选项)仍然是自治的……(但是)自治性地作出坏的选择比一个相应的非自治性的生活能够使得生活变得更糟。因为我们对自治性的关注是为了使人们拥有一个好的生

---

① 《自由的道德性》,第381页。

活,所以我们有理由去捍卫那些有价值的自治性。提供、保存或维护坏的选择不能使个人享有有价值的自治性。①

假如自治性是某种内在善,我认为有必要得出结论说,要么某种有内在价值的东西能够在自治的但邪恶的选择中被实现(也即自治性的内在价值),要么从定义来看邪恶的选择从来都不是自治的。唐纳德·里根同意拉兹关于自治性是一种内在价值的观点,并提到在"自治性是内在有价值的"和"没有什么有价值的东西能够在不道德的自治性选择中被实现"这两种主张之间存在着不一致:

> 即使是在作出坏的选择时自治性也是自治的和自治性只有在做出好的选择时才是有价值的,这两种主张之间并没有什么不一致的地方。但同时支持这两种命题并且(像拉兹那样)认为自治性简单说是有价值的便会呈现出一些不一致之处。这些命题放在一起意味着,作出坏的选择的自治性既是有价值的又是没价

---

① 《自由的道德性》,第411—412页。

值的。①

里根对拉兹的看法是,"就像他听起来的那样奇怪",他应该放弃如下主张,即使做出了坏的选择,自治性还是自治的。在里根看来,次优的替代性选择是放弃如下主张,即自治性本身就是有价值的。

我相信里根已经指出了拉兹的一个重要问题,但是对于如何解决却给出了错误的看法。里根的立场混淆了或者说合并了个人的自治性和道德的自治性——而后一种自治性则是拉兹所希望避免涉及的。拉兹正确地指出,人类可以以道德上错误的方式运用他们的(个人的)自治性。同时,人们不必非得假定一个不道德的选择的自治性品格能够将该选择转变成道德上正直的选择(人们也不必理智地承认存在做不道德选择的道德权利),便可赞同如下这个结论,即不道德的选择能够实现自治性拥有的所谓内在善。邪恶的选择经常是出于真正的人类善而作出的。比如,试想一项医学研究,为了找到对付让整个社会陷入恐慌的致命疾病的办法,科学家选择去绑架一个没有嫌疑的人并在

---

① 唐纳德·里根:"权威的价值:对拉兹《自由的道德性》的反思",第1084页。

其身上进行破坏性的实验。如果后果主义是错误的，正如拉兹认为的那样，①那么科学家的选择（故意对个人造成损害）就是不道德的并且无法获得正当化，尽管他是出于维护基本的人类善的考虑——这种疾病会威胁到潜在受害者的健康和生命——而如果他不采取这样的不道德行为我们将失去这些善。

另一方面，我认为拉兹是正确的，认为当个人的自治性被用来追求邪恶的目标时就没有价值。例如，科学家的不道德选择尽管完全是自治的，但却没有实现自治性带来的善，虽然通过对疾病的治愈它有效地影响了一个不同种类的（内在的）善。因此我认为，确信自治性本身就是一种内在的善是一个错误（虽然从我解释的理由来看，这是一个可以理解的错误）。

自治性看上去像是有内在价值的，因为某些东西在善的实现过程中真的会变得更加完善，尤其当这种实现过程

---

① 拉兹拒绝后果主义，理由是后果主义的道德判断方法建立在错误的前提之上，即认为人们通过某种方式可以在基本价值之间进行比较，借此对于价值的凝聚和比较成为了可能。参见《自由的道德性》，第13章。站在"不可通约性命题"之上对后果主义进行的更加激烈的指责，可参见《核威慑：道德与实在论》，第254—260页。至于一位法律哲学家反驳"不可通约性命题"的尝试，参见迈克尔·佩里（Michael Perry）："对绝对主义、后果主义和不可通约性的一些评论"（Some Notes on Absolutism, Consequentialism, and Incommensurability），载《西北法律评论》（Northwestern Law Review），1985年，第79卷。相关回应，参见拙文，"作为道德标准的人类繁荣：对佩里自然主义的批判"，第1455—1474页。

177 是自己慎思和选择的结果时更是如此。然而,这种额外的完善程度不是由自治性提供的,而是在自我决定的过程中运用理性的结果。作出实践合理(比如道德上正直)的选择过程中所实现的内在价值,其实是实践合理性本身的价值。实际上,在面对相互竞争的选项时(每一个选项都能为行动提供理由),而当一项道德规范(即实践合理性原则)指明了以此种而非其他方式在上述可能选项中做选择时,那么选择道德上正直的可能选项而不是其他竞争性选项可能恰恰就是实践合理性。实践合理性不仅仅是行动中公正的形式标准;它本身也是行动的理由。

实践合理性是一种复杂的善,它的核心部分包括人格完整性和真实性。作为一种反思性的善,也即一种用慎思和选择来定义的善,它与自治性相关(以一种我随后将提到的方式);但它在以下方面还是不同于自治性:自治性选择也许会(或也许不会)与完整性和真实性的要求保持一致;具有自治性的个体也许会(或也许不会)是一个人格完整和真实的个人。

如拉兹所言,自治性的价值依赖于个人用自治性作出的选择是善还是恶。说明自治性价值的这种依赖性特征的方法和同时避免把某些具有价值依赖性的东西当作好像本身就是善的东西的办法,就是要留意自治性是实践合理性的一个条件。缺乏自治性的人——(从内在强制和神经障碍以及外在限制来看)他们被认为缺乏有效的理由去依照理性行动,从而难以作出具有自我构成性的决定——则完全无法做到实践上具备合理性。这样一个人对自治性的接受会使自身变得更好,进而使其自身能够作出一系列选择,在这些选择中他能够实现完整性和真实性的善。道德上正直的(即实践合理的)选择具有人类的内在完善性,虽然不道德的(即实践不合理的)选择就作出这些选择中所运用的自治性而言没有实现任何价值,拉兹的上述这一观念是完全可靠的。这种内在的完善性植根于对理性的运用之中,理性的运用使得自治性成为可能;然而,它并不是建立在自治性本身之上。

当然,如果我们用道德自治性的康德式理念补充拉兹的个人自治性观念,那么在自治性和我所说的实践合理性之间的区别就消失了(实际上,里根就建议拉兹作出这样的补充)。但是,这样的补充模糊了真正的个人自治性价值,尽管它是条件性的并且在某种意义上也是工具性的。无论如何,拉兹本人对把自由主义政治理论建立在一种能够被不道德地使用的自治性观念——一种他仔细区别于道德自治性的观念——之上感兴趣。

人们想拥有某个事物也许有一个想拥有的理由或者他

可能有一个想要它的赤裸裸的(即不是以理由为基础的)欲望。不是所有行动都是靠理性激励的。[①] 即使在缺乏渴望所追求事物的理由的地方,对某件事物的赤裸裸的欲望能够激励人们采取行动(和工具性的使用理性去发现和运用满足这种欲望的手段)。在拉兹看来,把赤裸裸的欲望作为行动理由来对待完全是一种错误。[②] 个人也许拥有和意识到去做他并不想这样做的理由(即便是决定性的理由),并且个人也许没有去做他碰巧想做某事的任何理由。如果个人以一种赤裸裸的欲望行事,而所行之事又是他没有理由想这样做的,那么个人行动的动机就是亚理性的。然而,如果个人的动机是理性的,他的行动理由也许是充分的,也许是不充分的。如果个人所想拥有的东西的可理解性价值并不需要依赖其他的价值,那么他的行动理由就是充分的。如果他的理由是不充分的,他所想拥有的东西的价值将依赖于它在其中作为工具或作为条件来实现的价值。

某种东西如果提供了一种终极性(或基本的)行动理由,即这种理由的可理解性不依赖于自身之外的任何东西,那么该事物就是有内在价值的。纯粹工具性的善能够提供

[①] 同样值得指出的是,即便是受理性激励的行为也涉及(除了理由之外)情感、感觉、想象和我们作为有感情的和肉体性的存在所展现出来的其他方面。

[②] 参见《自由的道德性》,第140—143,316、389页。

行动理由,但是这些理由的可理解性依赖于其他更加基本的行动理由(或亚理性的动机),这些基本性理由使得行动的实现成为可能。存在着许多终极性的行动理由,并且这些理由之间经常会相互竞争。常见的是,人们拥有和意识到行动的竞争性理由,它们各自都不能击败对方。① 即使人们有一个不去做某事的竞争性理由(也许是一个终极性理由),或者有一个去做与此时此刻的行为不相容事情的竞争性理由,他们仍然拥有一个终极性的理性(而不仅仅是激情性的)动机去做这件事情。

实践合理性——像其他的基本善一样(包括其他反思性的善,比如友谊和信仰,与非反思性或"实质性"的善,比如知识和娱乐)——是有内在价值的,因为它能够为行动提供一种终极性理由。某人对公平的欲望,无须(和不可能)纯粹是受情感激励的。它也并非是纯粹工具性的。某人对公平的选择甚至在他有做某种不公平事情的动机(实际上,甚至是在他有一个竞争性的和被击败的理性动机的地方)

---

① 内在的人类善为选择和行动提供终极性理由,这所想表达的意思与所谓的"充足理由原则"没有任何关系,在莱布尼茨那里,该原则表明"除非存在着一个充足的理由告诉我们为何是这样而不是其他那样,尽管大多数时候我们对这些理由全然不知,否则的话,没有什么事实能够是真实的或存在的,也没有什么陈述是正确的"[莱布尼茨(G. W. Leibniz),《单子论》(Monadology),1714年,第32节]。

的地方也许反映了他对公平的可理解性价值的实际掌握，将其当作是一种基于其自身理由就是有价值的东西。当公平被作为实践合理性的规范性原则系列中的一种，对公平的关注提供了一种作出某种行为的终极性(和决定性的)理由，甚至在存在不这样做的竞争性理由或对于这样做产生一种强烈厌恶情感的地方亦是如此。

然而，同样的情况对(个人的)自治性却是不适合的。个人也许出于一种理由想拥有自治性(并因此对自治性的渴望可能是有理性基础的)；或者个人对自治性的渴望可能建立在一些非理性因素的基础之上(比如，仅仅是一种情感性渴望)。但是，自治性不能为行动提供终极性的理由。在个人拥有不这样做的竞争性理由的地方，自治性不能为完成特定的行为提供终极性理由。对于在运用自治性和在实践可能性之间作出选择方面，个人能够在竞选项中选择某种特定的可能性，因为那种可能性在实践上是合理的。但个人却不能因为某种可能性是自治性的而在竞选项中选择那种可能性。①

当然，如某人所想，赤裸裸的欲望可以作为行动的(亚理性的)动机。但是正如拉兹所言，想做某事并不构成做这

---

① 在道德上具有重要意义的选择情形之下，任何一种选择都是自治性的；在天平的两端都有自治性。

第六章　多元至善论与自治性：拉兹论"实施道德的正当方式"　303

件事的一个理由。一个做某人所想之事的单纯欲望，并不构成去做某人无其他理由去做的某件事的理由。与实践合理性不同，如果自治性不能为做 X 提供终极性的理性动机，那么他就有一个不做 X 的竞争性动机。如果他对自治性的渴望是建立在理性基础之上的，这种基础就必须是某种除了自治性自身之外的善，通过掌握一种必要程度的自治性，这种善（更加充分）的实现是可能的，或者至少是更容易获得的。①

虽然自治性作为实践合理性的条件具有特殊的价值，我认为从我们正确对待自治性的利益来看存在许多内在的善。某人想做值得做的事情（或者他认为值得做的事情）将会很自然地希望具有做这些事情的真实可能性和做这些事情的有效自由以及自由掌控这些事情。就个人道德上有价值的选择受到限制或者个人被极力阻止作出某种道德上有价值的选择而言，他参与和实现人类善的机会就消失了。因此，（在拉兹的意义上）存在好的理由去尊重并且实际上促进自治性。然而，这些理由是由许多内在有价值的事情提供的，这些事情能够通过人类选择和行动而不是自治性本身得以完成和实现。这些有内在价值的事情是"基本的

---

① 我同意拉兹的观点，即"具有重要意义的自治性是个程度问题"（《自由的道德性》，第 154 页）。

善",它们提供了选择和行动的终极性理由。实践合理性是这些基本善中的一种,除此之外还存在其他很多的基本善。

行动的终极性理由是自由选择的条件。① 自由选择是具有自我构成性的原则。在一种重要的意义上,自我构成性就是有德性的生活所要求的。当个人做出道德上有重要意义的选择时,也即个人具有行动的终极性理由的选择(当然还有情感性和其他亚理性的动机),他就运用了自治性并使自己成为了某一类人而不是其他种类。(因此可以说)通过将相关理由融入他的人格之中,个人塑造(重塑)他的人格和创造(再造)他的道德自我。用拉兹的典型术语来说,个人成为了"(部分)自己生活的主宰"。然而,无论是对个人在选择包含终极性行动理由的过程中所运用的自治性,还是作为道德上具有重要意义的选择的副效果而产生的自我建构性而言,在我看来都不足以当作行动理由。这是因为,即便是自我型构无法成为某人(做出选择)行动理由的客体,自我型构(或不可传递)的效果和道德上具有重要性的选择的意义通常仍然是能够实现的。

---

① 自由选择是在选项之间自由变化,其中每个选项都是由理性慎思形成的,也即,每个选项都是基于理由所作出的选择。对于自由选择的完整辩护,参见:约瑟夫·波义尔、杰曼·格里塞茨和奥拉夫·多福森(Olaf Tollefsen),《自由选择:一个自反性的论证》(*Free Choice: A Self-Referential Argument*),圣母大学出版社1976年版。

在某些具有道德上重要意义的选择中——个人做X的理由是与其他(非道德)理由或不做X的亚理性动机相竞争的道德规范——个人正好运用自己的自治性并且具体通过做X将自己构成一个正直和具有美德的人。当然,如果某人的自治性(和作出自我构成选择的能力)被摧毁了(比如说,被洗脑或脑叶切除术或中风造成的后果),他在实践上就不再是合理的;因为实践合理性是在慎思和选择中产生的合理性。因此我们应该得出结论说,自治性的意义并不在于提供一种行动的理由,而在于为实践慎思和选择(和其他基本的人类善)成为可能提供一种条件——无论个人是否很好地(由此,出于实践合理性之善的考虑,并且为了实现这些善)慎思和作出正直的选择。

通过表明是实践合理性而不是个人的自治性提供了道德上正直选择的额外完善性,我的意思并不是说个人的自治性是不重要的。相反,我认为个人的自治性具有一种深层次的意义,具体来说,它是成为实践合理性的一个必要条件,也经常构成实现其他基本善的条件。就可能的计划、关系和承诺而言,非自治性的个人——由于内在强制、神经障碍或外在约束而不能成为自己生活主宰的人——缺乏有效的自由,这些自由对理性的慎思和选择来说是必要的。非自治性的个人难以成为实践上具有合理性的主体,因为他要么缺乏将理性引入作出决定的过程中(因此在某种意义上也是成为怎样一种人)的能力,要么缺少运用这种能力的机会。不过,我们不应该将作为实践合理性(和其他善)之条件的自治性与内在的善(像实践合理性那样)等而同之,而正是因为(或借助于)实践合理性才使得这些内在善的实现成为可能:彻底的非自治性个人无法成为一个实践上具有合理性的主体;然而完全的自治性个人也许同样难以成为一个实践上具有合理性的主体。

四、至善论的自治性和伤害原则

接下来,我们可能同意拉兹的观点,即认为自治性是一种重要的人类善,但却不同意他关于自治性是有内在价值的这一判断。那些承认自治性具有重要意义的人们还能反对法律禁止那些"无害于他人"的犯罪行为吗?我们会同意拉兹所提出的那一版本的伤害原则吗?

除了他的至善论信念("政府的功能就是促进道德"[①])和自治性价值观念("要求政府创造道德上有价值的机会和消除道德上令人讨厌的选择"[②]),拉兹还主张

[①] 《自由的道德性》,第415页。
[②] 同上书,第417页。

"在此范围内,对个人自治性的尊重要求容忍坏的或邪恶的选择"。① 他相信修正版本的伤害原则能够从自治性价值中推导出来。拉兹拒绝"这种普遍观念,即把伤害原则的目标和功能看作是削减政府实施道德的自由",并提出一种不同的理解,"根据关于实施道德的正确方式的一项原则"。② 他认为:

> 追求道德上令人讨厌的行为不能从一种强制力干预(这种干预是以自治性的选择会赋予其他任何价值作为基础的)中获得辩护。事实并非如此(除了在特殊的情形下它是有助于健康或有教益的)。然而伤害原则出于一种简单的理由在自治性原则的审视下是可辩护的。强制性干预所使用的手段侵犯了受害者的自治性。首先,它侵犯了独立性的条件,表达了一种统治关系和对受强制个体的不尊重态度。其次,刑事处罚的强制是一种对自治性的普遍性和一视同仁的侵犯。囚禁某一个人阻碍了他几乎所有的自治性追求。其他形式的强制也许不那么严重,但它们也都侵犯了自治性,并且至少在这个世界上它们是以一种

---

① 《自由的道德性》,第403—404页。
② 同上书,第415页。

完全千篇一律的方式侵犯自治性的。也就是说,实践中没有哪种方式能够保证,强制将会限制受害人对令人厌恶行为的选择,却不会侵犯他们对其他行为的选择。①

请注意,拉兹绝没有认为,未直接伤害他人的活动不可能事实上真的就是不道德的,并因而会对选择参与这些行为的人造成伤害。在他的论证中也不能发现,禁止政府使用非强制性的手段与这些自我指涉的不道德活动作斗争。尊重自治性并不要求政府将色情或卖淫或毒品滥用看作本身有价值的东西而给予宽容。政府可以使用非强制性手段去消除这些选择的可获得性而无需侵犯自治性原则。在这里,拉兹的自由主义和反至善论的自由主义之间的区别是明显的。

拉兹关于道德立法原则上反对的不是它们的目标,即与邪恶作斗争,而是追求这些目标所使用的手段。拉兹的主张隐含地诉诸为了好的结果的利益(阻止人们在道德上伤害自己)反对做某些道德上邪恶的事情(错误地侵犯自治性)的道德规范。在拉兹的"一个简单的理由"中,正是"强

---

① 《自由的道德性》,第418—419页。

制干预所使用的手段侵犯了自治性"。在拉兹看来,道德立法的错误就在于它们对强制的使用而不是阻止错误行为给受害者带来的伤害。①

正如拉兹所主张的,如果道德立法的强制性方面错误地侵犯了自治性,那么同样的道理也适用于事实上刑法的其他所有强制性方面。道德立法在依赖强制性上绝不是独特的。事实上,所有刑法(也包括一些民事法律)都是以惩罚的威胁作为后盾的。因此拉兹必须解释为何被用来阻止人们伤害其他人的法律能够正当地使用强制性手段,而被用来促进公共道德的法律却不能。这里拉兹可能会反驳道,他没有排除所有甚至是大部分形式的道德立法。他反对的是为了阻止"无害的"或"无害于他人的"不道德行为而使用强制性手段的法律。也许他还会说,许多甚至大部分由刑警队实施的法律会禁止这些行为,这些行为对社会中许多不认同它们的人在道德上是有害的。也许他会出于维护道德环境的目的接受道德性法,而拒绝接受针对那些目的仅仅在于阻止让人们自我腐化的不道德行为所进行的道德立法。与乔尔·范伯格这样更正统的自由主义者不同,

---

① 《自由的道德性》,第418页。

拉兹接受政府能够并且应该阻止"道德伤害"这一观点。①

因此也许对于"无害的"或"无害于他人的"不道德行为来说,拉兹想说的是那些少数的不道德行为,比如像作出不友好的评论、在非正式的谈话中谎报自己的年龄或在餐桌上为自己占得夸张的份额。但是,这样解释的话,拉兹对反至善论的批评将被证明是无辜的:无论怎样对这样一种观点进行辩护或反驳,它都很难算得上是"自由主义的"。即使道德立法的最严格捍卫者都认为存在好的理由不去对这些错误行为进行立法。

我也不认为这是拉兹打算捍卫的观点。在我看来,他试图表明,甚至他那一版本的伤害原则至少也禁止一些类似形式的道德立法。但是如果这一立场就是他在我提到的段落中所展现的立场,那么就真的必须解释为何道德立法的强制性维度错误地侵犯了自治性而刑法的其他强制性维度则没有。仅仅引用伤害原则是不够的,因为这个原则是拉兹试图通过指示道德立法的强制性方面来证立的原则。

当然,盗窃不同于使用色情作品,因为前者涉及不正义

---

① 范伯格认为,道德伤害不是法律应该考虑的事情,因为"对人格的伤害……不需要是对某人利益的一种挫败……当它不是的时候,它就不能在首要的意义上被视为一种伤害,除非这个人在他人格的优越性中有一种优先利益(并且他不再需要)"(《无害的不法行为》,第17页)。

第六章 多元至善论与自治性：拉兹论"实施道德的正当方式"

而使用色情作品尽管是邪恶的但在某种程度上只与自己相关，因而并非是不公正的。但是在试图解释为何在一种情形下使用强制手段是可接受的而在另一种情形下则不可接受这个问题上，区分涉及不正义和其他类型的道德上错误的行为几乎帮不上什么忙。正像拉兹所说，如果所有强制都侵犯了自治性，并且如果侵犯自治性在道德上是邪恶的，那么证立强制人们阻止不正义这一目的的手段就与证立强制人们阻止其他形式的不道德行为这一目的的手段是一样的。明显地，拉兹想说的是，侵犯自治性在道德上并不总是邪恶的。

在拉兹看来，道德立法的强制性会侵犯自治性并因此制造不正义，让我们考虑一下这两个具体的方面：第一，他说，"强制性干预……表达了一种统治关系和对受强制个体的不尊重态度"。但即使拉兹的命题是正确的，我也无法看出一种统治关系或不尊重态度的表达如何就侵犯了自治性。除了在最间接或难以置信的意义上，这些表达并没有剥夺道德侵犯者任何类型的有价值选择。正如沃伊斯切·萨德斯基指出的那样，很难在对无害于他人的错误行为的法律禁止中发现对自治性的侵犯，如果我们站在拉兹（我认为我们应该而萨德斯基认为我们不应该如此）对自治性的至善论理解的立场之上，这种至善论只在用来追求何为道德之善的过程中才是有价值的。"这就引发了以下疑惑,拉兹在他的论证中混入了一种自治性的非至善论观念。"①

然而,让我们假定为了论证的便利,在对道德侵犯者的企图进行正式表达中存在某种程度的自治性侵犯。这些表达是内在于道德立法的吗?拉兹没有为他明确的肯定回答提供任何论证;并且我也想不出任何理由相信会是这样。支持道德立法的尽责立法者试图谴责各种邪恶——而不是谴责人们。确实,立法者的主要关切之一是保护那些在没有法律的情况下会成为(受到比如色情或毒品引诱的)受害者的人。在支持公共道德方面,道德立法的倡导者试图阻止伤害。虽然立法者本身通过制定以统治和不尊重为由头的道德立法也可能犯道德错误,但避免这种错误却并非是不可能的。不道德的行为能够在不用蔑视可能陷入这些道德错误之人的情况下被禁止。

拉兹也许会作出这样的回应,主张在违反法律的事情发生时心怀家长式动机的立法者不能进行惩罚。② 惩罚某人就是伤害他。由于立法者将惩罚施加在道德违反者身

---

① 沃伊斯切·萨德斯基:"约瑟夫·拉兹论自由的中立性和伤害原则",载《牛津法律研究杂志》,1990年,第10卷,第132页。
② 乔尔·范伯格在《无害的不法行为》(第159—165页)中提出了该主张的一个版本。关于我对费恩伯格主张的回应,参见拙文:"道德自由主义与法律道德主义",载《密歇根法律评论》,1990年,第88卷,第1425—1428页。

上,他所表达的就不是关心,而是"一种统治关系和不尊重的态度"。

我认为,这种主张建立在惩罚的错误观点之上——但却被人们广泛地分享了。在惩罚道德违反者或任何其他的违法者中证成政府行为的主要是违反者获取自由的过程涉及不公正,而这种自由已经受到了正当的限制,也即,它会受到出于正当目的的正当权威的限制。强制的行使不能因以下原因而丧失它的正当性:一旦有效的道德立法已经存在,那么依照其规定行事的人就犯了两种错误。① 第一是道德错误,它即便在没有法律的情况下也是存在的。由于这种错误本身并不涉及不正义,故而惩罚就不是必须的。在这种情况下,正义的秩序没有被破坏。而破坏这种秩序的是第二种错误,即获取已经被正当地限制了的自由。而正是这种不正义才需要被加以惩罚。

第一种错误自身不要求出于报应性理由的惩罚,这一事实并不意味着创造一条针对它的法律和惩罚那些违反法

---

① 我在这里必须承认,在不直接涉及道德立法的正当性的作品中,拉兹否认我在这里提到的这一主张的核心前提。拉兹反对以下命题,即便是在多少具有正当性的法律秩序中,也存在服从法律的初确性(可辩护的)义务。拉兹捍卫自己的立场,对一次交流中菲尼斯的意见表示反对,该批评见于《圣母院法律、道德和公共政策杂志》(1984 年,第 1 卷,第 115—155 页)。虽然我认为菲尼斯的观点是更佳的,但拉兹的主张也是强有力的并且值得我们认真反思。

律的人就是不公正的。从道德的观点来看,公正的惩罚也构不成一种伤害。相反,尽管它伤害了受惩罚个人的特定利益,但它本身就是一种善。它试图维护的公平秩序是一种真正意义上的共同善。它是一种对违反者和所有其他人都一样的善。当然,违反者也许不能认识到适用于他的公正惩罚带来的善。从情感上来看,似乎对他而言这是一种赤裸裸的伤害。但是只要他采取道德的观点——并且一个后悔这样做的违法者对此是心知肚明的——他就能像其他人那样理解惩罚的意义。

在我所勾勒的报应性惩罚理论之下,很容易看到违反法律——一种道德立法或任何其他种类的法律——的人是怎样为他不涉及其他人——立法者、警察、公诉人或法官——的违反行为而受到惩罚的,以表达对他作为一个人的谴责。① 当然,拉兹可能会拒绝报应论。但在排除功利主义——报应性惩罚理论的主要替代性方案——之后,我相信他很难提出一种替代性理论,这种理论既能在道德违反

---

① 约翰·菲尼斯通过援引穿透性这一哲学上的概念来说明这一点:"我做出的选择的品质对于我的性格的品质而言就是穿透性的,但当我(例如作为公诉人或法官)正在做关于其他人——他们的选择和他们的性格——的判断时,就变得不再具有可穿透性。由于我不知道他们选择的深层次基础,我可以在不用谴责作出这些选择的人(的性格)的条件下谴责他们作出的选择。"参见:"英国的权利法案? 当代法理学中的道德",马克比法理学讲座,《英国人文和社会科学院论文集》,1985 年,第 71 卷,第 325 页,注释 2。

第六章　多元至善论与自治性:拉兹论"实施道德的正当方式"

中排除惩罚也能证立其他刑事法律对这些行为的惩罚。

在拉兹所主张的道德立法的强制性面相侵犯了自治性中的第二个方面是"刑事处罚的强制性是普遍性和一视同仁的"。我们不需要考虑拉兹关于监禁剥夺人们大多数自治性追求的观点。正当惩罚的善要求在某一特定时间内对自由进行限制。的确,它不需要、不应该也肯定不能取消所有选择。受到公正惩罚的监禁者也无须或不应该被剥夺所有其他的善。甚至有罪的犯人都拥有道德权利并且应该(通常确实)享有某些自治性;甚至监禁也在道德规则的范围之内。但是监禁被公正定罪的犯错者既没有侵犯他们的道德权利也没有侵犯任何其他的道德规则。

在解释"相当一视同仁的方式"——对这种方式而言甚至不是很严重的处罚也会侵犯自治性——中,拉兹指出"没有实际的方式可以保证强制将能限制受害者[①]作出令人厌恶的选择,而这些选择不会干涉其他人的选择"。[②] 他没有阐明这一点,但他可能想说限制诸如色情的法律可能会导

[①] 一旦我们拒绝拉兹的以下观点,即道德立法表达了"一种统治关系和不尊重的态度",那么指出道德违反者是道德立法的"受害者"就并不必然比指出谋杀犯是谋杀法律的"受害者"更有意义。道德违反者也许认为他们自己是法律的"受害者";但是从道德的观点来看,他们实际上享受着这些法律所带来的福祉。

[②] 《自由的道德性》,第419页。

致对正当和有价值的艺术和文学形式的压制。这一顾虑是合理的。程序性保护能够派上用场,但不能消除风险。干涉道德上可接受的选择的危险,是一种在审慎立法者的实践推理中不利于反色情立法的考虑。但这也许不是一个决定性的理由。在许多情形下,考虑到将要实现的善,人们也许可以合理地认为值得冒这些风险。然而,请再次注意,并不是道德立法才有这种独特的风险:同样的风险也存在于刑事(和民事)法律的这些领域。① 在其他领域也是需要审慎的。我认为,面对这种类型风险的调控性道德规范就是公平的规范。只要这些风险(和其他负担)不是任意地施加于一群不受欢迎的公民身上,那么本身就愿意忍受这些或相应负担的立法者,便会公允地对风险和负担产生的副作用采取措施。

---

① 因此,很难拒绝接受萨德斯基的如下判断:即拉兹诉诸的刑事惩罚所运用的强制的"普遍性"和"一视同仁性"本质对其所担负的论证责任(亦即对伤害原则的辩护)而言是明显不充分的。同样地,我们也很难否定他的下述结论,即认为"拉兹的观点充其量是以一种自治性为基础的主张,它所反对的是对道德上厌恶的行为进行监禁惩罚,但是这并不足以证成排除强制手段运用于禁止所有的(无害于他人的)不道德之举中。参见"约瑟夫·拉兹论自由的中立性和伤害原则",第132—133页。

第七章　迈向一种公民权利的多元至善论

一、前言

　　读者在我所反对的一些代表性理论——将道德立法排除在违反正义或一些其他形式的政治道德之外——的主张的引导下，认识到"对道德进行立法"存在着一些内在的实际危险，对此他们感受到了困扰。他们担心，一种为旨在提升公共道德的强制性行政行动打开方便之门的政治理论必然过宽地证成了强制力的行使。他们保持一种内在的怀疑主义，即他们能够提出这样一种理论，它能规定道德立法的正当范围，并仍然允许可欲的多样化生活方式的存在，此外还为尊重和保护基本公民自由（比如宗教、言论、出版、集会自由和隐私权）提供原则性基础。我将勾勒出一种我希望能够克服这些怀疑论理论的大致轮廓。

在这里我必须提醒读者，我提出的只是一个框架。我没有罗列出这样一种理论的所有细枝末节。那项令人畏惧的工作很难在一章的篇幅内完成，我甚至担心在一本书中都难以完成那项任务。由于我所捍卫的这一进路的许多前提对今天的许多人来说都是不明显的，甚至对他们而言也是可疑的，我承认有义务详细地捍卫它们。我希望在未来的著作中能够圆满完成这项任务；从当前计划关注到的原则高度到具体应用来开展这些著作也是我所留意的。

然而，很重要的是，甚至对这一理论彻底的展现和辩护也不能解决所有争议问题，这些问题涉及某一特定社会中的道德立法应该采纳什么，或者当特定情形下的公民自由与另一种自由或其他值得具体保护的自由相冲突时，如何掌握这种平衡。除了诚信争议（它们通常关系到在"危急"或"疑难"案件中的理论所带来的结果）之外，观点之间出现不同将是不可避免的，这些观点涉及在道德上允许的立法中选择何者是最明智的或最审慎的。当然，在这些方面，我的公民自由和公共道德理论与一种复杂的政治理论所能合理宣称的相比看上去多少是定义性的。如果之前几章所捍卫的观点是可靠的,那么实施具体道德义务的问题从根本上说就是审慎的问题,并且因此是以不同情景下的知识为转移的,而这些情景又必然是地方性的和偶然的。

正如我在序言中提到的,不可能从一种在政治共同体中获得的各种情景的详细理解来抽象地认为,被合理地判断为不道德的特定行为应否受到那一共同体中法律的禁止。然而,当前这一章的重点不是处理公民自由和道德实施的具体问题,而是要勾勒出这些问题能够被充分讨论的可选择框架。我试图表明至善论不仅仅与对个人自由的承诺相符合;一个成熟的多元至善论提供了尊重和保护公民基本自由的最出色理由。再者,通过确证被这些自由所保护的人类善,这样一种至善论使我们能够辨明真正重要的自由,即从相对而言不太重要的自由——政府能够出于社会和经济平等性以及其他重要目标和理想的利益而对其正当地施加的限制——来看政府必须始终应尊重(和应该经常一致性地加以保护和促进)的自由。

在之前几章我已经提出,共同善被一种多多少少不受导向邪恶的强有力诱因影响的社会环境所保护。然而在谈到这一点时,我没有忘记提及(如亚里士多德和阿奎那广泛论述的)以下事实,多样性、自由和隐私本身就是一种有序社会环境和获得许多基本人类善的条件的重要成分。我承认,多样性、自由和隐私尽管不是内在的善却具有工具性价值,因而它们的价值必须被任何成熟的政治道德理论所认可和赞同。在这一章中,笔者认为,一种成熟的至善论理论,它根本就不会对公民自由构成威胁,我将试着表明,从道德的立场来看,它如何能够将有价值的自由和豁免权建立在更加安全稳固的基础上,相反,而不是将它们建立在反至善论的自由主义者所提出的任何其他基础之上。多样性,正如公民自由的宽泛概念所预想的意外后果那样,具有一种相当不同的根基并且需要单独分析。

虽然一个人所构想的权利可能与其他人不一样(或类似),这隐含在一种一般性自由之下(在合理的限制之内)采取他所认为合适的行为,他还是不能假定一种构成多样性(或一致性)之条件的连贯性权利。第一,任何严格的个人权利,比如进行跟我隔壁邻居不同的打扮,不可避免地冲撞了他像我这样穿着的互惠性权利。狂热的英国国教徒和非国教徒如果共同生活在他们自己的小圈子中将会像物质和反物质一样(like matter and anti-matter)完全使对方筋疲力尽。第二,人类多样性和一致性(在一种行为的而非基因的意义上)仅仅是一组人类选择和行动——个体的和集体的——的扩散性后果。在某种具体情境之下,我们也许或多或少地会谴责或赞同多样性或一致性（把食物中的多样性和关于奴隶制道德性的观点中的多样性相对比，以及把在诚实纳税方面的一致性与对某一职业球队表示忠诚方面的一致性相对比），但是无论这些看法自身还是由此引发的其他看法，没有哪种现象是值得赞扬的。多样性和一致性都不曾是一种就其自身而言应被合理探寻的目的；两者可能具有的任何工具性价值依赖于任何给定的多样性或一致性事例的具体特征。我们面临两种观念，一种认为最大限度的多样化总是好的，而另一种则怀疑任何一种至善论观念都必然会减少多样性。这二者交织在一起会给我们带来一种焦虑，而为了驱散这一焦虑，我们必须记住一点：一种成熟的至善论既承认人类的繁荣能够因具有广泛的道德上有价值的选择而促进，也承认邪恶选择的多样性对于人类的实践价值来说毫无助益。在我所提出的多元至善论理论中，多样性并非出于自身目的而受到尊重，具体来说而是出于多样性的善，这些善将以多样性的合理方式通过多样性的人类得到实现，他们具有多样性的才能、利益和背景，面对多样性的挑战和机会，在他们多样性的合理的选择和承诺中通过这些选择和承诺加以实现。

就工具性并不服务于更加基本的善（为行动提供终局性的可理解理由）而言，尊重这些善[比如多样性、自由和隐私的(政府或个人做出的)决定]在个人有理由(或其他动机)不去拥有这些善的地方是无足轻重的。任何假定自由和隐私权利但未能将这些假定性权利与基本的人类善相连的理论,激发了但却没有回答下面这一问题,"为什么我应该尊重其他人的权利？"然而,这一问题能够被一种赞赏自由和隐私的理论轻易地回答,这是因为并且仅仅在于它们能够使人们合理地实现他们自己和所在共同体的内在善,而这些善在缺乏自由或隐私的条件下将被阻止或遭遇严重的障碍。在自由或隐私作为重要方式和条件服务于基本的人类善的地方,个人有理由尊重其他人的自由或隐私(并因此承认争论中的自由权或隐私权),甚至当他具有竞争性的动机不这样做时亦是如此;并且政府也有理由不仅尊重而且也要保护这些权利。

二、言论自由

人类善是富于变化的:存在着许多基本的人类善,它们提供了不可还原且不可通约的行动理由。虽然个人能够并且有时的确为了这些善而行动,除非通过在各种类型的关系、群体和协会中与他人合作,其他情形下大部分人在实现这些善上做的不够多。可以说,完全孤立的个体行动是很难存在的。打算实现任何善的任何人通常在追求善的过程中选择与其他人合作。甚至明显孤立的行动也经常被证明是合作性的:包括发现通向电梯的道路、找工作和发现真理等一切事情。

以我正在讨论的明显孤立的个体行动为例——撰写一份言论自由的分析和辩护意见。坐在我办公室的文字处理器面前,这看上去我完全依赖我自己。当然,现实是我的工作直接或间接地在一些人的正式或非正式合作之下成为可能或变得便利。在某种程度上,通过参加持续千年的实践哲学的研讨会,我正在寻找关于我的研究主题的真理。我阅读其他人所写的文章;我与同事和朋友交流和争论自由言论的道德基础和限制,他们在道德和政治哲学上与我有相同的兴趣(虽然很少是因为我在这些领域的观点);我出版一些关于这一话题的著作并邀请与我有共同兴趣的读者考虑我的主张。在一种更加生活化的层面上,我还与图书管理员、书商、编辑和出版商、大学行政官员、商店员工、邮局职员、文字处理器咨询员、在各种授权机构工作的人以及所有其他的人打交道,所有这些人都以一种或另一种方式参与到我寻找自由言论问题的真理的努力之中。

合作不仅仅是偶然性的相互联系的行为。在战争中相互对峙的敌人或在事故中相撞的驾驶员就不是在相互合作,尽管他们的行为是相互关联的。典型的是,虽然限制在一定的范围内,当出于一个单一的目的共同行动时人们就是在相互合作。人们只有在他们具有关于那一目的的共同动机和对他们所做之事有共同理解的情况下,才会出于一个共同的目的共同地行动。

例如,邮递员并不知道我寄送给牛津大学出版社的包裹中有什么东西。在发现自由言论的真理方面他不需要认同我的兴趣。然而如果他和我在将我的包裹送往牛津上这件事上进行合作,我们就在一定程度上分享了我们正在做的这件事情的共同理解。他必须理解和分享我把包裹寄送到特定地址的意图。如果他错误地认为我是将包裹作为礼物送给他,那么我们就完全不能合作下去。我们有两个关于我们正在做之事的完全不相关和不相协调的观念。

相互合作是一种行动的统一。行动的统一需要一个统一的角色。当有两个或更多的个体时,为了获得统一的角色对个人来说就必须致力于获得一种关于他们所做之事的统一理解和实现特定目的的共同意志(例如,让我的包裹发送到我希望送到的对方手中)。如果参与其中的个人具有关于他们所做之事的不同理解,即便他们看上去像是在合作并且也打算合作,他们也根本就不是在合作。邮递员和我都试图为了一个目的而进行合作。但是如果他对该目的的理解和我的理解发生了分歧,那么我们进行合作的企图就失败了。它由于缺乏共同理解而受到挫败,这种共同理解的缺失使我们分享一种共同意志(也即基于一种共同的意图行动)成为不可能的。我们完全不是在进行统一的行动。即使对于将包裹送到牛津这个有限的目的来说,我们也没有成为一种统一的行动主体。

诸如理解、意图或意愿之类的行为内在于每个个体之中。只有在个人相互之间给对方理解其自身的内在想法和意愿的途径,至少达到能够设定和实现他们的共同目标的程度,统一的行动才是可能的。这种途径的给予和接受就是交流的一种类型。

当然,并不是所有的交流都是通过给予和接受各自内在想法和意愿的途径来完成的。在提请注意交流的这一面向上,我没有提供一种关于它的定义。我仅仅希望遵循这种方式,人类善的实现通常(和经常有必要)通过使交流成为可能的合作而被实现。我不愿主张这样的交流是有价值的;因为它不是。① 交流是工具性的而不是内在的善。当交流只是辱骂性的或纯粹是操作性的,或当它在追求不道德

---

① 朗·富勒(Lon L. Fuller)在《法律的道德性》(*The Morality of Law*)(耶鲁大学出版社1964年版)一书中揭示了作为基本人类善的交流(第186页)。如果富勒的观点是可辩护的,那么理所应当它就会支持"交流"的更宽泛的含义,将(交流)共同体的善和真理的知识包括进来。

目的的过程中被使用时,它不具有任何的价值。但是,在追求道德上正直目的的过程中使得合作成为可能的交流的工具性价值却是值得考虑的。没有交流,合作是完全不可能的。没有交流,许多善的实现就会受到阻碍,对许多其他善的追求就会被严重妨碍。

如果交流使对于追求人类善的统一行动而言属于必要的普遍理解和意愿成为可能,在理解和意愿具有内在性的条件下,交流又是如何可能的?人们通过使用对那些希望交流的人是可认知的事物,对内在于他们自身的事物进行交流。人们通过词语、手势、面部表情等进行交流。词语能被言说或书写。表达可以是语言的或非语言的。表达的语言方式是习惯性的并且因此是多变的。语言表达系统的无限多样化是可能的。其他表达形式则不是习惯性的;它们具有内在于自身的意义。这种类型的表述方式有时被认为是"自然的"。自然的表达方式的例子有微笑、皱眉、拥抱和呻吟。非语言的和语言的表达使得统一行动所要求的普遍理解和意愿成为可能。除非明确指示有相反的用法,当我使用"语言"这个词时,我试图包括所有这些表达形式。

交流对于合作而言几乎是必不可少的;而且合作对于人类善的实现来说是关键性的。当然,人们出于各种类型的目的而进行交流。老实说,合作不是语言的唯一目的。

语言完全可以是自我表达的。它有时是操控、侮辱或辱骂他人的一种手段。它也可以是仇恨性的、不雅的或淫秽的。不能提升任何人类善的语言是无价值的，因为语言的价值是工具性的而不是内在的。同样的，不是所有能够使人们相互合作的语言都是有价值的；因为人们既可以出于邪恶的目的也可以出于良善的目的进行合作。一群暴徒进行合作打劫无防卫能力的人；肆无忌惮的商人们勾结在一起搞垄断价格；新纳粹主义者一起合作在犹太人居住区进行游行。语言在使合作成为有价值的地方是有价值的；当合作是出于有价值的目的，它就是有价值的。

　　虽然交流只是工具性的善，合作的价值并不纯粹只是工具性的。当人们真正地在合作，而不仅仅是为了他们个人的目的操纵对方时，他们就分享了通行于他们之间的一种基本的善，即与其他人和谐共处和进行交流的善，一种在其完全释放时通常被称作友谊的善。这种善得以实现的合作本身是否就是一种统一行动的动机，这是不重要的。人际间的和谐和友谊是有内在价值的。虽然经常也具有深度的工具性价值，这些善为行动提供了终极性可理解的理由。个人不需要拥有一个为友谊而行动的隐秘(ulterior)动机(甚至在一种对"隐秘"这个词非轻蔑使用的意义上)。甚至在没有这样一种动机的情况下，这样的行动也是可以理解的。

无论统一行动具体来说是否受到人际间和谐的善的激励,在真正意义的合作行动中,它总是至少作为一种受欢迎的附带效果被实现。当然,人际间的和谐,被作为人之为人的福祉的内在方面,在一些合作行为中能够更加充分地得到实现。它能够在完整性和密集性的不同程度上被实现。并且,在某种程度上它甚至能够在一些关于邻里关系和友谊的行为中实现,比如与一个帮工聊聊天气或给陌生人指引去火车站的路。然而,在人们相互间发生冲突和试图给对方以致命的一击或破坏的地方,①或者在人们单纯地操纵

---

① 我强调使合作成为可能的交流价值不应该让人得出结论认为,在如何最佳地服务共同善(或者有关其他事项)上有争议的人们不能为了共同善而进行合作。相反,比如说,基督教民主主义者和社会民主主义者,或者民主主义者和共和主义者,在重要的政策问题上存在尖锐的分歧,具体来说通过公平和善意地致力于这些问题的讨论,却可以为了共同善而合作。再者,值得注意的是,批判性甚至是愤怒的言论(例如以极端的方式批评——甚至冒犯——政治对手或现状或既有的共同体形式)也可以是合作性的并且因此值得保护。正义是合作和共同体的有价值形式的一个基本成分。从非正义的程度来看,一个共同体比它能够成为的更没有价值,在规范性(而不仅是描述性的)意义上,也更难说是一个共同体。对所谓的非正义进行诚意的批评无论是否击中要害,对于任何政治共同体和大多数其他类型的共同体的福祉来说都是必不可少的。举一个塑造西方文化的例子,在那个时代犹太人的预言被认为是破坏性和冒犯性的以及"非我族类"而受到批判。然而,许多困扰人们甚至激怒他们的东西、他们对非正义和其他邪恶的严厉批评,非常有助于他们的共同体的改革和完善。不像战争中的敌人,在一个秩序良好的政治共同体内的人(或成员),通过参加关于追求共同善的最佳方式的公共辩论和政治竞争,无论任何一方是否是特别具有预言性的,在一种重要的意义上,就是在为了共同善而进行合作。在这样一个共同体中政府和它的批评者在同样的意义上也是合作者。因此,没有真正关心共同体共同善的人会支持一种使争论者保持沉默的政策;也没有真正致力于培养共同善的政府会产生消灭批评声音的冲动。

或"利用"彼此的地方,或者在他们完全忽视对方的地方,人际间和谐的内在善就不能再被实现了。

即使出于最高贵的目的,合作也会难以实现其目标。但是出于有价值目标而进行的合作行动绝不是无价值的。甚至当出于某种原因合作不能实现激励该行动的目的,这样的行动总能实现一种真正的人类善。心脏病患者在没有极力挽救其生命的合作性努力的情况下就会死亡。就算进行最勤恳合作的辩护律师团队也许不能为其被错误指控的客户赢得无罪释放的胜利。有时失败纯粹是由于运气不好。有时成功真的是不可能的。其他时候失败来自于错误、差劲的判断或其他形式的人类弱点。然而,即便在这些情形中,使合作成为可能的言语(speech)仍是有价值的,因为哪怕是作为一种意外,甚至在合作失败的地方,甚至在失败是由人类错误导致的地方,人际间和谐的价值也得到了实现。就真正的合作的内在价值而言,语言不能完全基于其在使人们实现激励他们合作的目标方面的成功或失败来判断。

更进一步地说,追求有价值目标的合作的失败不应该让人得出结论说,即便在考虑到激励合作的目标的情况下,言语是没有价值的。善经常是通过试验和错误来实现的。今天的失败是明天的成功之母。失败很少是不合格的否定结果。虽然失败本身是不好的,但失败有时(确实)是未来成功的必要条件。因此,甚至撇开真正合作的内在价值和言语的价值不说,考虑到它在真正合作中得以实现的人际间和谐的善是工具性的,甚至当它在实现激励合作的善方面是不成功的,我们也不应该认为言语是没有价值的,或者因为它不能获得预定的结果就认为言语是冗余的。

为追求有价值目标的真正合作提供便利的言语是有价值的。它的价值对大量的善(这些善的实现依赖于合作)而言是工具性的,同时它对人际间和谐(无论何时人们基于有价值的目标而真正合作,它总会作为附带后果而出现)的内在价值而言也是工具性的。为了这些人类善的考虑,政府应该尊重和保护甚至培育言论自由。

然而,正如从弥尔顿到密尔的言论自由捍卫者所认识到的那样,言论自由不是绝对的。有时存在着充分的理由去限制言论。这些充分的理由经常是所谓的言论的"时间、地点和方式限制"。举一个经典的例子,对政府来说禁止深夜在居民区进行嘈杂的政治动员就是完全合理的。① 有时,

---

① 在"萨拉诉纽约"[*Sala v. New York*,334 US 558(1948)]案中,作为对言论自由的非宪法性侵犯,美国联邦最高法院撤消了一项禁止没有警察首长批准使用放大设备的市政条例。在"卡瓦奇诉库珀"[*Kovacs v. Cooper*,336 US 77(1949)]案中,最高法院支持了一项规定的更为狭窄的条例,该条例禁止在居民区街道上发出"巨大和刺耳的噪声",读者可以将这两个案件做个对比。

尽管并不是很普遍,有充分的理由在同意的基础上限制言论。一些类型的言论是完全无价值的或有害的。原则上没有理由保护这样的言论,虽然审慎的考虑(包括对政府极有可能滥用的规制言论的权力施加严格限制的普遍关注)经常会倾向于容忍无价值甚至有害形式的言论。

不幸的是,政府官员经常在限制自由言论方面怀有坏的动机。例如,他们也许希望使对自己的批评销声匿迹、削弱或扰乱自己的竞争对手、压制"危险的"思想或者抑制不受欢迎的少数。简言之,有时候官员们的行为是自私的、公报私仇的、畏首畏尾的、沙文主义的或怯懦的。

考虑到大多数言论的价值,也考虑到政府官员用以限制哪怕是有价值言论所持有的可能坏的动机,言论自由应该享有强有力的推定。虽然经常有充分的理由对自由言论作出"时间、地点和方式的限制",但言论只有在特殊和少数情况下以同意为基础才能被正当地限制。赞赏自由言论所服务的人类价值的人应该不愿意授权以同意为基础的言论限制除非:(1)被限制的言论不是以下类型的言论,即不是为了真正的交流和合作,而是为了其他东西,比如无理由的滥用(新纳粹分子游行穿过大屠杀幸存者居住的居民区,并叫嚣"将犹太人统统送进烤箱")或者赤裸裸的操纵(肆无忌惮的推销员试图引诱焦急的老年人投资虚假的人身保险项目);或者(2)这一言论所追求的合作明显是出于邪恶的目的(典型的例子是进行犯罪的阴谋活动);或者(3)这一言论很可能导致严重的伤害或不正义或阻止重要善的实现(披露国家安全秘密或在政府证人保护计划中个人行踪的言论)。

有些时候不受拘束的言论使一些善的实现成为可能,而与此同时可能会威胁到其他人。在这些情形下,政策制定者如何决定对自由进行限制?从基本人类善的不可通约性来看,考虑到选择的各种选项,不可能通过诉诸最大化善的结果主义原则来解决这一问题。在这些情形下可能相关的道德原则,虽然并不总是决定性的,但其实是公平的规范。在特定的情形下,有价值的言论也会受到限制,因为它不公平地给他人造成负担,或损害或威胁他们的利益。然而,通常公平既不要求也不禁止言论的限制。换句话说,存在不败的(undefeated)的竞争性理由去允许这些情形下的言论和对言论的限制。

在这些情形下,没有决定性的政治道德规范以任何一种方式解决了这一问题。由于在所有道德上可接受的选择之间,有责任作出选择的个人如果充分考虑了所有相关的利益,就必须进行一种识别的行动。然而,他们必须识别的不仅仅是理由的问题,因为这些情形下的理由提供了行动的非决定性指引(即对于任一或所有选项而言存在不败的理由);必须识别的是感觉的问题。就感觉而言,作为主观性事项,不同的人和不同的社会自然会不一样。正如不同的人可能会合理地作出不同的选择和承诺,就多样化的基本善和邪恶的不可通约性而言,不同的社会可能作出不同的选择和承诺,这些选择和承诺在宽泛的限制内导致了关于法律自由和限制的不同措施。

因为言论自由不是绝对的,这些不同也能延伸至言论自由。平等公正的社会能够为了其他的善牺牲一些言论自由,或者为了言论自由(并且最终是言论自由使其成为可能的善)牺牲一些其他善。例如,英国、法国和德国允许政府官员和其他公众人物要求弥补他们因诽谤造成的损害,而不用主张存在"实际的恶意";因为担心这样的一种政策将会伤害健康的政治言论,美国则不是这样。① 一种政策或另外一种政策在原则上是不公正的吗,或者反过来说是与政治道德相对的吗?

我认为不是。一般来说,有充分的理由允许已经被诽

---

① 美国的这一政策是最高法院判决的结果,在"纽约时报诉沙利文"[*New York Times v. Sullivan*,376 US 254 (1964)]案中,最高法院解释《美国宪法(第一修正案)》中的言论自由条款。它将"实际的恶意"定义为或者(1)明知诽谤言论是错误的,或者(2)对诽谤言论抱有无所谓的态度。在实践中,实际恶意的《纽约时报》标准被证明是一种在诽谤行为中原告很难符合的标准。

谤的公众人物恢复损失,也有不这样做的理由。两种政策各有利弊。然而,这些好处和代价是不可通约的。并且无论何时何地,没有任何政治道德规范能够提供以任何方式解决这一问题的决定性理由。因此,只有政策的好处和代价被公平地分配并且不是任意性地施加在不受欢迎的个人或群体上,主张一种或另一种政策是必要的或甚至在某种抽象的意义上是"最佳的",就是不重要的。①

几乎任何共同体,规范性地来看,作为一个服务于或至少打算服务于组成该社会的个人的共同利益的团体,在通过他们的合作实现真正的人类善(包括友谊、正义和共同体自身的内在的社会善——即人际间和谐的善)的过程中,为

---

① 对于某一特定的国家来说,当考虑到该国家的传统、承诺、当前的(或可能未来的)环境和其他偶然性因素,一种政策或另一种政策可能真的是"最佳的"。美国最高法院在"纽约时报诉沙利文"一案中带来的结果也许就是对《美国宪法》的"最佳"解读(尽管该裁决遇到了激烈的批评),并且考虑到这个国家的传统、承诺等,也是或者是美国的"最佳"政策。在"文化相对主义"那里存在真理的关键,它来自以下事实,即像个人一样社会也经常面临各种选择,包括非常重要、自我构成的选择,它们都是道德上可接受的选项。当然,道德上可接受选项的存在对于社会和个人来说并不意味着那些道德上被所有社会排除的选项就是不存在的。因此,对道德上正当的文化相对性的承认与对文化相对主义的拒绝是非常一致的。举另外一个例子,英国有一部针对煽动种族仇恨的法律;而美国则没有。人们能够认识到,制定针对这种煽动种族仇恨的法律的理由,既不会击败不制定此类法律的理由,也不会被后者所击败。并且与此同时,人们也能认识到,即便是一个社会中绝大多数的人能够从奴役极小一部分人中受益,仍然有决定性的理由去禁止奴隶制。政府也许倾向于禁止煽动种族仇恨,或者不去禁止,而不会对任何人造成不正义。如果政府所采用的政策的好处和代价被公平地分配,那么就没有人被政府错误地对待。

了该共同体的有效运作将需要大量的言论(和其他形式的交流),并且因此是或多或少自由的和不受限制的言论。比如,思考一下家庭共同体。甚至那些作出决定的机构是高度权威式的家庭也需要允许大量的言论,如果作出决定的人不想成为纯粹的独裁者,而是真正为了提升家庭的共同善。

家庭所作的大多数选择都处于道德上好的选项之中。当面对这些选择时,为了能够决定家庭该如何行动,作出决定的人必须了解所有家庭成员的感受(情绪、口味、由优先性选择而来的定位或承诺以及其他违反理性的性情)。归因于这些选择的本质,家庭成员不能(甚至如果他们打算这样做)援引道德规范,它们为这样做而不是那样做提供了决定性理由。为了作出理智的家庭选择个人所需要的是关于家庭成员如何考虑这些选项的信息,以便于他能够作出那些与作为一个整体而存在的家庭成员相一致的方式以适合家庭的选择。

让我们假设一个家庭决定一起共度星期六的下午时光;出于各种理由,最可能和最吸引人的备选活动是逛动物园或参观自然历史博物馆。存在作出任一选择的不败理由:两者都是好的;都没有被提供选择其一而不是另一个的决定性理由的道德规范所排除——独立于任何人对相互竞争的可能性的感受。最后，让我们假设是由父母来进行拍板而不是投票决定。然而，为了作出好的决定，他们需要知道所有家庭成员是如何考虑这些选项的。

让我们假设其中有一个孩子不想去动物园，因为上次他们去那里的时候他就被其中的一只猴子吓着了，那只猴子龇牙咧嘴，还朝他扔香蕉。为了找到家庭当时能够做的最佳事情，他害怕猴子就是他的父母需要考虑的事情。也许，在考虑到他们所掌握的所有信息之后，父母还是决定去动物园，而不顾或者甚至部分因为那个孩子害怕猴子。也许他们会说，当时关于小孩害怕猴子最佳的事情就是让他在动物园再次遭遇猴子，以至于让他明白猴子根本不会对他造成任何伤害。父母可能把参观动物园当作一次教育他和其余子女怎样以一种适当的方式应对这类恐惧的机会。或者也许他们会说，在了解这个小孩的情况之后，让他在生活中再次遭遇猴子是对他不利的，因此他们决定去参观博物馆，或者如果他们去动物园的话就避开猴子。无论如何，重要的是要注意，如果他们想以一种真正服务于家庭的共同善（其中孩子的善是一个不可分割的部分）的方式作出选择，他们就需要在自己的实践推理中顾及孩子的感受。因而孩子能够和知道自己能够自由地表达他的感受就是重要的。

第七章 迈向一种公民权利的多元至善论

这个在家庭中需要自由言论的例子不应该被理解为暗示，自由言论只有在作出决定的人面临关于做什么的特殊和具体的选择时才是必要的。在任何不断成长并且不完全是为了实现某些具体、有限和短期的目标而形成的既存共同体中，持续不断的交流（和自由言论）对于构成共同体生命血液的合作来说是必要的。几乎任何这样的共同体都需要持续不断的交流，这些交流涉及构成该共同体的共同善的共同利益事项。持续不断的交流使这些事项活跃起来，引发对它们进行思考并从中作出选择的各种可能性。对于最终需要诉诸决定性理由来获得解决方案的事项来说，讨论和争辩是关键性的，具体来说因为这些事项在道德上是重要的。通过允许实际上是鼓励热情的辩论、批评和异议，不公正或不道德的政策被具有良好意愿的人们废弃（或修正）就能够得到强有力的支持。

甚至在不能为促进这样的讨论的理由提供便利的地方，交流也是关键性的。有关人们感受和主观性利益的信息对于在道德上可接受的选项中找到明智和公平的选择方案来说是至关重要的。不管共同体中"政府"的形式如何（可能是家庭、协会、城市、国家、民族等），由共同体组成的所有类型都有一项基本权利以平等关注和尊重那些权威降临在自己身上的人们。因此，每个人的感受在作出影响他们的决定时必须被考虑。值得一提的是,人们必须交流他们的感受,并因此必须是自由的交流。

交流也使自发地调整成为可能,在追求共同善的过程中,共同体的成员能够和谐共处和有效地进行合作。没有交流,比如说家庭成员就不能一起很好地实现所有家庭成员的共同利益,拥有一个好的和运行良好的家庭生活,一种充实所有家庭成员的生活。

尽管自由言论具有深厚的工具性价值,但是存在限制它的正当理由——甚至这些最有力的理由也将会与容忍无价值或有害言论的审慎考虑产生竞争。侮辱性的、诽谤的、淫秽的或纯粹操纵性的言论在家庭或自愿性组织和政治共同体中都没有价值。这些言论是不道德的,就此而言,父母具有决定性理由限制他们自己从事这些行为,并且一般也会阻止他们的孩子做这些事情。在为邪恶目的的合作提供便利时,即便有价值的言论也多少是不道德的。作为一种工具性的善,言论只有在出于好的目的被使用时才产生价值。

适用于在家庭和自愿性组织中的自由言论在政治共同体中同样也是价值的。致力于实现成员共同善的政治共同体,其有效运作依赖于自由地交流。政治共同体无论采取何种政府形式都需要作出决定。为了作出好的决定,也就是说,以真正提升共同善的方式,人们必须能够进行交流。[204]有可能拥有与作出好的决定相关的信息和观点的人们需要自由地参与讨论和争辩,并且能够与作出决定的人交流他们的想法和信息。

甚至考虑到不能像这样诉诸理性(由于这些选择都是合理的,尽管各自都有不同的理由)的道德上好的选择,为了弄清楚应该做什么,共同体也需要交流。在这些情形下,作出决定的人(不管是投票人、代表、君主还是其他人)需要顾及那些可能受到影响的人的感受,以便发现哪种可能性能够公正和最有效地服务于共同善。公正感要求每个人的感受都应得到严肃的对待,没有任何人的感受能够被任意忽视;然而,如果人们不能自由地表达以及交流他们的感受,那么他们的感受就不会被给予恰当的考虑。因此,即使是许多单纯作为情绪表达的政治交流,对希望致力于实现共同善作出决定的人来说也是有价值的。尽管感受的交流并不代表理由的参与,但也经常有助于政策制定者进行理性的思考。在公正感要求人们的感受应被考虑的地方,就像它经常所做的那样,自然而然地也会要求人们自由地表达他们的感受。

因而存在着至善主义理由的原则,它们植根于对真正人类善的关注,这些理由促使政府(以及其他人)尊重和保护言论自由,并且创造与维护一种环境,在此之中人们能够感受到自由,并且被鼓励交换自己的想法、信念和感受。因为交流对合作而言是至关重要的,同时因为追求有价值目标的合作是内在的善,对于大多数其他善的实现来说也具有工具上的必要性,人们应该总是能够享受到说话的自由。虽然有时候存在好的理由限制甚至有价值(或可能有价值)的言论(这些理由本身植根于对保护人类善和阻止大量非正义和其他邪恶的关注),任何认识到对个体及其形成的有价值共同体而言,自由言论的重要性的人将希望尽可能少地和暂时性地限制自由言论。比如,在"二战"结束后的德国,行业力量尽管在以不同的方式限制言论自由(包括政治言论)上得到正当化,却被要求从政治道德性出发限制这种自由,只要这种限制能够对清除纳粹势力以及建立一个健全的和自力更生的德国政府产生影响。[1]

  困扰主张言论自由的理论家的一个问题是,是否或在何种程度上,言论自由的道德权利能够超出政治言论延伸至其他形式的言论。从我一贯的分析可以很清楚地看到,言论是有价值的,并且出于许多理由,言论自由值得尊重和保护,而不仅仅是在指向政治目标时才是有价值的。政治

---

  [1] 《联邦德国基本法》(*Basic Law of the Federal Republic of Germany*),第21章。

共同体是一类有价值的共同体,但还有许多其他的共同体。① 人们会出于许多理由进行合作,建立共同体,严格说来,这些理由并不是政治的。言论以及由此言论自由,对于这些共同体中有价值的合作而言,不如对建立公正和好的政府更具有关键性意义。

然而,同时在某种意义上可以说,言论自由对于政治社会具有特殊的意义。流行的观点——"政治言论"处在以自由言论为代表的公民自由的核心地位——捕捉到了重要的真理。政治社会像任何其他形式的共同体一样对其自身的成功有一种特殊的关切,并因此在各种交流形式方面存在特殊的利益,这些交流使人们能够进行合作以实现政治社会致力于达到的善。政治社会经常理所当然地(确实,有时应该)不关心家庭和其他私人性协会对自由言论的限制。但是,它必须保证,言论在政治共同体中依然是广泛可行的,在这里,言论自由对于使政治社会健康运行而言是必要的。那么,在政治言论处于以言论自由为代表的公民自由的核心地位这一观念中存在一个重要的真理。基于此,对于任何政治共同体来说,为限制例外情况下高涨的政治言

---

① 就该问题而言,一个好的政治共同体在培育公民的善方面其实考虑的是塑造"完整的人",而不只是"政治的人"。

206 论设置标准也是行得通的。政治言论的结果很少会坏到难以证立这种限制。

在此处值得关注的是,"政治的"和"非政治的"言论之间的区分原则上是极其模糊的。我们不需要接受"任何事情都是政治的"这种无益的观念,只是要知道"言论"没必要归为一种单一的类型。许多言论是政治性的(甚至在通常的意义上),比如说,也是艺术的、文学的或文化的。政治言论采取小说、戏剧、诗歌或绘画的形式也仍然是政治的。更进一步说,甚至明显是非政治的言论(例如科学言论)也具有重要的政治意涵。因此,政治社会在政治交流中所具有的特殊利益支持范围广泛的言论,包括许多艺术和文学作品,和许多明显是非政治的言论。①

亚历山大·米克尔约翰(Alexander Meiklejohn)也许是当代言论自由方面最著名的理论家,他因在"公共的"和"私人的"言论之间作出鲜明的区分而得名,这一区分捍卫的命题是,只有"公共的"(即政治的)言论才受到以言论自由为

---

① 出于以下两点原因,政治和非政治的边界必然是不明显的:第一,所有明显是非政治的活动类型,包括表达性的活动,都能够植入和影响政治进程,或者是有意为之或者是无心的;第二,政府行动在某种程度上几乎会影响到所有类型的活动。因此,各种类型的言论都能成为政治进程所关涉事项的一部分。因而,在明显是非政治的领域干涉自由言论的政府或者是为了阻止政治进程中的合作,或者是为了使自己避开它试图统治的部分真实的社会生活。

代表的公民自由的保护，并且对这种言论的保护是绝对性的，没有例外。① 虽然米克尔约翰以对《美国宪法（第一修正案）》的解释来提出自己的主张，如他所指出的，他是用自由言论对民主是必不可少的这一哲学主张来捍卫自由言论的。他认为，审查制或其他形式的政治言论规制，限制了主体性的人们可获得的信息，因此伤害了他们慎思的过程以及破坏了自我管理（self-government）的质量。他还指出，通过剥夺投票人所获得的信息，对政治言论的限制就相当于剥夺人们投票的权利。由于通过公众投票作出决定（直接或间接地）是民主的本质，言论自由对于民主政府而言就是必不可少的。

对于批评米克尔约翰自由言论理论的大量著述来说，我只想补充一点评论，以捍卫我所勾勒出的自由言论。自由言论只有被认为能够促进好的政府才在任一政体中是必要的；在民主政体中，它的有价值性不是唯一的，甚至也不是特殊的。在以下方面政府的政体结构是不相关的：如果能够作出好的决定，人们就能够进行合作，作出决定的人将需要知道有可能受到政策影响的人们的想法和感受。事实

---

① 特别参见，亚历山大·米克尔约翰，《言论自由及其与自我管理的关系》(*Free Speech and Its Relation to Self-Government*)，哈珀和布拉泽斯出版社（Harper and Brothers）1948年版。

上,在许多方面,政治言论上的限制给非民主政体的共同善带来的伤害经常超过民主社会。在非民主政体中,与民主政体相比,通常只有更少的政治交流,并且也只有更低效和更不可靠的交流渠道。例如,世袭君主,如果真正希望为了共同的善进行统治并且害怕自己变成暴君,在相关信息的质量和数量方面就会有一个不利的开始。政治言论上过度的法律限制,不考虑这些限制的其他好处,加剧了该君主的信息孤立状态。这些限制会阻止仁慈的君主(还有他的首席顾问,他们总是占据高位并且也遭遇与君主本人类似的阻碍)得到他所想要的信息,通过打击公共议题(这些议题是生活受到这些议题影响以及想法和感受与决定作出的过程内在相关的人们所关心的)上充分和坦诚的讨论,这些限制破坏了他们确实获得的信息的质量。

除非那些生活受到决定影响的人能够或多或少相互谈论和交流他们的想法和感受,包括他们对掌管政府政策或被提出政策的人的批评,否则仁慈但独裁的统治者在励精图治的努力中就会被挫败。如果有的话,这些统治者比民主制下的代表更多地依赖于人们批评其政策的自由。具有讽刺意味的是,对自由言论具有更大需求的独裁政府更不愿意容忍自由言论,而民主政府——依其本质通过投票箱从被统治者那里接受反馈信息——则倾向于不仅容忍还积极诱导公众的政治言论。实际上,支持代议制民主的一个强有力理由就是,民主能够产生更多的政治言论,以及为政治交流铺设更有效和更可靠的渠道。民主政治鼓励人们以批评性方式讨论政治话题,能够保证作出决定的人回应人们的要求。尽管有价值的自由言论符合民主的运作机理,民主是有价值的,部分是因为它鼓励人们为了共同的善而进行商谈和合作。在非民主的制度下,毫无疑问这里只有很少的政治言论和能够开展的合作,自由言论的维护对于好的政府而言是至关重要的。因此,比如,一个明智的非民主统治者可能合理地总结到,民主制度能够有助于(在合理的不可通约的善中间保持平衡)提升对人们名誉权的保护,通过普遍地允许公众人物从具有诽谤性言论中恢复损失,但这样一种政策(很可能会进一步地阻碍公众的政治言论和对政府计划的批评)在他自己的政体中却是轻率的。

三、出版自由

出版自由是一类言论自由。出于应该尊重和保护言论自由的同样理由,政府应该尊重和保护出版自由。因此,我对这类公民自由的论述就可以简略些。

现今用"出版"来指各种媒体,包括广播、有线电视和印刷媒体(print media)。出版证明了对政治议题的特殊关注。政府具有干涉、审查或者甚至关闭"出版"的动机——如果很少的话,有时是合理的和公正的,但经常是不公正或违法的。因此,出版自由,尽管严格说来属于一种言论自由,值得享有强有力的关注,使其能够作为在基本公民自由清单上独立的一栏。

健康和多样化的交流媒介极大地促进了现代政治共同体的共同善。它们能够让信息——包括对官员和政府政策的批评——有效地流向需要这些信息的地方:它们告知公众政府的运行状况以及让官员知道人们的所思所想。它们便利了涉及公共议题的竞争性观点和意见的充分表达。它们有助于阻止腐败并在阻止不利的地方揭露腐败。

很明显出版相对于政府所有或控制的独立性是更加可欲的。然而,在当代民主政治中,一个不太明显(但更加现实)的危险是不健康的"思想统一性"(like-mindedness)问题。任何政治共同体的普遍善都要求表达和维护广泛多样的正当的观点。不管是通过政府的行动还是通过市场的运作,当不合理地压制大量在公众中传播、被批评和被辩护的观点时,就会损害共同善。当然,一些观点明显是邪恶的并且它们的表达没有任何好的目的——除了激发出一些反驳,这些反驳的价值超越了对有害观点的单纯反驳。虽然通常而言,存在着一些有力的审慎性理由反对哪怕是一种新纳粹的报纸或是一个新的斯大林主义无线电台(当一些恶人或被误导运用自己的自由建立这些东西时),但是即使这种对压制的反对失败了或者这种反对未能成功,也没有任何人会因此变得更糟糕。但如果政府(或其他人)试图鼓励这些东西的出现或者从失败中挽救它们,出于扩大或维持观点多样性的目的,这就是邪恶的。

然而,在几乎每种情形下,存在有关许多公共政策议题的大量合理和有潜在价值的观点以及在这些观点中进行严肃讨论和争辩的需求。观点的多样性能够服务于共同善,值得鼓励;然而不是所有观点都是有价值的或者需要被鼓励的,仅仅因为这种观点的加入能够丰富多样性。

在美国的宪法学说中,只有在最罕见的情形和最强有力的理由下才容许政府干涉出版自由。然而,美国法院并不认为,第一修正案的出版条款具有一种独立于言论自由条款的含义。美国最高法院拒绝接受以下观点,即出版自由要求媒体享有某种个人或其他组织不曾享有的特殊保护权。例如,报纸对一般性税种或规制雇佣条件的法律不享有豁免权,并且记者也不能免于出席刑事审判并作证的义务。

不管流行的学说是否代表了对《美国宪法》的合理解释，人们认为它包括了合理的政治道德。出版自由的保护必须是实质性的，不是因为出版应该得到特殊或额外的权利；而是因为出版是对政治议题和构成以自由言论为代表的公民自由核心的事项进行广泛宣传交流的核心关切和特别有效的方式。

四、隐私

许多当代讨论（尤其是涉及《美国宪法》）关注的"隐私权"的推定性方面是所谓的自己决定而没有法律干涉的权利，无论所作出的行为是否被一些人认定为不公正或不道德而被其他人认定为有价值的或至少是道德上无罪的。反至善论的自由主义者坚称，此类行为被推定的不道德性与它们是否应该被法律禁止是完全不相干的。他们认为，从合理的政治道德来看，这些行为是"私人性的"，并因而超出公共道德的正当范围。从根本上区分"公共的"和"私人的"涉及完成被推定行为的决定的本质，该行为受到这里的隐私权的保护；对于行为完成的地点或空间的本质（例如，家里、卧室、私人俱乐部）或者控制有关自己或自己家庭的信息传播的权利来说，这种区分就是不相关的或派生性的。①

我在本书中表述的许多内容其实是想削弱存在一种道德性隐私权的自由主义观念。自由主义的支持者对"决定性的(decisional)"和"空间性的(spatial)"或"信息性的(informational)"隐私之间的模糊性大做文章。在隐私价值和隐私权的传统观念中,具有根本性的是受保护的地点和对关于自己的个人信息的控制。因此所谓的隐私是受有关自由的程序性条款所保护的,比如避免不合理的搜查和逮捕、未获批准的搜查(特殊情形除外)、不适当的监控、无线窃听等。像传统观念所理解的那样,隐私权并非是可以在法律上自由完成某种"私人"行为,而不管这些行为的不道德性的实质性权利。相反,它是一种基本的程序性权利,免于政府和其他人侵入个人的家里或办公室或其他场所,或者查看个人的文件、论文或其他记录,除非政府能够为侵犯私人空间提供证明或者为审查个人信息提供强有力的理由。

隐私和隐私权的传统观念对我而言显然是可辩护的。确实,我应该主张如此认为的隐私权是为言论自由权奠定基础的同一前提所必然隐含的,从我对那种自由的至善论

---

① 在"鲍尔斯诉哈德威克"一案的异议意见中,这样写道:对于该案,最高法院冒着挑战宪法上隐私权的风险支持一部佐治亚州的法律,该法律禁止同性鸡奸的行为,大法官哈里·布莱克门(Harry Blackmun)承认在隐私的"决定性的"和"空间性的"观念之间作出区分。

论述来看。任何相信我所给出的关于自由言论权的理由的人也应该相信我即将给出的关于隐私权的理由。

成为一个个体或一个独立的共同体就意味着拥有独立于交流得以进入的内在性(interiority)。并且正如我所提到的,当个体自由地合作或者正当地为了共同的目的而合作时,他们就实现了共同体的内在价值。个人组成的共同体(或宗教团体)预设了(1)两个或更多的独立的个体,具有(2)交流他们内在性的能力,(3)他们将自身带入理解和意志的一种特定统一体中。如果聚集在一起的个人被取消了个人的内在性,那么合作将是不可能的,合作的价值也无法得到实现。进行合作的个人的持续性个体认同是合作和共同体的一个条件。

我已经指出,如果我不能跟你交流我的内在性,那么你和我就不能合作。同样的道理,如果关于我的内在性的所有事情你都已经获得了,而不用我来交流,那么你和我也不能进行交流(因为交流中的任何企图将完全是没有意义的)或合作。我能够自由地与你进行交流和合作,如果你和我将彼此带入一种理解和意图的统一体,并且实现除了其他善之外的人际间和谐的善。仅仅当我们开始将彼此带入这样一种统一体,出于共享的目的(当然可能包括我们的友谊本身)而自由地交流和合作,我们才真正实现了共同体的善。如果你的内在性对我是可获得的，但我的对你却不是，我也许能够统治或操纵你，但我们之间真正的合作（即一种规范性意义上的合作，能够真正实现人际间和谐的善）将是不可能的。合作只有在我们各自掌控我们彼此交流的东西并因此能够自由地交流时才是可能的。

共同体也有它们的内在性和它们自己共享的理解、承诺和利益。共同体的"内在自我（inner self）"存在于内在的表达和持续的交流之中，共同体成员能够发现和参与其中。并且，对个体来说是正确的东西对共同体也是正确的：如果对共同体成员是可获得的东西对所有其他人也完全是可获得的，那么共同体的认同本身就消失了，并且组建更大范围的共同体也将失去可能。有价值的共同体，比如家庭，如果他们为其成员所实现或使其成员能够为成员自身而实现的善需要被实现，或者如果他们将要在建立共同体的共同体（a community of communities）上与其他家庭合作，则需要明显的隐私。家庭共同体的建立（还用这个例子）要求，家庭具有明显的免疫措施以阻止对家庭空间和信息的侵入。为了在这些共同体中和被这些共同体所实现的所有的善，包括共同体的善本身，以及在与其他共同体合作中由这些共同体实现的善，共同体（比如家庭）的同一性和内在性就值得尊重和保护。

个人和共同体的内在性就是他们的隐私。个人、家庭和其他共同体的道德权利——政府(和其他人)应该尊重这种内在性并且甚至要加以保护——就是他们的隐私权。

正如自由主义者通过诉诸个人自治性、自我发展(self-development)或自我表达(self-expression)的推定性价值捍卫言论自由所频繁指出的那样,个人经常创造他们内在性的外在表达,而他们对于这些并不想进行交流。例如,个人严格来说为了自己的目的也许会保存私人笔记、日记、记录或与此类似的东西。这些东西就涉及个人的隐私。虽然对这些记录的不正当侵犯很有可能伤害重要的人类利益和价值,但主张它威胁到受害者的连续性或同一性就有点过头了。然而,经常被这样的行为侵犯从根本上威胁的东西其实是个人同他人一起进入共同体的能力,如果这些记录是可以自由获取的话。这样的侵犯行为试图揭露个体内在性的各个方面,而这些内在性方面是个人至少现在不希望公开或不希望与渴望了解这些方面的成员分享的。当然,针对这种侵犯行为的隐私权和言论或出版自由权一样也不是绝对的。有些时候存在强有力的理由公开或强迫个人提供私人的记录和其他材料。然而,承认无私(self-giving)及其条件的价值的任何人将发现,这样的隐私侵犯行为一定是例外而非常规(rule)情形。证明存在这样的侵犯行为的强有力理由的责任一定是落在试图发现私人信息的一方身上；而且允许这种发现的标准也一定是非常高的。

对政府来说存在其他理由去尊重个人的隐私。像共同体一样，个人不是静止的实体；他们的身份不是固定的；可以说，他们存在于持续不断的形成过程之中。个人在引领自己的生活时，他们必须将新素材(material)融入他们的身份中去，这些素材来自于他们的经验，特别地来自于他们与其他人的交流之中。个人能够维持一种稳定(当然，尽管不是固定的)的身份，具体来说通过这一融入过程，其中他们找到了新的适合点，多少能够与他们身份的其他方面和谐一致，并且常常要抛弃那些因为他们个性的发展变得不再适合的信念、观点、(自我)理解和他们身份中的其他方面。[214]这种类型的人格完整性，在以道德上正直的方式完成的地方，本身就是有价值的；并且这是一种个人的隐私所服务的价值。

为了实现有价值的人格完整性，人们尤其需要一种典型的保护措施，以免于对他们隐私空间和隐私记录及信息的侵犯。事实上，他们不仅仅需要免于被侵犯：他们需要反思的时间，在这段时间中他们没有与其他人合作或被其他承诺分散精力。从这种意义上说，隐私权真正地关涉有价值的(即道德上正直的)个人的自我发展。

隐私作为人格完整性的条件是有价值的,这种人格完整性具有内在价值和使真正的共同体成为可能的重要的工具性价值。同时,隐私服务于许多善,远远不止维持身份认同(个人和群体)和使有价值的共同体的创造和维护成为可能。隐私(在机密或秘密的意义上)在所有类型的领域大规模地促成有效合作以实现实质性目标。例如,除非家庭成员有一些计划创造惊喜的隐私,除非他们和自己的客人能够保密,否则他们将不可能带给令人们惊喜的派对。类似地,除非运动员团队具有安排比赛计划的隐私,并且将计划作为秘密来保存,否则他们将很难拥有一次好的比赛表现。商业公司难以有效和成功地运行,因为没有机密使他们失去公平竞争的优势,这些优势来自于他们的交易秘密和商业计划。如果激发艺术家的气息少到很难第一时间就能捕捉到被公众大量模仿的视角,否则他们就不能形成和完成自己的独特性艺术视角。

在一种显著的意义上,隐私和自由言论就是一枚硬币的两面。一方面是交流信息、思想和感受的可能性,另一方面是对这些进行限制的可能性,它们对于合作和共同体(被理解为某种本身就是善和某种使大量的其他善的实现成为可能的事物)来说都是必要的。隐含在这一观念之下对"个人"以及"共同体"的理解(或"想象"),首先体现在"个体"

上,这种主体能够独立或部分地通过与他人的合作实现善;其次也体现在由独立个体结合而成的"共同体"上,这些人通过自由地分享其内在状态以旨在获得一种服务于共同目标的目的统一,这(不仅)实现了自己的善,而且也实现了他人的善。

这样一种理解在任何严格的意义上既不是"个人主义的"也不是"共同体主义的",尽管它既分享了个人主义者的视角——人类善的基本和首要定位就是在没有严重损失的情况下(毫不夸张地说)人类个体从来不能被作为"共同体"目标的单纯"工具",也分享了共同体主义的视角——存在重要的社会善,比如友谊、正义和共同体,对于形成真正友谊和(其他)公正承诺的独立的人类个体的福祉及其实现来说,这些善本身就是有内在价值的而不仅是工具性价值。

我所建构的隐私观念,像我更早发展的交流观念一样,都是规范性的:我是在以下意义上考虑隐私(和交流)的,它们是用来实现自己形成的个体和共同体的人类善的重要手段和条件。存在一种隐私的描述性意义,类似于表达和交流的描述性意义,它包括各种类型的错误隐瞒、不公正的拒绝披露其他人有权知道的信息、暗中操作、说谎,等等。这些类型的活动是没有价值的,虽然总是存在审慎的考虑支持在特定情形下对它们的法律容忍,但它们并不值得保护。

当然,主要的审慎考虑是,权威当局很少能够发现那些不值得隐私保护的活动在无辜的或有价值的活动的情形下是否正在进行而不是刚开始就构成对隐私(在有价值隐私的核心意义上)的侵犯。

就服务于人们生活中有价值的目标而言,隐私是有价值的。作为隐私的道德权利,如果不能服务于有价值的目标就不值得保护。举一些简单的例子。并不存在尊重恐怖分子隐私的道德义务,如果他正在制造一枚炸弹,或者他们是一群谋划抢劫的盗贼,或者甚至他们是虐待或冷落孩子的父母。即便是有合理的理由怀疑这类活动可能会发生,也能确保采取行动侵犯他们的隐私权。甚至除了这些考虑之外,有时出现很多情况,可以正当地干涉那些服务于好的目标的隐私,正如有时威胁重要善的有价值的交流也能被正当地加以限制。然而,至于自由言论,对于个人和共同体的完整的善而言隐私的价值建立在这样的假定之上,即争论中的隐私是有价值的,并且证立干涉隐私所必须满足的标准一定要高。

从它们所具有的价值的观点来考虑,自由言论和隐私是同一个问题的两个方面,即共同体中的个人的善。虽然这两种重要的工具性善之间可能会相互冲突,但主张两者在根本上是对抗的观点是错误的。这种错误典型地是源自于如下观念,即将言论自由和隐私看作是好像独立的基本善,各自具有一些与如何使用它们无关的价值。把自由言论和隐私当作内在善的哲学家和法学家受到了一种驱使,即试图在两种不同的善相冲突的情形下设计出一种善优先于另一种的优先性体系。这样的体系通常要么依赖一两种善的序列,要么依赖一种功利性的衡量(例如"权衡判准")。没有哪种方法被证明是具有可操作性的。当自由言论和隐私就它们的规范性目的而言是可理解的(即作为实现基本的人类善的条件具有智识上的价值),它们(尽管有时是冲突的)基本上是补充性的:两者对于人们作为共同体中的个人和作为个人中的共同体被实现是必不可少的。①

隐私不是一种独特的政治价值(在通常的意义上使用"政治的"这个词,其中不是所有事物都被认为是政治的)。比如政府、家庭和自愿性组织都有理由尊重它们成员的隐私,这些理由植根于人际间和谐和个人完整性的善和隐私使得人们能够实现的其他善。共同体试图吸纳组成其自身的个体,由此不适当地取消了它们应该尊重的内

---

① 我并不是想主张,本着有价值目标的自由言论从来不会与有价值的隐私相冲突;我想主张的仅仅是,这些冲突不如人们所通常认为的那样普遍,它们通常展现了在立基于不可通约性之善的诸选项之间所作出的一种选择,借此同样公正的政体可以以不同的方式合理地解决问题。

在性和个人身份,并破坏了有价值共同体的条件。① 例如,对家庭成员隐私的明显损害将破坏作为一种联合的家庭,在这种联合中,人们能够实现人际间的真正的善。在共同体中的个人组成的群体这种规范性意义上,此种联合难以成为一个共同体,它只是在描述性意义上才能成为一种共同体。

　　一般说来,出于这些理由,父母不应该窥探他们的孩子、偷翻他们的私人日记、强迫他们分享每一种想法。甚至在家庭中孩子也有一种隐私的道德权利,尽管这种权利像一般性的隐私权一样不是绝对的。父母意识到孩子作为个体和家庭以及其他共同体成员隐私的价值,只有在为了避免严重的恶或促进重要的善的紧急情况下才会干涉孩子的隐私(比如翻看私人日记)。类似地,一个道德上善的政治社会只有出于紧急状况的需要才能干预家庭的隐私,比如认为有必要制止冷落或虐待孩子的行为时便是如此。

---

　　① 如约翰·菲尼斯所言:"为了共同的善而将个体一起融入到共同事业之中的尝试……无论会使共同体的事业走向何种繁荣,对共同的善而言都将是灾难性的。"(《自然法和自然权利》,第168页)

五、集会自由

在我对言论自由和隐私权的论述之后，只需要简单论述一下作为集会自由的公民自由。集会仅仅是一种交流和合作的手段，尽管是一种重要的手段，仍应值得保护。

集会自由的权利从根本上说是组织和维持联合的权利，在这种联合中，人们可以为了共同的目标而合作。在人们合作的目标具有价值的地方，出于这些善的考虑，同时也为了实现人际间的和谐（当人们真正合作时就会实现这种和谐），集会就是有价值的，并且值得尊重和保护。

对言论自由适用的，对集会自由也同样适用：不能仅仅因为它不能实现激励有价值的目标就认为它是没有价值的；也不能因为它的目标在某些方面是误导性的和错误的就取消它。比如，如果集会被用来推动某种经济政策，即使到最后这项政策让位于与其竞争的其他政策，它也非常有助于形成好的政策。当然，风险体现为，组织的有效性可能会使其确保贯彻一种劣等而非优质的政策。那么，为何那些相信何者能够成为更优质政策的拥护者会支持那些认同劣等政策之人的集会自由权？

撇开审慎的考虑不说，这种考虑甚至允许明显具有邪恶性群体的集会，存在充分的理由允许（和甚至鼓励）合作性的政治行动，而集会出于保卫政治共同体的普遍善的目的使其成为可能。尊重和保护集会权是保证热情的、开放的和包容性的政治辩论和行动的最好方式之一。最好的政策（像真理一样）也并不是放之四海而皆准的；但是错误会时刻准备成为亮点，如果有广泛的集会自由支持广泛的言论自由，那么坏的政策会为正确做法提供更好的机会。

此外，集会自由如同保护参与政治进程的能力的其他重要善一样，赋予人们针对剥夺他们有价值自由的暴君或可能的暴君以最好的防卫。当然，它也为追求坏的政治目标的可能的暴君和其他人更有效地追求这些目标提供了便利。但是受到正当限制的集会自由在没有忽略保护和促进有价值的人类善的自由根基的情况下，会将滥用的危险降低到最小的限度。在这样一种自由的观念之下，怀有全能主义抱负但在现存的民主政治框架内开展活动的政治团体（比如初生的纳粹政党）也能够被允许和平地集会、举行户外的集合、分发传单和列队游行，只要没有越过红线和参加受到使用恐吓、暴力或类似手段引诱的集会活动（在这里，现存的政府能够作出相应的反应而没有在任何意义上侵犯纳粹的集会权）。然而，一项范围过宽和内容中立的权利可能使政府处于到处受限和难以采取有效行动的状态，不敢采取恰当的行动去与它担心也是受到保护的错误行为作斗争。

依我之见,集会自由的权利也与隐私权有联系。它包括保持信任和秘密的权利。甚至对致力于有价值目标的组织来说经常有必要紧密保护那些关于例如成员身份或住址或职业的信息。因此,正如最高法院解释的那样,《美国宪法》正确地保护那些反对强制公开成员名单和其他信息的政治团体,以确保集会的自由。① 集会自由的权利,像所有公民自由的权利一样,必须假定这里所说的集会是为了有价值的或有潜在价值的目的,并且打算干涉集会的一方必须承担提供正当化这种干涉的强制性理由的责任。

六、信仰自由

不同阵营的公民自由主义者基于不同的理由捍卫宗教自由。一些人要么基于有争议的宗教性观点辩护信仰自

---

① 在"全国有色人种促进会诉亚拉巴马州"[*NAACP v. Alabama*, 357 US 449 (1958)]案中,最高法院认为阿拉巴马州关于强迫民权团体提交成员名单的命令构成了对集会自由权的一种非宪法性侵害。该院指出,"在过去的情形中,成员位次和名单信息的披露已经将这些成员暴露在经济追偿、失业、身体暴力的威胁和其他明显的公众敌对行为之下"。法院最后得出结论说,"在这些情形下",名单的强制性披露将会"对请愿人及其成员培养他们确实有权提倡的信念产生负面影响,因为它会诱使成员撤销……和阻止其他人参与进来……由于担心……被暴露的后果"。

由,这种宗教观认为所有宗教都是(一样的)正确或不正确的;要么基于同样有争议的宗教性观点作出辩护,即认为宗教性真理是完全主观的事情;要么基于实用主义的政治理由作出辩护,即认为信仰自由是在信仰多样化面前维持社会和平的必要手段;要么基于政治道德的观点作出辩护,即认为信仰自由是个人自治性的权利的一部分;要么基于宗教政治观点作出辩护,认为如果有价值的话,那么"宗教"是一种政府不能管辖或没有能力涉足的价值。除此之外,还有许多其他的主张。

与此相对,我认为,宗教自由的权利具体建立在宗教的价值之上,它是一种终极性可理解的行动理由,一种基本的人类善。① 如同其他内在的价值,宗教构成了一种政治行动的理由;政府不需要也不应该对宗教的价值漠不关心。然而,那一价值的本质是这样的,它完全不能通过强加而实现或得到很好的服务。政府任何强制贯彻宗教信仰和实践的尝试,即使是真正的宗教信仰和实践,也是没有效果的,并且可能破坏人们对宗教善的参与。虽然宗教自由像我们已

---

① 说的直截了当一点,我的主张——"宗教"是一种基本的人类善——肯定会误导读者,如果他们不熟悉格里塞茨、菲尼斯、波义尔和我自己关于当代自然法理论的作品。因此我要求这些读者对我的主张保留判断,直到他们了解了在随后的章节中我对作为基本的行动理由的"宗教"及其地位的解释。我对这一问题更加充分的解释,可以参见拙文:"对自然法理论的一些新批评"。

经提到的其他公民自由一样并不是绝对的，政府仍具有尊重和保护宗教自由的强制性理由。

我们人类一直都怀疑是否有某种东西比我们自己更重要，也就是说，作为一种终极的或者至少更加接近终极的意义和价值来源，以使我们不得不考虑和（如果个人性的）用来组织友谊和团体。这个问题既是敏感的也是重要的。如果存在上帝（或众神或不死的终极性实体），如果具有这种终极的和谐和团结对人类是可能的，那么建立这样的和谐和进入这样的共同体显然就是好的。

当然，在宗教性问题上人们可能会得出不同的结论：也就是我们在世界上看到的真正根本性的宗教多元主义。然而，没人能够合理地忽视宗教问题。个人对这一问题的回答，即使是无神论或不可知论，也深刻地影响到了他的生活。在理性上，个人必须探索宗教问题，依靠自己的最佳判断来采取行动。

再者，没人能够为他人探寻宗教真理、拥有宗教信念或真正地根据它们来行动。探索、相信和争取真实性是人类个体的内在行动。作为内在的行动，它们是不受强迫的。如果不能自由地作出，它们就根本无法完成。受强迫的祈祷者或宗教从业者，或其他明显的在压力下完成的宗教行为可能都被打上了宗教信仰的外在印记，但它们在任何意义上都不是"宗教的"。如果宗教是一种价值，这种价值就根本不能在这些行为中得到实现。

宗教是一种价值吗？不管孤立的理由能否以一种有效主张为基础得出结论说上帝存在——实际上，即使证明上帝确实不存在，可以从一种重要的意义上说，宗教是一种基本的人类善，一种人类福祉和繁荣的内在和不可还原的方面。宗教是一种基本的人类善，如果它提供了终极性可理解的行动理由。但是不可知论者以及甚至无神论者能够轻易理解以下关键之点，即存在某种超越人类自身的终极性意义和价值来源、个人能够尽可能追问真理问题和在最佳判断下指导自己的生活。这样做其实就是置身于宗教的善。正如个人在没有诉诸外在理由（和超越个人拥有的情感性动机）的情况下有理由追求知识、涉足友谊和共同体的其他形式、为个人的完整性而奋斗、发展个人的技能和实现个人的才能，他也有理由同样在没有外在理由的情况下探知终极或神圣实在的真理，以及尽可能促成和谐并进入具有终极性意义和价值来源的共同体中。

如果上帝存在的话，与上帝共处就像与其他具有反思性①的人类一样；除非能够展现一种自由的无私，除非它是

---

① 读者应该还记得，用我的话说，之所以称作"反思性"的善是因为它们是选择的对象，而选择的价值依赖于它们能够被自由地选择。

进入一种友谊、互助和互惠关系的选择结果,否则这种共同体就是不可能的。就其本质来看,这样一种关系完全不能通过强制来建立。强制只会破坏一种真正宗教信念和人类宗教善的真正实现的可能性。强制不能使人们真正选择那种人类善,因为它试图支配期望非常不同的善——免于即将到来的痛苦、损失或其他伤害的自由,或者一些其他非宗教性的好处——的思考。

对于宗教来说,作为实践理性将其判定为完整人类善的内在方面的一种价值,政府永远不能正当地强制推行宗教信仰;也不能要求宗教性服从或实践;也不能出于宗教理由禁止它们(从那种程度来看,宗教自由是绝对的)。并且,为了宗教的善,政府应该保护个人和宗教性团体以免于其他人试图以对他们的信仰和实践的神学上的反对为基础进行宗教事务的强迫。

当我们这样考虑的话,作为宗教自由权利基础的宗教价值就非常接近问题的中心,甚至在提议对宗教实践的政府性压制并不是(至少不是排他性地)以对该实践的神学上的反对为基础的地方,宗教的善提供了一种不去压制这种实践的理由,尽管不总是决定性的。因为这样一种理由不能被竞争性理由所击败,宗教自由就不是绝对的。很明显,存在禁止活人献祭(human sacrifice)或比如以宗教为动机的奴隶制，以及甚至可能禁止在真诚的宗教崇拜中对危险性药物的使用的决定性理由。① 然而，在没有决定性理由压制宗教活动的地方，宗教的价值提供了决定性的理由（即击败竞争性理由的理由），以构成禁止该实践的一般性法律的例外许可，至少在该活动对于参与其中的人的宗教生活而言极其重要的情形下便是如此。②

我对宗教自由的辩护是在隐含地诉诸某种形式的宗教怀疑论、主观主义或相对主义吗？这与在客观的宗教价值上的信念不相一致吗？包含一种可疑的个人主义的宗教观点吗？并暗示宗教信念是纯粹私人性问题吗？除非我为以否定语气回答这些重要的问题给出充分的理由，有信仰的人们——否定宗教主观主义或相对主义，并拒绝将宗教作为纯粹私人性问题这一宗教信念的个人主义观念——将会

---

① 在"俄勒冈人力资源部就业处诉斯密斯"[*Employment Division, Oregon Department of Human Resources v. Smith*, 494 US (1990)]案中，最高法院支持一部可能挑战宪法许诺的自由进行宗教活动的俄勒冈州法律，该法律禁止使用含有迷幻剂的佩奥特掌（仙人掌的一种），并对真诚的美国土著宗教团体成员没有许可例外，该团体以吸食佩奥特掌作为他们宗教活动的一部分。在代表多数意见撰写判决书时，大法官安东尼奥·斯卡利亚表示，所适用的法律不需要通过展现俄勒冈的"紧急政府利益"来获得支持，如果看到以下事实，即法律是一般性的，并不旨在以诸如此类的方式压制宗教活动。大法官奥康纳在作出判断时主张，甚至就明显打击自由的宗教活动的一般性法律而言，政府也需要证明存在紧急的政府利益。然而，不同于三位对该案持有异议的大法官，奥康纳总结道，俄勒冈满足这种要求，展现反对使用佩奥特掌的法律能够促进紧急的政府利益。

② 我在这里没有给出任何有关斯密斯案件中宪法问题的观点，该案在之前的注释中曾被引用过。

合理地发现我的观点是难以接受的。

当然,不是所有的宗教信徒都能与我站在同一立场而同意我的观点。从宗教启示来看,如果人们相信在被认为是一种自然的人类善的宗教善中,没有任何参与具有真正的价值,除非正式地处在上帝规定的宗教机构之中或符合真正的宗教教诲,那么他们将在神学的基础上拒绝我的观点。当然,如果人们相信上帝已经表露宗教强制事实上是道德许可的(或者甚至是被要求的),那么他们将会认为我对宗教自由的辩护完全是错误的。然而,许多宗教信徒,包括许多拒绝主观主义、相对主义和极端个人主义的信徒,否认上帝已经揭示在宗教的善中不完美的参与是没有价值的或者宗教强制是得到授权的。他们的观点正好与作为一种人类善的宗教的实践理性证明相一致,这种善作为人类繁盛的一个方面,只有在不能被强制的内在行为中才能被实现。

例如,天主教会(Catholic Church)在第二届梵蒂冈大公会议的《信仰自由宣言》——明确重申其绝对的非相对主义立场,"唯一的真正宗教存在于天主教徒和使徒之中,基督耶稣致力于在所有人中进行传播的义务"(unicam veram religionem)[①]——中表明,宗教强制是与真正的宗教和合理

---

① 《信仰自由宣言》(*Dignitatis Humanae*),第1页。

的政治道德相违背的,甚至在以宗教真理的完整性得以维持的教会的名义使用强制时亦是如此。① 该宣言告诉人们,宗教自由的权利具体建立在宗教自身的价值之上:甚至以宗教真理名义的强制也会(甚至当其错误地寻求进步时)对人们造成伤害,通过阻止人们接受真正的宗教真理和参与宗教的善:

> 就其本质而言,宗教活动首先包括那些内在的、自愿的和自由的行为,通过这些行为人们直达上帝以安排自己的生活。单纯的人类力量不能命令或禁止这类行为。②

---

① 沃尔特·墨菲提醒我,在引用天主教会宗教自由的立场时,重要的是坦承只是最近才形成这一立场。长久以来神职官员对宗教自由的观念持怀疑态度,这种自由观念将他们(精确地说是在一些情形下)与宗教相对主义或中立主义以及采取宗教性誓约是不道德的或这样的誓约是没有约束力的这一观点联系在一起。

② 《信仰自由宣言》,第3页。也可参见第二段:"与作为个人的尊严相一致,在具备理性和自由意志以及被赋予个人责任的条件下,所有人都受到他们自己本性的驱动,并且受到寻求真理尤其是宗教真理的道德义务的约束。一旦获知他们就更加应该坚持真理和按照其要求安排他们的整个生活。但是人们只能够以符合他们自己本性的方式满足这一义务,如果他们享有精神上的自由和免于外在强制的自由。因此,宗教自由的权利建立在人类本性自身之上,而不是建立在任何纯粹的个人思想态度之上。并且,这种不受干涉的权利甚至在那些不执行寻求并坚持真理的义务的人那里也能够维持;只要存在公共秩序,该权利的行使就不应该被遮蔽。"

"在一切之上"的宗教信念包括作为个体的人类的内在的、自愿的和自由的行为这一教导暗含一种极端的个人主义宗教观点吗？不是。正如该宣言随即所指出的：

> 人类自身的社会本质要求他应该对他的内在宗教行为以外在的表达：即他应该和其他人参与到宗教事务之中；他应该在共同体中展现他的宗教。①

随后不久，该宣言毫不含糊地确认了宗教的地位，作为一种（非强制的）政治行动的理由：

> 在人类以私人的、公共的和个人信念的意义指引他们通向上帝的生活中，宗教行动，就其本质而言超越了人间和尘世事务的秩序。因而，政府实际上应该充分考虑到人们的宗教生活并表示支持，因为政府的功能就是提供共同福祉。②

最后一个教导肯定会困扰教会和国家"严格分离"的支持者，他们相信政府对阻止或促进宗教的观点无能为力。

---

① 《信仰自由宣言》，第3页。
② 同上。

然而，该宣言的立场是完全与严格拥护宗教自由相一致的，并且也合理地倾向于"严格分离主义"。宗教的内在价值作为一种人类善不仅为政府尊重宗教自由也为政府促进和支持宗教反思、信念和活动提供了理由（即理性的动机）。可以确定，政治道德的规范，尤其是要求尊重和保护宗教自由的规范，能够限制政府正当地出于宗教目的而行动的方式；但是，这些规范没有击败政府必须"考虑人们的宗教生活并表示支持"的理由。

为了宗教的善，政府可以正当地在其管辖之下考虑不同信仰团体的健康和福祉，正如他们关心家庭和其他有价值的附属共同体的健康和福祉一样。没有政治道德的规范能够为政府一直和在所有地方限制与宗教组织一道应对社会的恶或解决社会问题提供决定性的理由。事实上，共同的善就是为政府所服务的，当政府自觉地在取代宗教组织、教派间和非教派的慈善组织、家庭和其他非政府服务的提供者——在特殊的共同体中能够提供更好服务——的社会福利功能上保持克制。再者，为了推动宗教机构、援助宗教学校和促进在军事、教育和其他公共机构（在最大实践可能性方面与人们自己的宗教信念和承诺相一致）上人们的常规性精神关怀，以税收豁免、税收减免的形式对宗教的平等和非强制的支持能够帮助人们实现他们生活和他们孩子生活中宗教的善,虽然没有侵犯正义或宗教自由的原则。

当然正确的是,对不同类型和其他对抗性理由(例如这样一种考虑,政府涉足——或太多的政府涉足将与它所希望推动的宗教组织的完整性相妥协)的审慎考虑将经常反对政府支持宗教的特殊提议。因此,使政府以政治的方式对人们的精神生活"表示支持"的政治道德规范并不是非常迫切的。相反,要求政府尊重和保护宗教自由权利的规范却是十分迫切的。在没有决定性理由不允许的地方,政府应该允许宗教活动;并且,在大多数情形下,政府应该取消和甚至阻止私人性的宗教强制。然而,如果政府有独立的理由以行动支持和鼓励宗教,像他们经常能够做的那样,这样的行动是为了共同的善。要得到政府的支持和鼓励,宗教就不能侵犯任何人的公民自由。

在勾勒出宗教自由的至善论主张之后,我应该解决这种可能性,即一种类似的主张能够从支持"道德自由"的观念中推导出来。它们不能因为人们害怕惩罚、希望得到表扬或一些其他非道德的动机而被实现。道德善的反思性并不意味着,当法律阻止人们从事不道德行为时,没有得到任何好处,或者没有任何伤害被阻止。明显地,当犯罪和其他错误行为的受害者宽容这些受害者也可能从事的行动所带来的恶果,更大的善就被实现了。再者,不道德的行为者本人也从中受益,不管他们被阻止的行为是否将伤害其他人或只伤害他们自己。因为通过阻止这样的行为,法律可以防止人们自身染上腐蚀性邪恶的习气,这些邪恶多少会逐渐侵蚀他们抵制邪恶的人格和意志。在没有法律的情况下,甚至希望进行不道德行为的人也能从法律中受益,通过逐渐习惯于自由和有意识地抵制邪恶,而这种邪恶是他们在形成这种习惯之前并不试图抵制的。合理的道德立法并不分享试图强制宗教行为的法律所具有的"自无效"(self-stultifying)的特征。

合理的道德立法也不能阻止人们实现道德善。合理的道德立法创造了一种理性和意志被强有力的引诱所压倒的人——考虑到引诱的普遍性和意志的脆弱性,任何人都可能这样①——却具有相反的动机不去屈从于邪恶的引诱。法律经常以(惩罚、公开披露和造成尴尬等)恐惧来影响他的思考,只是为了不让他的思考被引诱占据。② 在理性控制

---

① 亚里士多德的想法是完全没有根据的,即认为天然的道德精英只需知道什么是对的、什么是错的,并且只做对的而避免做错误之事。最伟大的圣人和道德英雄也经历了强有力的引诱和意志的脆弱性——并且有时还会向它们表示屈服。

② 做错事的诱惑总是(尽管不总是排他性地)情感(和亚理性)的产物;然而,情感经常将自己伪装成理性,通过管控理性以表现为指令性的合理化成果的形式出现。因而被束缚(和被工具化)的理性熟练地对所从事的行为进行合理化,这些行为尽管不是完全非理性的,也与不受束缚的理性作为相关规范所准许的行为相对。

他的思考的程度上，他能够在面对作出不道德选择的引诱时置身于作出正直选择的道德善之中，并且能够在没有涉及法律及其惩罚的威胁的情况下这样做。再者，甚至在理性和意志都被削弱的地方，尽管没有完全被引诱所压倒，通过支持他抵制引诱的意志，法律及其威胁能够帮助个人避免邪恶。

只有在非常罕见的情形中，就相信被道德要求去从事被禁止的低贱行为的人而言，没有任何偏离道德善的地方。受到强有力诱惑，比如说滥用毒品或使用色情作品的人（像被引诱进行谋杀或强奸的人）几乎从来不会认为他们能够完成一项道德义务（并因此实现一种道德善），通过屈从于这种引诱——即使他们正好相信在他们这样做时没有任何道德上的错误。这类人，甚至在他们自己的理解看来，没有偏离对任何道德善的实现，这些善通过法律禁止他们希望从事的行为而实现。然而，在某人错误地相信他具有随性而为的道德义务而不是道德权利的情形下，情况是不同的。在这类非比寻常的情形中，存在一种有限但真实的意义以使这种人能够通过沉溺于邪恶实现道德善，并且存在一种相应有限但真实的意义以使禁止那些邪恶的法律将令他偏离道德善。但是这是一种有适度的（modest）道德善，一种我们已经允许和要求人们偏离那种人的行为（如果存在的话）

的善,这些人相信他们具有强奸、谋杀或从事令人憎恶的罪行的道德义务。

七、结论

充分的多元性至善论——考虑到人类善的丰富多彩、作为完整人类福祉的多样性方面的特征以及个人和共同体行动的理由、以多样性合理的方式实现和加入人类能够整体性完成的东西——根本不会对基本公民自由造成威胁。相反,通过将公民自由建立在真正的人类价值——那些自由试图保护和促进这些价值的实现,甚至使其成为可能——之上,这样一种至善论使我们能够给出一种合理的描述,即为何政府(和其他人)应该尊重公民自由以及为何他们在侵犯这些自由时犯了(道德上的)错误。再者,通过将特殊公民自由的权利理解为植根于这些自由所服务的人类善之中,多元性至善论的论述(不像自由主义的论述,它建立在伤害或中立性原则之上,或者以自我定义或自我表达的价值为基础)至少以一种粗略的方式成功实现了把重要的自由——对它们的限制只有出于最强有力的理由才能被正当化——从相对而言不重要和非基本的自由中——出于竞争性的善可以更容易被牺牲——区分出来。

最后，多元性至善论让我们理解了由刚性的道德权利构成的（最终建立在这些自由所服务的完整性人类善之上）公民自由，和把被这些道德权利所保护的有价值行动与邪恶的行动相区分，对于这些邪恶的行动来说，在可能的地方，我们本应通过强制性手段进行打击但为了避免更大的恶而合法地加以容忍。多元性至善论能够（和确实）热情地捍卫基本公民自由，比如言论和集会自由，同时倾向于支持以下难以置信（和冒犯性）的观点，即比如聚集起来在大屠杀幸存者门前高呼"嗨，希特勒"并不比在天安门广场集会以谴责暴政更不像是在行使言论和集会自由的道德权利。在可能好的行动的多样性视野下理解公民自由，多元性至善论不需要以对公民自由的坚定承诺为代价来展现从事坏的行为的道德权利（即一项"做道德上错事的道德权利"）。

参考文献

AQUINAS, ST THOMAS, *The 'Summa Theologica' of St. Thomas Aquinas* (London: Burns, Oates & Waskburn, 1915).

ARISTOTLE, *The Basic Works of Aristotle*, trans. W. D. ROSS (New York: Random House, 1941).

——*The Politics of Aristotle*, trans. ERNEST BARKER (Oxford: Clarendon Press, 1946).

ARKES, HADLEY, *First Things: An Inquiry into the First Principles of Morals and Justice* (Princeton, NJ: Princeton University Press, 1986).

AUGUSTINE, ST, *The City of God*, trans. HENRY BETTENSON (Harmondsworth: Penguin Books, 1972).

BERLIN, ISAIAH, *The Crooked Timber of Humanity: Chapters in the History of Ideas* (New York: Alfred A. Knopf, 1991).

BOYLE, JOSEPH M., JR., GRISEZ, GERMAIN, and TOLLAFSEN, OLAF,

Free Choice: A Self-Referential Argument (Notre Dame, Ind.: University of Notre Dame Press, 1976).

—— and FINNIS, JOHN, 'Incoherence and Consequentialism (or Proportionalism)—A Rejoinder', *American Catholic Philosophical Quarterly*, 64 (1990), 271—277.

CUOMO, MARIO, 'Religious Belief and Public Morality: A Catholic Governor's Perspective', *Notre Dame Journal of Law, Ethics and Public Policy*, 1 (1984), 13—31.

DANIELS, N. (ED.), *Reading Rawls* (Oxford: Oxford University Press, 1975).

DEVLIN, PATRICK, 'The Enforcement of Morals', Maccabaean Lecture in Jurisprudence, *Proceedings of the British Academy*, 45 (1959).

——*The Enforcement of Morals* (London: Oxford University Press, 1965).

DONAGAN, ALAN, *The Theory of Morality* (Chicago: University of Chicago Press, 1977).

DWORKIN, RONALD, *Taking Rights Seriously* (Cambridge, Mass.: Harvard University Press, 1977).

—— 'A Reply by Ronald Dworkin', in MARSHALL COHEN (ed.), *Ronald Dworkin and Contemporary Jurisprudence* (Totowa, NJ: Rowman and Allanheld, 1983).

——*A Matter of Principle* (Cambridge, Mass.: Harvard University Press, 1985).

——*Law's Empire* (Cambridge, Mass.: Harvard University Press, 1986).

—— 'Liberal Community', *California Law Review*, 77 (1989).

—— 'Foundations of Liberal Equality',
in the 1989 Tanner Lectures on Human Values (Salt Lake City: University of

Utah Press, 1989).

—— (ed.) , *The Philosophy of Law* (Oxford: Oxford University Press, 1977).

FEINBERG, JOEL, *Harm to Self* (New York: Oxford University Press, 1986).

——*Harmless Wrongdoing* (New York: Oxford University Press, 1988).

FINNIS, JOHN, *Natural Law and National Rights* (Oxford: Clarendon Press, 1980).

——*Moral Absolutes* (Washington, DC: The Catholic University of America Press, 1991).

——*Fundamentals of Ethics* (Oxford: Oxford University Press, 1983).

—— ' Legal Enforcement of "Duties to Oneself": Kant v. Neo-Kantians ' , *Columbia Law Review*, 87 (1987) , 433—456.

—— ' A Bill of Rights for Britain? The Moral of Contemporary Jurisprudence ' , Maccabaean Lecture in Jurisprudence, *Proceedings of the British Academy*, 71 (1985).

—— BOYLE, JOSEPH M. JR. , and GRISEZ, GERMAIN, *Nuclear Deterrence: Morality and Realism* (Oxford: Clarendon Press, 1987).

FOOT, PHILIPPA, ' Utilitarianism and the Virtues ' , *Mind*, 94 (1985), 196—209.

—— ' Morality, Action, and Outcomes ' , in TED HONDERICH (ed.) , *Morality and Objectivity* (London: Routledge and Kegan Paul, 1985).

FORTENBAUGH, W. , ' Aristotle on Slaves and Women ' , in J. BARNES, M. SCHOFIELD, and R. SORABJI (eds.) , *Articles on Aristotle* (London: Duckworth, 1975) , 4 vols.

FULLER, LON L. , *The Morality of Law* (New Haven, Conn. : Yale

University Press, 1964).

GALSTON, WILLIAM A., 'On the Alleged Right to Do Wrong: A Response to Waldron', *Ethics*, 93 (1983), 320—324.

—— 'Liberalism and Public Morality', in ALFONSO J. DAMICO (ed.), *Liberals on Liberalism* (Totowa, NJ: Rowman and Littlefield, 1986).

——*Liberal Purposes* (Cambridge: Cambridge University Press, 1991).

GEORGE, ROBERT P., 'Recent Criticism of Natural Law Theory', *University of Chicago Law Review*, 55 (1988), 1371—1429.

—— 'Human Flourishing, as a Criterion of Morality: A Critique of Perry's Naturalism', *Tulane Law Review*, 63 (1989), 1455—1474.

—— 'Moralistic Liberalism and Legal Moralism', *Michigan Law Review*, 88 (1990), 1415—1429.

—— 'Self-Evident Practical Principles and Rationally Motivated Action: A Reply to Michael Perry', *Tulane Law Review*, 64 (1990), 887—894.

—— 'A Problem for Natural Law Theory: Does the "Incommensurability Thesis" Imperil Common Sense Moral Judgments?', *American Journal of Jurisprudence*, 36 (1992).

GODWIN, WILLIAM, *Enquiry Concerning Political Justice*, ed. K. CODELL CARTER (Oxford: Clarendon Press, 1971).

GRAY, JOHN, *Mill on Liberty: A Defence* (London: Routledge and Kegan Paul, 1983).

GRAY, JOHN, *Liberalisms: Essays in Political Philosophy* (London: Routledge and Kegan Paul, 1989).

GREY, THOMAS C., *The Legal Enforcement of Morality* (New York: Alfred A. Knopf, 1983).

GRIFFIN, J., 'Are There Incommensurable Values?', *Philosophy and*

Public Affairs, 7 (1977), 39—59.

GRISEZ, GERMAIN, 'Against Consequentialism', American Journal of Jurisprudence, 23 (1978), 21—73.

—— 'The Structures of Practical Reason: Some Comments and Clarifications', The Thomist, 52 (1988), 269—291.

—— 'A Contemporary Natural-Law Ethics', in WILLIAM C. STARR and RICHARD C. TAYLOR (eds.), Moral Philosophy: Historical and Contemporary Essays (Milwaukee: Marquette University Press, 1989), 125—143.

—— BOYLE, JOSEPH, and FINNIS, JOHN, 'Practical Principles, Moral Truth, and Ultimate Ends', American Journal of Jurisprudence, 32 (1987), 99—151.

HAKSAR, VINRR, Equality, Liberty, and Perfectionism (Oxford: Clarendon Press, 1979).

HART, H. L. A., 'Immorality and Treason', Listener (30 July 1959).

—— Law, Liberty, and Morality (Oxford: Oxford University Press, 1963).

—— 'Social Solidarity and the Enforcement of Morality', University of Chicago Law Review, 35 (1967).

—— 'Rawls on Liberty and Its Priority', University of Chicago Law Review, 40 (1973), 534—555.

HOBBES, THOMAS, Leviathan (1651).

HOBHOUSE, L. T., Liberalism (New York: Heny Hott & Co., 1911).

HOHFELD, W. N., Fundamental Legal Conceptions (New Haven, Conn.: Yale University Press, 1919).

HOLMES, STEPHEN, Benjamin Constant and the Making of Modern Liberalism (New Haven, Conn.: Yale University Press, 1984).

HUME, DAVID, *A Treatise of Human Nature* (1740).

JOHNSTONE, BRIAN V. , 'The Structures of Practical Reason: Traditional Theories and Contemporary Questions', *The Thomist*, 50 (1986), 417—466.

KANT, IMMANUEL, *Gesammelte Schriften* (Prussian Academy edn., 1923).

—— 'Duties to Oneself', in *Lectures on Ethics*, trans, L. INFIELD (New York: Century, 1930).

——*Groundwork of the Metaphysics of Morals*, trans, H. J. PATON (New York: Barner, 1950).

——*The Metaphysical Elements of Justice*, trans. JOHN LADD (Indianapolis: Bobs-Merrill, 1965).

KELLY, G. , *Idealism, Politics and History* (London: Cambridge University Press, 1969).

KELLY, G. A. , (ed.), *Why Should the Catholic University Survive?* (New York: St John's University Press, 1973).

KIELY, BARTHOLOMEW, 'The Impracticality of Proportionalism', *Gregorianum*, 66 (1985), 655—686.

LEIBNIZ, G. W. , *Monadology* (1714).

LEE, SIMON, *Law and Morals* (Oxford: Oxford University Press, 1986).

LINCOLN, ABRAHAM, *The Collected Works of Abraham Lincoln*, (ed.) ROY P. BASLER (New Brunswick, NJ: Rutgers University Press, 1953).

MCINERNY, RALPH, *Ethica Thomistica* (Washington, DC: The Catholic University of America Press, 1982).

MACINTYRE, ALASDAIR, *Whose Justice? Which Rationality?* (Notre

Dame, Ind. : University of Notre Dame Press, 1988).
MACKIE, JOHN, ' Can There Be a Right-based Moral Theory?' *Midwest Studies in Philosophy*, 3 (1978) , 350—359.
MCKIM, ROBERT, and SIMPSON, PETER, ' On the Alleged Incoherence of Consequentialism' , *The New Scholaticism*, 62 (1988) , 349—352.
MARITAIN, JACQUES, *True Humanism* (London : Geoffrey Bles, 1941).
MEIKLEJOHN, ALEXANDER, *Free Speech and Its Relation to Self-Government* (New York : Harper and Brothers, 1948).
MILL, J. S. , *On Liberty* (1859; Harmondsworth : Penguin Books, 1985).
MITCHELL, BASIL, *Law, Morality and Religion in a Secular Society* (Oxford : Oxford University Press, 1968).
MULLER, ANSELM W. , ' Radical Subjectivity : Morality *vs.* Utilitarianism' , *Ratio*, 19 (1977) , 115—132.
NAGEL, T. ' Rawls on Justice' , *Philosophical Review*, 82 (1973).
NEAL, PATRICK, ' Justice as Fairness : Political or Metaphysical' , *Political Theory*, 18 (1990) , 24—50.
PERRY, MICHAEL, ' Some Notes on Absolutism, Consequentialism, and Incommensurability' , *Northwestern Law Review*, 79 (1985).
PHELAN, GERALD B. , *St. Thomas Aquinas On Kingship* (Toronto : The Pontifical Institute of Mediaeval Studies, 1949).
RAWLS, JOHN, *A Theory of Justice* (Cambridge, Mass. , Harvard University Press, 1971).
—— ' Kantian Constructivism in Moral Theory' , *Journal of Philosophy*, 77 (1980) , 515—572.
—— ' Justice as Fairness : Political Not Metaphysical' , *Philosophy and Public Affairs*, 14 (1985) , 223—251.

—— 'The Idea on an Overlapping Consensus', *Oxford Journal of Legal Studies*, 7 (1987).

—— 'The Priority of Right and Ideas of the Good', *Philosophy and Public Affairs*, 17 (1988).

RAZ, JOSEPH, *The Authority of Law: Essays on Law and Morality* (Oxford: Clarendon Press, 1979).

—— 'Liberalism, Autonomy, and the Politics of Neutral Concern', *Midwest Studies in Philosophy*, 7 (1982).

—— *The Morality of Freedom* (Oxford: Clarendon Press, 1986).

RAZ, JOSEPH, 'Facing Up: A Reply', *Southern California Law Review*, 62 (1989), 1153—1235.

—— 'Liberalism, Skepticism and Democracy', *Iowa Law Review*, 74 (1989), 761—786.

REGAN, D., 'Authority and Value: Reflections on Raz's *The Morality of Freedom*', *Southern California Law Review*, 62 (1989), 995—1085.

Report of the Committee on Homosexual Offences and Prostitution (1957), Cmd. 247 (the 'Wolfenden Report').

RICHARDS, DAVID A. J., *The Moral Criticism of Law* (Encino, Calif.: Dickenson Publishing Co., 1977).

—— 'Rights and Autonomy', *Ethics*, 92 (1981), 3—20.

—— *Sex, Drugs, Death, and the Law* (Totowa, NJ: Rowman and Littlefield, 1982).

—— *Toleration and the Constitution* (New York: Oxford University Press, 1986).

—— 'Kantian Ethics and the Harm Principle: A Reply to John Finnis', *Columbia Law Review*, 87 (1987), 457—471.

ROBINSON, DANIEL N., *Aristotle's Psychology* (New York: Columbia University Press, 1969).

RORTY, RICHARD, 'The Priority of Democracy Over Philosophy', in M. PETERSON and R. VAUGHAN (eds.), *The Virginia Statute of Religious Freedom* (Cambridge: Cambridge University Press, 1987).

SADURSKI, WOJCIECH, *Moral Pluralism and Legal Neutrality* (Dordrecht: Kluwer Academic Publishers, 1990).

—— 'Joseph Raz on Liberal Neutrality and the Harm Principle', *Oxford Journal of Legal Studies*, 10 (1990), 122—133.

SANDEL, MICHAEL, *Liberalism and the Limits of Justice* (Cambridge: Cambridge University Press, 1982).

STEPHEN, JAMES FITZJAMES, *Liberty, Equality, Fraternity* (2nd edn., London, 1874).

VEATCH, HENRY, 'Natural Law and the Is-Ought Question', in *Swimmin Against the Current in Contemporary Philosophy* (Washington, DC: The Catholic University of America Press, 1990), 293—311.

WALDRON, JEREMY, 'A Right to Do Wrong', *Ethics*, 92 (1981), 21—39.

WARNOCK, MARY (ed.), *John Stuart Mill: Utilitarianism, On Liberty, Essay on Bentham* (New York: Signet, 1974).

WOLFE, CHRISTOPHER J., 'Dworkin on Liberalism and Paternalism', paper delivered at Annual Meeting of the American Public Philosophy Institute (1991).

索引

（索引部分所涉页码均为原书页码，即本书边码）

abortion, 堕胎, 64, 95, 112, 113, 114, 116, 121, 172 注 31

abstinence, 节制, 28, 107

actual malice, 实际的恶意, 200

adoption, 收养, 172 注 31

adultery, 通奸, 40, 156; see also fornication, 亦见乱伦

agnostics, 不可知论者, 220, 221

AIDS, 艾滋病, 10

Alabama, 亚拉巴马州, 219 注 13

America, 美国, 3, 37 注 47, 87, 93, 94, 111, 112, 142, 209, 210, 222 注 16; see also United States, 亦见美利坚合众国

anarchy, 无政府主义, 64, 77

Angelo, 安吉洛, (in Shakespeare, 参见莎士比亚) 143

Anglo-American, 英美人的, 74, 75

anti-perfectionism,反至善主义;see perfectionism,见至善主义

apostasy,叛教,34

Aquinas,St Thomas,圣·托马斯·阿奎那,5,7,12,20,21,28—35,37,38,41,42,60 注 29,115 注 13,153 注 54

Aristotle,亚里士多德,5,7,20,21—29,32,35,37—41,46,79 注 55,105,153,227 注 23

Aristotle's Psychology,亚里士多德的心理学,(Robinson,罗宾逊)39 注 50

Arkes,Hadley,哈德利·阿尔克斯,111 注 1,112 注 4

Articles on Aristotle,《亚里士多德文集》,(Barnes et al.,巴尔内斯等编) 39 注 50

Atheists,无神论者,106 注 63,220,221

Athens,雅典,40

Augustine,St.,圣·奥古斯丁,33 注 40,35,36,46

Authority,权威,20,26—29,31,33—35,41—43,49 注 4,52,72,78,81,97,100 注 44,117,129,131 注 3,167,203,210,215

Authority of Law,《法律的权威》,The: Essays on Law and Morality(Raz),《法律与道德论文集》(拉兹著),113 注 9

Baptism,洗礼,34,35,41

Barker,Ernest,欧内斯特·巴克,21 注 4

Barnes,J.,巴恩斯,39 注 50

Basic Works of Aristotle,《亚里士多德选集》,22 注 6

Basler,Roy P.,罗伊·巴斯勒,111 注 1

Beck,L.W.,贝克,150 注 47

Belief,信仰,34,41,76,112 注 5,129,132,134—136,140,145,146,166,170,173 注 35,204,209,213,222,223,225,226,227 注 23,228;see also faith, 亦见信念

Benjamin Constant and the Making of Modern Liberalism（*Holmes*），《本杰明常数与现代自由主义的形成》(霍姆斯)，167 注 14

Berlin, Isaiah, 亚赛亚·伯林, 19 注 2, 38 注 48

Bestiality, 人兽杂交, 149 注 38, 152, 156

Bettenson, Henry, 亨利·贝滕森, 36 注 45

Bill of Rights, 权利法案, 187 注 65

Blackmun, 布莱克门, Justice Harry, 大法官哈里, 210 注 10

Bowers v. Hardwick, 鲍尔斯诉哈德威克, 95 注 33, 210 注 10

Boyle, Jr., Joseph M., 约瑟夫·波义尔, 16 注 19, 88 注 21 及 22, 89 注 24, 176 注 48, 180 注 54, 220 注 14

Britain, 英国, 88 注 20, 187 注 65, 200 注 5

British Academy, 英国人文和社会科学院, 49

British Parliament, 英国议会, 48

Brown v. Topeka Board of Education, 布朗诉托皮卡教育委员会, 3

Cambodia, 柬埔寨, 101

cannibalism, 同类相食, 156

capitalists, 资本家, 94

Carter, K. Codell, 柯德尔·卡特, 112 注 3

Cartesian, 笛卡尔的, 16 注 20

categorical imperative, 绝对命令, 148

Catholic, 天主教, 43, 112 注 5, 143, 223, 224 注 19; *see also* Church, 亦见教会

celibacy, 独身生活, 164 注 7

chastity, 贞洁, 37

Christ,基督,29,33,223

Christian,基督徒,28,29,32—35,127

Christian Democrats,基督教的民主主义者,196

Church,教会,29,34,35,223,224 注 19,225;*see also* Catholic,亦见天主教

City of God,《上帝之城》,(Augustine,奥古斯丁) 36 注 45

civil disobedience,公民不服从,98

Civil Rights Act of 1964,Federal,《1964 年联邦民权法案》,3

Clapham omnibus,普通公民,55

Cohen,Marshall,马歇尔·柯恩,87 注 15

Collected Works of Abraham Lincoln,《亚伯拉罕·林肯文集》,The (Basler,巴斯勒) 111 注 1;

Committee on Homosexual Offences and Prostitution,《同性恋犯罪和卖淫问题调查委员会报告》;*see* Wolfenden Committee,见《沃尔芬登报告》

common good,共同善,29,30,32,47,72,73,84,87,91 注 28,92,93,99,105,108,117,126,187,196 注 2,201—204,207—209,217 注 12,218,225,226

common law,普通法,74

consequentialism,后果主义,6 注 3,10,88—90,100 注 44,129,167,170,171,176,199

conservatism,保守主义,93,94,134,167

Constitution of the United States,《美国宪法》,111 注 2,144,200 注 4 及 5,205,209,210,219,222 注 16,223

contraception,避孕,95,172 注 31

contractarianism,契约主义,140,153

Crooked Timber of Humanity: *Chapters in the History of Ideas*,《人性的曲折

之木：思想史篇章》，(Berlin，伯林) 19 注 2,38 注 48

Cuomo, Mario, 马里奥·科莫 (Governor of New York, 纽约州长) 112—114

Damico, Alfonso J., 阿方索·达米科, 159 注 62

Daniels, N., 丹尼尔, 138 注 17

De Civitate Dei,《上帝之城》, (Augustine, 奥古斯丁) 36 注 45

De Ordine,《论秩序》, (Augustine, 奥古斯丁) 33 注 40

De Regno,《论王制》, (Aquinas, 阿奎那) 29,30 注 25,31

Decalogue,《摩西十诫》, 29

Declaration on Religious Liberty of the Second Vatican Council, 第二届梵蒂冈大公会议的《信仰自由宣言》, 34 注 43,223 注 18,224 注 20,225

defamation, 诽谤, 200 注 4,208

Democrats, 民主主义者, 196

deontological, 道义性, 126,129,141,145

despotism, 专制主义; *see* tyranny, 见独裁统治

deviance, sexual, 性取向, 152,155; *see also* homosexuality: pederasty, 亦见同性恋：鸡奸

Devlin, Lord Patrick, 帕特里克·德弗林, 5—7,48,49 注 5,50 注 7 及 10,51,52 注 12,53,54,55 注 21,56,57,58 注 24,59 注 25,60—68,69 注 46,70,71,73,74 注 50,75—79,80 注 56,81,82

Deweyan, 杜威式的, 140

Dignitatis Humanae,《信仰自由宣言》, *see Declaration on Religious Liberty*, 见第二届梵蒂冈大公会议的《信仰自由宣言》

divine, 神圣的, 23,33,56,81,221,223

divorce, 离婚, 40

Donagan, Alan, 艾伦·多纳根, 153 注 54

Douglas, Stephen, 斯蒂芬·道格拉斯, 110, 111

drugs, 毒品, 37, 43, 45, 64, 107, 141—148, 152, 155—157, 160, 164 注 7, 167, 183, 185, 222, 227

Dworkin, Ronald M., 罗纳德·德沃金, 4, 50 注 8, 62, 84 注 2, 85 注 4, 86 注 9, 87 注 15 及 16, 90, 94—97, 98 注 42, 99, 101, 102 注 48 及 49, 103, 104 注 57, 105, 106 注 63, 107 注 64, 108, 109, 113 注 8, 114 注 11, 142 注 27, 167

Eisenstadt v. Baird, 艾森斯塔特诉贝尔德, 95 注 31

Employment Division, Oregon Department of Human Resources v. Smith, 俄勒冈人力资源部就业处诉斯密斯, 222 注 16, 223 注 17

Enforcement of Morals, 《道德的法律强制》, (Devlin, 德弗林) 49 注 5 及 6, 50 注 7 及 10, 52 注 12, 53 注 14, 54 注 18, 59 注 25, 63 注 39 及 40, 67 注 45, 74 注 50, 75 注 53 及 54, 80 注 57

England, 英国, *see* Britain, 见英国

English, 英语, 47 注 53, 49

Enquiry Concerning Political Justice, 《关于政治正义的探究》, (Godwin, 戈德温) 112 注 3

Equality, Liberty, and Perfectionism, 《平等、自由与至善主义》, (Haksar, 哈卡萨) 88 注 20

Ernest Freund Lecture, 恩斯特·弗洛因德讲座, 53 注 14

eternal life, 永生, 33

Ethica Thomistica, 《道德神学》, (McInerny, 麦金纳尼) 13 注 15

Euclidean, 《欧几里得几何学》, 16 注 20

eudaimonism, 《幸福说》, 39 注 50

euthanasia,安乐死,64

evangelization,传福音,33

existentialist,存在主义的,174

faith,信念,34,35,41,81,99,220,221,223,225;see also belief,亦见,信仰

family,家庭,28,36,37,45—47,54,64,99,156,164注7,201—203,205,210,212,214,216,217,225;see also marriage,亦见婚姻

Fathers of the English Dominican Province,英国多明我会教省神父,28注20

fear,恐惧,10,22,24,26,29,36,40,46,80,87注16,107,227

Feinberg,Joel,乔尔·范伯格,3,31注34,113注7,170注23,184注61,186注63

fertilization,in vitro,体外受精,172注31

feticidal,杀害胎儿,114

Finnis,John,约翰·菲尼斯,13注13,14,15注17,16注19,17注21,39注49,88注20—22,89注24,90注26,92注29,95,96注36及38,97,101,105,124注20,136,139注18,141注26,147注35,148,149注38,150注47,153注54,176注48,186注64,187注65,217注12,220注14

First Amendment,《第一修正案》,200注4,206,209

First Things: An Inquiry into the First Principles of Morals and Justice,《首要之事:对道德和正义首要原则的探究》,(Arkes,阿克斯)111注1,112注4

Foot,Philippa,费丽帕·福德,88注21

Fornication,乱伦,95,156;see also adultery,亦见通奸

Fortenbaugh, W. W., 威廉·福滕博, 39 注 50

Foundations of the Metaphysics of Morals,《道德形而上学基础》,(Kant, 康德) 150 页注 47

France, 法国, 200

Free Choice: A Self-Referential Argument,《自由选择:一个自反性的论证》,(Boyle et al., 波义尔等) 180 注 54

Free Speech and Its Relation to Self-Government,《言论自由及其与自我管理的关系》,(Meiklejohn, 米克尔约翰) 206 注 9

Freudian, 弗洛伊德学派, 149

friendship, 友谊, 13, 33, 42, 68, 90, 164 注 7, 179, 195, 196, 201, 212, 215, 220, 221

Fuller, Lon, 朗·富勒, 194 注 1

Fundamental Legal Conceptions,《基本法律概念》,(Hohfeld, 霍菲尔德) 118 注 16

Fundamentals of Ethics,《伦理学的基础》,(Finnis, 菲尼斯) 88 注 21, 153 注 54

Galston, William A., 威廉·盖尔斯敦, 36 注 46, 37 注 47, 84, 114 注 10, 117, 118 注 15, 127, 128 注 25, 133 注 10, 159 注 62, 161

George, Robert P., 罗伯特·乔治, 31 注 34, 176 注 48, 186 注 63

Georgia, 乔治亚洲的, 95 注 33, 210 注 10

Germany, 德国, 200, 205; *Basic Law of the Federal Republic of*,《联邦德国基本法》, 205 注 6

Gesammelte Schriften,《康德著作集》, 26 注 14

God, 上帝, 29, 30, 34, 106 注 63, 220, 221, 223, 224

gods, 诸神, 35, 220

Godwin, William, 威廉·戈德温, 111, 112 注 2

Golden Rule, 黄金规则, 17, 18 注 22

Gospel, 福音, 33

Gray, John, 约翰·格雷, 6 注 3

Great Britain, 大不列颠, *see* Britain, 见英国

Greek thought, 希腊思想, 21 注 4

Grey, Thomas C., 托马斯·格雷, 48 注 3

Griffin, J., 詹姆斯·格里芬, 100 注 44

Grisez, Germain, 杰曼·格里塞茨, 12, 13 注 15, 16 注 19, 17, 43, 88 注 21 及 22, 89 注 24, 176 注 48, 180 注 54, 220 注 14

Griswold v. Connecticut, 格里斯沃尔德诉康涅狄格州, 95 注 31

Groundwork of the Metaphysics of Morals, 《道德形而上学奠基》(Kant, 康德) 147 注 35, 148 注 37

Habits, 习惯, 24, 28, 45, 102, 107, 227

Haksar, Vinit, 威尼·哈卡萨, 84, 88 注 20, 161

Hallucinogen, 迷幻剂, *see* drugs, 见毒品

harm principle, 伤害原则, 5, 96 注 38, 114, 129—130, 140, 141 注 24, 147, 151 注 50, 158, 161, 163, 166, 167 注 15, 168, 171, 182—184, 185 注 62, 188 注 68, 228

Harm to Self, 《伤害自己》(Feinberg, 范伯格) 113 注 7

Harmless Wrongdoing, 《无害的不法行为》, (Feinberg, 范伯格) 3 注 2, 31 注 34, 170 注 23, 184 注 61, 186 注 63

Harry Camp Lectures in Jurisprudence, 哈里·坎普讲座, 50, 67

Hart, H. L. A., 哈特, 5, 50, 51, 54, 59, 60, 61 注 36, 62—70, 72 注 47, 80 注 56, 131 注 4

hate crimes,令人憎恶的犯罪,228

heaven,圣神的,29,30,34,42

heresy,异教,34

heroin,海洛因,*see* drugs,见毒品

High Court,高等法院,49

Hitler,Adolf,阿道夫·希特勒,229

Hobbes,Thomas,托马斯·霍布斯,12 注 12,67,69

Hobhouse,L. T.,霍布豪斯,171 注 24

Hohfeld,W. N.,霍菲尔德,118 注 16,119,120 注 17,121,122,125 注 22

Holmes,霍姆斯,Justice,大法官,91 注 28

Holmes,Stephen,斯蒂芬·霍姆斯,167 注 14

Holocaust,大屠杀,198,229

homicide,杀人,76,115 注 13;*see also* murder,亦见谋杀

homosexuality,同性恋,49,51 注 11,52,58,64,67,95 注 33,106,141,210 注 10;*see also* deviance,sexual,亦见性取向;pederasty,鸡奸;sodomy,鸡奸;Wolfenden Committee,沃尔芬登委员会

Honderich,Ted,泰德·洪德里奇,88 注 21

House of Lords,上议院,74

human sacrifice,活人献祭,222

Hume,David,大卫·休谟,12 注 12,112,154

Idealism,*Politics and History*,《理想主义、政治学与历史》(G. Kelly,乔治·凯利)26 注 14

ideals,理念,129 注 1,130,147,148,153,161,163,164,167,171,173,174

incest,乱伦,156

infanticide,杀婴,64

infidels,异教徒,33

Infield,L.,因菲尔德,148 注 36

Isidore,伊西多尔,32

Israel,犹太人,prophets of,犹太人的语言,196 注 2

Jerome,St.,杰罗姆,35

Jesus,耶稣,the Lord,上帝,see Christ,见基督

Jews,犹太人,33,35,127,195,198

John Stuart Mill:*Utilitarianism*,*On Liberty*,*Essay on Bentham*,《约翰·斯图尔特·密尔:功利主义、论自由、论边沁》(Warnock,沃诺克)83 注 1

Johnstone,Brian V.,布莱恩·约翰斯通,13 注 13

Judaeo-Christian values,犹太—基督教价值,64

judicial review,司法审查,92,95

Kant,Immanuel,伊曼努尔·康德,16 注 14,96 注 36 及 38,112,139 注 18 及 22,140,141 注 26,147 注 35,148 注 36 及 37,149 注 38 及 39,150 注 47,151 注 50,152 注 52,153 注 54,154,155,173,178

Kelly,George A.,乔治·阿姆斯特朗·凯利,26 注 14,43 注 51

Kiely,Bartholomew M.,巴塞洛缪·凯利,88 注 21

Kovacs v. Cooper,卡瓦奇诉库珀,198 注 3

Ladd,John,约翰·莱德,149 注 38

laissez-faire,放任主义,37

Law,*Liberty*,*and Morality*,《法律、自由与道德》(Hart,哈特),50 注 10,54 注 17,59 注 28,60 注 30,63 注 40,67 注 44,69 注 46,72 注 47,80 注

56

Law, Morality and Religion in a Secular Society,《世俗社会中的法律、道德与宗教》(Mitchell,米切尔),50 注 10

Law and Morals,《法律与道德》(Lee,李),50 注 10

Laws,《法律篇》(Plato,柏拉图),25 注 11

Law's Empire,《法律帝国》(Dworkin,德沃金),86 注 9 及 10

Lectures on Ethics,《伦理学讲义》(Kant,康德),148 注 36

Lee,Simon,西蒙·李,50 注 10

Legal Enforcement of Morality, The,《道德的法律强制》(Grey,格雷),48 注 3

Leibniz,G. W.,莱布尼茨,179 注 51

Letter to the Romans,《罗马人书》(St Paul,圣·保罗)32 注 38

Leviathan,《利维坦》(Hobbes,霍布斯)12 注 12

libel,诽谤,200

Liberal Purposes,《自由主义的目的》(Galston,盖尔斯敦),36 注 46,133 注 10

Liberalism,《自由主义》(Hobhouse,霍布豪斯),171 注 24

Liberalism and the Limits of Justice,《自由主义与正义的限度》(Sandel,桑德尔),133 注 9

Liberalisms: Essays in Political Philosophy,《自由主义:政治哲学论文集》(Gray,格雷),6 注 3

Liberals on Liberalism,《自由主义者的自由》(Damico,达米科),159 注 62

libertarianism,自由主义,75,77,90,94,167

Liberty, Equality, Fraternity,《自由、平等、博爱》(Stephen,斯蒂芬),72 注 47

Lincoln,Abraham,亚伯拉罕·林肯,110,111,114—116

Listener,《英国听众》,50 注 8

Locke, John, 约翰·洛克, 139

looting, 抢劫, 121, 123, 125; *see also* theft, 亦见盗窃

Lycophron, 里可弗朗(the Sophist, 智者), 21 注 4

Maccabaean Lecture in Jurisprudence, 马克比法理学讲座, 48 注 3, 49 注 5, 50 注 7, 51, 53, 59, 63, 66, 74, 80, 88 注 20, 187 注 65

McInerny, Ralph, 拉尔夫·麦金纳尼, 13 注 15

MacIntyre, Alasdair, 阿拉斯代尔·麦金太尔, 16 注 19, 19, 135 注 14

Mackie, John, 约翰·麦基, 112 注 4

McKim, Robert, 罗伯特·麦克金姆, 89 注 24

Man That Corrupted Hadleyburg, The,《败坏了哈德莱堡的人》(Twain, 吐温), 44 注 52

Maritain, Jacques, 雅克·马里旦, 34 注 44

marriage, 婚姻, 36, 37, 40, 45, 57, 68, 69, 143, 156, 163, 164 注 7, 165, 166; *see also* family, 亦见家庭

martyr, 殉道者, 98

Marxism, 马克思主义, 20

Matter of Principle, A,《原则问题》(Dworkin, 德沃金), 84 注 2, 86 注 11, 87 注 15, 95 注 34, 97 注 41, 98 注 42, 99, 113 注 8, 142 注 27

Meiklejohn, Alexander, 亚历山大·米克尔约翰, 206 注 9, 207

Metaphysical Elements of Justice,《正义的形而上学要素》(Kant, 康德), 149 注 38 及 39

Mill, John Stuart, 约翰·斯图亚特·密尔, 5, 6, 50 注 10, 53 注 14, 75, 83 注 1, 114, 151, 170 注 23, 171, 182, 198

Mill on Liberty: A Defence,《密尔论自由：一个辩护》(Gray, 格雷), 6 注 3

Milton, John, 约翰·米尔顿, 198

Mitchell, Basil, 巴兹·米切尔, 50 注 10

Model Penal Code,《模范刑法典》, 48 注 3

Monadology,《单子论》(Leibniz, 莱布尼茨), 179 注 51

monogamy, 一夫一妻制, 54, 55, 58; *see also* family; marriage, 亦见家庭; 婚姻

Moral Absolutes,《道德的绝对性》(Finnis, 菲尼斯), 15 注 17

Moral Criticism of Law, The,《法律的道德批判》(Richards, 理查兹), 141 注 25, 142 注 28

Moral Philosophy: Historical and Contemporary Essays,《道德哲学:历史与当代文集》(Starr and Taylor, 斯塔尔及泰勒), 16 注 19

Moral Pluralism and Legal Neutrality,《道德多元与法律中立性》(Sadurski, 萨德斯基), 101 注 45

Morality of Freedom, The,《自由的道德性》(Raz, 拉兹), 7, 9 注 7, 20 注 3, 88 注 21, 100 注 44, 124 注 20, 129 注 1, 135 注 13, 137 注 16, 147 注 34, 162 注 1, 163 注 3, 166 注 12, 167 注 15, 168 注 16, 169 注 18, 171 注 25, 173 注 35, 175 注 47, 176 注 48, 178 注 50, 180 注 53, 182 注 55, 188 注 67

Morality and Objectivity,《道德与客观性》(Honderich, 泰德·洪德里奇), 88 注 21

morals: laws, 道德法, legislation, 道德性立法, 1—4, 20, 37, 45, 46, 50, 51, 53, 54, 57, 59, 60, 63, 66, 71, 73, 75—79, 80 注 56, 95, 96, 106, 109, 130, 140—142, 144, 145, 149, 156, 160, 163, 166—169, 183—188, 227

Muller, Anselm W., 安塞姆·穆勒, 88 注 21

murder, 谋杀, 11, 31, 52, 60 注 29, 66, 67, 76, 81, 101, 112, 188 注 66, 227,

228;*see also* homicide,亦见杀人

Murphy,Walter,沃尔特·墨菲,224 注 19

NAACP v. Alabama,全国有色人种协进会诉亚拉巴马州,219 注 13

Nagel,Thomas,托马斯·内格尔,138 注 17

Native American,美国本土宗教,222 注 16

natural law,自然法,84,88 注 22,92,93,220 注 14

Natural Law and Natural Rights,《自然法与自然权利》(Finnis,菲尼斯), 13 注 13,17 注 21,39 注 49,90 注 26,92 注 29,97 注 40,124 注 20, 137 注 15,217 注 12

nature,自然,12,14,22,23,25,34,38,40,67,69,139,140 注 24,141 注 24,149 注 38,164 注 7,188 注 68,195,208,210,220,223—225,227 注 23

nature,性质,human,人类本性,12,84,224 注 20

Nazism,纳粹主义,123—125,195,198,205,209,218,219

Neal,Patrick,帕特里克·奥尼尔,131 注 5

neo-Nazism,新纳粹主义,*see* Nazism,见纳粹主义

neo-Stalinists,新斯大林主义者,209

New York Times v. Sullivan,纽约时报诉沙利文,200 注 4 及 5

Nicomachean Ethics,《尼各马可伦理学》(Aristotle,亚里士多德)22 注 6, 26 注 13 and 15,29,79 注 55

1989 Tanner Lectures on Human Values,1989 年丹纳人文价值讲座 (Dworkin,德沃金),102 注 48

Nino,Carlos,卡洛斯·尼诺,161

noble,高贵的,22—25,62,95,197

non-consequentialism,非后果主义,*see* consequentialism,见后果主义

North American, 北美洲的, 2
North Atlantic, 北大西洋, 64
Nozick, Robert, 罗伯特·诺齐克, 84
Nuclear Deterrence: Morality and Realism,《核威慑：道德与实在论》（Finnis et al., 菲尼斯等), 88 注 21, 89 注 24, 176 注 48

obscenity, 淫秽, 95 注 33
O'Connor, 奥·康纳, Justice, 大法官, 222 注 16
On Liberty,《论自由》(Mill, 密尔), 5, 6 注 3, 50 注 10
Oregon, 俄勒冈州, 222 注 16
Oxford, 牛津, 50
Oxford University Press, 牛津大学出版社, 193, 194

pain, 痛苦, 24, 25
paternalism, 家长主义, 6, 38, 40, 46, 60, 97, 100—109, 140, 141 注 24, 167, 186
Paton, H. J., 佩顿, 147 注 35
Paul, St., 圣·保罗, 32 注 38
Pauline Principle, 圣保罗原则, 17, 18 注 22
pederasty, 鸡奸, 149 注 23, 164 注 7; *see also* homosexuality, 亦见同性恋
perfectionism, 至善主义, 20, 21, 39 注 50, 129—132, 134—141, 144—146, 150, 153, 154, 157—164, 166—168, 170, 171, 173, 182—185, 204, 210, 211, 226, 228, 229
permissiveness, 容许, 2, 64, 77, 149, 156, 159
Perry, Michael, 迈克尔·佩里, 12 注 12, 176 注 48
Peterson, M., 皮特森, 140 注 23

peyote, 佩奥特掌, see drugs, 见毒品

Phelan, Gerald B., 杰拉尔德·费兰, 30 注 25

Philosophy of Law, The,《法哲学》(Dworkin, 德沃金) 50 注 8

Pico della Mirandola, 皮科·米兰多拉, 153, 159, 173 注 35

Plato, 柏拉图, 5, 13, 24, 25 注 11, 74, 79 注 55, 80, 87 注 16

pleasure, 幸福, 22, 24, 25, 29, 36, 150, 157

pluralism, 多元主义, 4, 38, 63—65, 112, 167, 175, 220, 228, 229

Pol Pot, 波尔布特, 101, 102

polis, 城邦, 21, 27, 28

Politics,《政治学》(Aristotle, 亚里士多德), 21 注 4, 22, 28 注 19

Politics of Aristotle,《亚里士多德的政治学》(Barker, 巴克尔), 21 注 4

pollution, 污染, 45

polygamy, 一夫多妻, 53—55, 57, 58

popular sovereignty, 人民主权, 110

pornography, 色情文学, 27, 37, 43, 80, 95, 98—100, 107, 108, 113, 114, 141—147, 152, 155—157, 167, 183—185, 188, 227

pornotopia, 色情场景, 143

pragmatism, 实用主义, 140, 219

prayer, 祈祷, 59, 164 注 7, 221

priest, 牧师, 30

promiscuity, 乱交, 37

propagation, 繁殖, 143

prostitution, 控诉, 33, 37, 43, 107, 141—147, 152, 156, 157, 167, 183; see also Wolfenden Committee, 亦见沃尔芬登委员会

Protagoras, 普罗塔哥拉 (Plato, 柏拉图), 25 注 11

Prussian morality, 清教徒式道德, 152

Puritanism, 清教主义, 143

rape, 强奸, 17, 52, 149 注 38, 227, 228

Rawls, John, 约翰·罗尔斯, 4, 84, 130, 131 注 2—5, 132—135, 137, 138 注 17, 139 注 22, 140—141 注 24, 153, 161, 163, 167, 171

Raz, Joseph, 约瑟夫·拉兹, 4, 7 注 4, 9 注 7, 20 注 3, 84, 88 注 21 and 22, 100 注 44, 113 注 9, 124 注 20, 129 注 1, 130, 134 注 13, 137 注 16, 141, 147, 148, 161, 162 注 1, 163, 164 注 7, 165, 166 注 11 and 13, 167 注 15, 168 注 17, 169, 170, 171 注 24, 172 注 31, 173 注 35, 174, 175 注 47, 176 注 48, 177, 178, 180 注 53, 181—184, 185 注 62, 186 注 64, 187, 188 注 66 及 68

Reading Rawls, 《阅读罗尔斯》(Daniels, 丹尼尔), 138 注 17

Regan, Donald, 唐纳德·里根, 100 注 44, 175 注 47, 164 注 7, 172, 200 注 5, 223, 224 注 19

relativism, 相对主义, 3, 37, 38, 55, 59, 79, 131, 164 注 7, 172, 200 注 5, 223, 224 注 19

religion, 宗教, 13, 14, 34, 41, 46, 47, 80—82, 104, 106, 112, 124, 131, 132, 135, 141, 165, 179, 219—226

religious liberty, 宗教自由, 38, 41, 81, 85, 119, 132, 219, 220, 222—226

Remembrance Day, 荣军纪念日, 114 注 12

Report of the Committee on Homosexual Offences and Prostitution, 《同性恋犯罪和卖淫问题调查委员会报告》, see Wolfenden Report, 见《沃尔芬登报告》

reproduction, 生殖, 94

Republic, The, 《理想国》(Plato, 柏拉图), 79 注 55

Republicans, 共和党人, 196

Richards, David A. J., 大卫·理查兹, 4, 84, 96 注 37 及 38, 130, 140, 141 注 25 及 26, 142—145, 146 注 33, 147, 149 注 40, 150 注 47, 151 注 49, 152—159, 166, 167, 172, 173 注 35

Robinson, Daniel N., 丹尼尔·罗宾逊, 39 注 50

Roe v. Wade, 罗伊诉韦德, 95 注 30

Roman thought, 罗马思想, 21 注 4

Rome, 罗马, 35

Ronald Dworkin and Contemporary Jurisprudence,《罗纳德·德沃金和当代法理学》(Cohen, 柯恩), 87 注 15 及 19

Rorty, Richard, 理查德·罗蒂, 139, 140 注 23

Ross, W. D., 戴维·罗斯, 22 注 6

Rousseau, J. -J. , 让-雅克·卢梭, 139, 150

Sadurski, Wojciech, 沃伊斯切·萨德斯基, 100, 101 注 45, 102, 167 注 15, 185 注 62, 188 注 68

Sala v. New York, 萨拉诉纽约, 198 注 3

St Thomas Aquinas On Kingship,《圣·托马斯·阿奎那论王制》, 30 注 25

Sandel, Michael, 迈克尔·桑德尔, 133 注 9

Sartre, J. -P. , 萨特—比科, 153, 159, 173 注 35

Scalia, 斯卡利亚, Justice Antonin, 大法官安东尼, 222 注 16

Schofield, M. , 斯科菲尔德, 39 注 50

Second World War, 第二次世界大战, 205

self-annihilation, 自杀, *see* suicide, 见自杀

self-evident, 不证自明, 12, 13 注 13, 86

self-expression, 自我表达, 113, 228

self-killing, 自杀, *see* suicide, 见自杀

sex：with animals,与动物性交,see bestiality,人兽杂交,with corpses,奸尸（necrophilia,恋尸癖）156

perversions,失常,see deviance,sexual,见性取向

sado-masochistic,性虐待,156

Sex, Drugs, Death, and the Law,《性、毒品、死亡与法律》（Richards,理查兹）,96注37,143注30,144,149注41,150注43,44及47,151注51,153注53,154注56,157注60

Shakespeare, William,威廉·莎士比亚,143

shame,羞耻,22

Shaw v. Director of Public Prosecutions,肖诉检察总长,74,75注53

Simonds, Viscount,西蒙兹子爵,74

Simpson, Peter,彼得·辛普森,89注24

slavery,奴隶制,96注39,110—112,116,134注11,143,154,200注5,201注5,222

slaves,奴隶,natural,自然奴隶,39

Smith,斯密斯,see Employment Division,见就业处

social contract,社会契约,139

Social Democrats,社会民主主义者,196

sodomy,鸡奸,95,103,141,210注10;see also homosexuality,亦见同性恋；pederasty,鸡奸

Sorabji, R.,索拉博吉,39注50

Stanford University,斯坦福大学,50

Stanley v. Georgia,斯坦利诉佐治亚州,95注32

Starr, William C.,威廉·斯塔尔,16注19

Stephen, James Fitzjames,詹姆斯·菲茨詹姆斯·斯蒂芬,72注47

sufficient reason,充分理由,principle of,充分理由的原则,179注51

suicide, 自杀, 64, 141, 144, 148, 155—157, 160

Summa Theologiae,《神学大全》(Aquinas, 阿奎那), 12 注 12, 28 注 20, 31, 32 注 35, 33, 34 注 41, 35, 60 注 29, 115 注 13

'*Summa Theologica*' of St Thomas Aquinas,《圣·托马斯·阿奎那的"神学大全"》, *see Summa Theologiae*, 见《神学大全》

Supreme Court, 联邦最高法院, 3, 95 注 33, 198 注 3, 200 注 4 及 5, 210 注 10, 219, 222 注 16

Swimming Against the Current in Contemporary Philosophy,《反当代哲学潮流》(Veatch, 维奇), 13 注 15

Taking Rights Seriously,《认真对待权利》(Dworkin, 德沃金), 85 注 4, 86 注 7, 87 注 14, 90 注 27, 95 注 35

Taylor, Richard C., 理查德·泰勒, 16 注 19

teleological, 目的论的, 132

theft, 盗窃, 17, 31, 52, 60 注 29, 81, 115 注 13, 184, 215; *see also* looting, 亦见抢劫

theological, 神学上的, 223

Theory of Justice, A,《正义论》(Rawls, 罗尔斯), 130, 131 注 2 及 3, 132 注 6, 133, 139 注 19, 140 注 24

Theory of Morality, The,《道德理论》(Donagan, 多纳), 153 注 54

Thirteenth Amendment,《第十三修正案》, 111 注 2

Thomism, 托马斯主义, *see* Aquinas, 见阿奎那

Tiananmen Square, 天安门广场, 229

tolerance, 宽容, toleration, 宽容, 49 注 3, 55, 65, 68, 74, 183

Toleration and the Constitution,《宽容与宪法》(Richards, 理查兹), 151 注 49, 156 注 58, 157 注 61

Tollefsen, Olaf, 奥拉夫·多福森, 180 注 54
transvaluation of values, 价值重估, 144, 153
treason, 叛国罪, 66, 76
Treatise of Human Nature, A,《人性论》(Hume, 休谟), 12 注 12
True Humanism,《真正的人道主义》(Maritain, 马里旦), 34 注 44
Twain, Mark, 马克·吐温, 44 注 52
tyranny, 暴政, 58 注 24, 74, 75, 77, 78, 201, 207, 218, 229

United States, 美利坚合众国, 3, 43, 48 注 3, 93, 95 注 33, 111, 143, 198 注 3, 200; *see also* America, 亦见美国
University of Chicago, 芝加哥法学, 53 注 14
University of Notre Dame, 圣母大学, 112
unnatural, 不自然的, *see* nature, 见自然
utilitarianism, 功利主义, 6 注 3, 79, 83, 84, 87, 88, 111, 151, 187, 216

Vaughan, R., 沃恩, 140 注 23
Veatch, Henry, 亨利·维奇, 13 注 15
Vice, 邪恶, 1, 4—6, 20, 22, 27—29, 31, 32, 35—38, 40—47, 49, 53, 60 注 29, 71—73, 74 注 50, 77, 79, 80, 107, 115 注 13, 117, 142, 146, 148, 157, 158, 167—169, 171, 183—185, 227, 228
victimless immoralities, 无害的不道德行为, 4, 20 注 3, 32, 130, 163, 167, 168 注 17, 184
victorian, 维多利亚式, 143
Virginia Statute of Religious Freedom, The,《弗吉尼亚宗教自由法令》(Peterson and Vaughan, 皮特森和沃恩), 140 注 23
virtue, 美德, 20, 22—24, 26—32, 36, 38, 39, 41—43, 45, 47, 53, 60 注 29,

70,71,73 注 49,74,75,77,79,80,97,141,149 注 39,169,171,181,183

Waldron, Jeremy, 杰里米·沃尔德伦, 4,109,112 注 3,113,114 注 10 及 12,115,116 注 14,117,118,122,123,126 注 23,127
Warnock, Mary, 玛丽·沃诺克, 83 注 1
Western culture, 西方文化, 196 注 2
Western thought, 西方思想, 5,19
Whose Justice? Which Rationality?,《谁之正义？何种合理性？》(MacIntyre, 麦金太尔), 17 注 20,19 注 2,135 注 14
Why Should the Catholic University Survive?,《天主教大学为什么要存活下来？》(Kelly, 凯利), 43 注 51
Wirthlin Group, 沃斯林, 112 注 5
Wolfe, Christopher J., 克里斯托弗·沃尔夫, 107 注 64,108
Wolfenden, Sir John, 约翰·沃尔芬登勋爵, 48
Wolfenden Committee, 沃尔芬登委员会, 48,51 注 11,72 注 48
Wolfenden Report,《沃尔芬登报告》, 48 注 1 及 3,49 注 4,50 注 7,53,60,73
worship, 礼拜, 33,222

图书在版编目(CIP)数据

使人成为有德之人：公民自由与公共道德/(美)罗伯特·乔治著；孙海波，彭宁译.—北京：商务印书馆，2020（2021.8重印）
（自然法名著译丛）
ISBN 978-7-100-18934-7

Ⅰ.①使⋯ Ⅱ.①罗⋯ ②孙⋯ ③彭⋯ Ⅲ.①社会公德—研究 Ⅳ.①B824

中国版本图书馆 CIP 数据核字(2020)第 166037 号

权利保留，侵权必究。

自然法名著译丛
使人成为有德之人
——公民自由与公共道德
〔美〕罗伯特·乔治 著
孙海波 彭宁 译

商 务 印 书 馆 出 版
（北京王府井大街36号 邮政编码100710）
商 务 印 书 馆 发 行
北 京 冠 中 印 刷 厂 印 刷
ISBN 978-7-100-18934-7

2020年11月第1版　开本 880×1230 1/32
2021年8月北京第2次印刷　印张 13⅛
定价：68.00元